动物营养与免疫概论

张海文　管庆丰◎著

中国农业科学技术出版社

图书在版编目(CIP)数据

动物营养与免疫概论 / 张海文，管庆丰著. —北京：中国农业科学技术出版社，2018.4

ISBN 978-7-5116-3598-3

Ⅰ.①动… Ⅱ.①张… ②管… Ⅲ.①动物营养-营养学-概论②动物学-免疫学-概论 Ⅳ.①S816 ②S852.4

中国版本图书馆 CIP 数据核字(2018)第 062509 号

责任编辑 李冠桥
责任校对 贾海霞
出 版 者 中国农业科学技术出版社
北京市中关村南大街 12 号 邮编：100081
电 话 (010) 82109705(编辑室) (010) 82109704(发行部)
(010) 82109709(读者服务部)
传 真 (010) 82106625
网 址 http://www.castp.cn
经 销 者 各地新华书店
印 刷 者 北京建宏印刷有限公司
开 本 710mm×1000mm 1/16
印 张 12.5
字 数 222 千字
版 次 2018 年 4 月第 1 版 2018 年 4 月第 1 次印刷
定 价 50.00 元

作者简介

张海文，男，博士毕业于浙江大学，研究方向为动物营养与免疫。博士期间主要围绕抗菌肽介导先天免疫和后天免疫的功能与机制，以及抗菌肽对肠上皮屏障功能的保护作用及其机制开展研究。相关研究成果已相继发表于免疫学领域（《The Journal of Immunology》）及药剂学领域（《Molecular Pharmaceutics》）的权威杂志。熟悉掌握抗菌肽的重组表达及其纯化技术，微生物分离鉴定、药物的活性筛选及相关机制研究、细胞培养和分子生物学研究、组织切片与免疫组化的相关试验技术，目前已发表 SCI 论文 13 篇，核心期刊 10 篇。

管庆丰，男，博士毕业于中国农业科学院，研究方向为动物疫苗研发与抗体制备。在对大肠杆菌的外膜蛋白生物信息学分析方面具有丰富的经验，筛选并确定了大肠杆菌共有的外膜蛋白 OmpA，BamA 和 TolC 蛋白的序列，利用毕赤酵母克隆并重组表达该三种外膜蛋白，摸索出一套针对外膜蛋白纯化及复性的方法。将复性的外膜蛋白免疫小鼠，获得高亲和力的抗血清，并对其免疫特性及免疫保护进行测定。此外，其针对外膜蛋白 OmpA 的抗原表位制备获得了单克隆抗体，并已取得与大肠杆菌具有高亲和力的细胞株及抗体可变区序列，相关研究成果已发表 SCI 论文 8 篇。

前 言

近年来，我国畜牧业生产发展迅速，畜牧业正以前所未有的速度影响着农民的生活和生产方式发生改变。本书主要从动物营养和免疫两个角度来说明如何用更加科学的方法培育出健康的动物和享受高品质的动物食品。力争做到既能反映学科和生产发展的新成就和现实需要，又把握好应用型技术人才的知识水平和技能要求。

一方面，本书从动物营养的角度指出动物摄取、消化、吸收利用饲料中营养物质的全过程，这是一系列化学、物理及生理变化的过程。它是动物一切生命活动（生存、生长、繁殖、产奶、产蛋、免疫等）的基础，可以说整个生命过程都离不开营养。

另一方面，免疫学的发展可以说是突飞猛进，尤其是20世纪70年代以来，关于免疫学理论的新成果和实验方法层出不穷，而其中的一些概念更是在新环境下得到更新，如在T细胞抗原受体的本质及其基因结构、抗体的基因结构与多样性的遗传控制、免疫细胞CD抗原的本质及在免疫应答中的作用、MHC分子参与的免疫识别与限制性、细胞因子、免疫调节、基因工程抗体以及免疫血清学技术等方面都有新概念提出。如今，免疫学可以说是一门发展快、渗透性强而且最富有生命力的生物学科，其在各个生物学科中的应用的同时也巩固了自身在生命科学研究中的地位。

本书从营养和免疫两个角度展开分析，在此基础上形成了一门相互交叉的新兴学科，只是还处于雏形期，一些学科理论还尚不成熟，需要进一步的研究和完善。本书共分为8章，分别是绪论、动物营养素与免疫调控、非营养性饲料添加剂与免疫、抗菌肽与畜禽肠道健康、动物的抗感染免疫、动物的疫苗与免疫预防、免疫营养学研究技术、畜禽疫苗设计与抗体工程等，全书语言通俗易懂，重点放在实现免疫学技术的科学性、前瞻性、实用性的有机统一，培养阅读兴趣。

本书在编写过程中得到了本行业专家和学者的热心帮助和支持，另外还借鉴和参考了国内外同行的一些观点和资料，在此一并表示感谢。由于时间仓促和作者水平的限制，书中难免有疏漏之处恳请专家学者们批评改正。

作 者

2017年12月

目　录

第一章 绪论

动物必须不断地从饲料中摄取各种营养物质，才能维持自身的生命活动，进而生产畜产品，满足人们的需求。本章重点阐述了动物体与饲料的化学组成和动物对饲料的消化两部分内容。

第一节 动物营养学基本原理

一、蛋白质与动物营养

蛋白质是一种复杂的高分子有机化合物，它是体现生命现象的物质基础，一切生命活动均与蛋白质密切相关。因此，蛋白质在动物机体生命活动过程中具有特殊而重要的作用。

（一）蛋白质的营养生理功能

蛋白质是一类总称，主要是由氨基酸组成的。通常所讲的饲料蛋白质包括真蛋白质和非蛋白含氮物。蛋白质的营养功能主要体现在以下几个方面：它是构成动物体的根本组成物质；它是更新组织细胞的特定物质；调节机体功能；能量供体和遗传物质的载体。

（二）蛋白质的不足及过量的危害

1.蛋白质不足的后果

如果日粮中蛋白质含量不足的话，将会给禽畜的健康及生产带来一定的不良影响。

（1）消化机能减退。日粮中蛋白质不足时，最直接的影响就是消化道黏膜及消化腺体组织的新陈代谢作用，从而导致消化液分泌失常，消化功能紊乱。

（2）生长迟缓。幼龄生长禽畜蛋白质不足，使机体蛋白质合成、沉积减少或无沉积，从而导致生长速度降低或生长迟滞，骨骼生长受阻。成年动物由于蛋白质供给不足会导致体重减轻。

（3）导致生产水平下降。禽畜的各种产品都含有丰富的蛋白质。如果禽畜得不到足量的蛋白质供给，在很大程度上会影响其生产性能，从而导致生产水平和产品品质降低。

(4)繁殖机能障碍。如果动物蛋白质摄入不足,会直接影响到繁殖能力的发展,严重的甚至会对胚胎的发育造成不良影响。

(5)抗病力下降。禽畜体内蛋白质不足的话会降低血液中免疫球蛋白的生成能力,从而使机体免疫力下降,不利于生长。

2.蛋白质过量的危害

不仅是蛋白质摄入过量会给禽畜带来一定的副作用,任何营养物质过量都是对身体不好的。其中,蛋白质过量的危害主要表现为氮代谢障碍,肝脏损伤,严重的可能会导致机体中毒。从另一个角度来说,过量添加蛋白质也会对饲料造成浪费。因此,必须合理、适量地供给禽畜蛋白质营养才是生产之道。

二、碳水化合物与动物营养

碳水化合物作为一类有机化合物,在自然界的分布是非常广泛的。它在植物体组织中的含量很高,相对在动物体内的含量就少一些。只不过碳水化合物具有来源丰富、低成本的优势,因此成为动物生产中不可缺少的能源。下面主要来介绍碳水化合物的组成与性质以及营养功能。

(一)碳水化合物的组成与性质

在生物化学中经常会用涉及“糖类”这一概念,其实我们可以将其视为碳水化合物的同义语来看待。在常规营养分析中,碳水化合物包括无氮浸出物和粗纤维两大类。

1.无氮浸出物

无氮浸出物通常指的是饲料中所含有机物除去含氮物质、脂肪和纤维性物质以外的单糖、双糖和多糖类(淀粉类)等物质的总称,也可以称为可溶性碳水化合物。动物对无氮浸出物的消化吸收和利用率很高,为动物提供所需能源,而暂时不能被利用的剩余部分会以体脂的形式储存起来,以备需要的时候利用。

2.粗纤维

粗纤维通常是指植物性饲料中那些不利于动物消化的一系列化合物,其特点主要是不溶于水、烯酸和稀碱,下面以纤维素、半纤维素、果胶等为例进行说明。

(1)纤维素。纤维素是植物细胞壁的主要构成部分,是天然有机物中存在数量最多的化合物。动物消化液中本身是不含有分解纤维素的酶物质的,但是瘤胃和大肠内的一些微生物,如细菌、霉菌等都具有分泌纤维分解酶的作用,这些微生物的存在很大程度上帮助了反刍动物对营养物的消化吸收。

(2)半纤维素。半纤维素同样是植物细胞壁的组成部分之一,在植物体内通常是和纤维素共同存在的,在植物的木质化部分存在量较大,是已糖和戊糖的混合聚合物。动物消化酶对它作用不大,主要受瘤胃微生物的影响,因此在研究粗饲料加工和利用方面,半纤维素是不能忽视的部分。

(3)果胶。果胶是存在于细胞间或细胞壁内的纤维物质的间隔中的一种胶体物质,在植物细胞壁中所占比例很大。经研究发现,一方面,果胶中有一部分可溶解于草酸溶液中,这种可溶性的果胶是瘤胃细菌的良好营养液,几乎全部都被发酵利用,但如果不是反刍动物,那么肠道细菌对果胶的利用率就相对降低了。另一方面,一部分果胶是和木质素等纤维物质紧密地结合在一起的,它不溶于草酸溶液,这部分果胶很少能被消化和吸收。

(二)碳水化合物的营养功能

1.碳水化合物构成了体组织

碳水化合物是构成细胞的主要物质,参与多种生命过程,对组织的生长调节有着非常重要的作用。例如,透明质酸在软骨中起结构支持作用;糖脂是神经细胞的主要成分,对传导突触刺激冲动,促进溶于水中的物质通过细胞膜有重要作用;糖蛋白是细胞膜的成分,并因其多糖部分的复杂结构而与多种生理功能有关。

2.碳水化合物是供给动物能量的源泉

动物维持生命活动和从事生产活动都需要以饲料提供的能量作为支撑,其中将近80%是通过碳水化合物提供的,特别是葡萄糖是供给动物代谢活动的最直接营养素。葡萄糖是大脑神经系统、肌肉、脂肪组织、胎儿生长发育、乳腺等代谢的唯一能源。葡萄糖如果供给不足,会严重影响动物的正常机体功能,严重时甚至可能引起死亡。体内代谢活动需要的葡萄糖可以通过胃肠道吸收和由体内生糖物质转化而来两个途径获得:一是通过胃肠道吸收;二是由体内生糖物质转化而来。一般来说,非反刍动物主要通过第一种获得,反刍动物主要依靠的是第二种。

3.碳水化合物是机体内能量的储存物质

碳水化合物除了保证动物体内正常的能量供给外,剩余部分还可以转化为糖原和脂肪储存起来,以为妊娠期补充能量,只不过不同种类动物间的存储转化量是有所区别的。

4.碳水化合物在动物产品形成中的作用

母畜在哺乳期的时候,碳水化合物也是合成乳脂肪和乳糖的原料。试验证明,乳脂肪约有一半以上在碳水化合物的基础上合成的。碳水化合物进入非反刍动物乳腺主要用来合成奶中必要的脂肪酸，葡萄糖也可作为合成部分非必需氨基酸的原料。

三、脂肪与营养物物质

脂肪是一种化合物，主要存在于动植物的组织中，不溶于水，但易溶于有机溶剂。它具有很高的能量价值，是动物营养中重要的一类营养素，而且种类繁多，化学组成多样。

（一）脂肪的基本构成

动植物体组织中均含有脂肪，除少数复杂的脂肪外，均由碳、氢、氧三种元素组成。根据其结构的不同，一般分为真脂肪与类脂肪两大类。其中由于真脂肪的特殊构造（由 1 分子甘油和 3 分子脂肪酸构成），因此又称为甘油三酯。

（二）脂肪的营养生理作用

1.脂肪是动物体组织的重要成分

动物各个组织器官均含有脂肪，大部分是卵磷脂、脑磷脂和胆固醇。细胞膜和细胞质中也都含有脂肪，多属于磷脂类。因此，脂肪是动物生产和修补动物体组织所不可缺少的物质。

2.脂肪是供能物质

脂肪的主要功能是供给动物热能。脂肪含有很高的能量，在体内经过氧化所释放的能量，是同等重量碳水化合物或蛋白质的 2.25 倍，因此将脂肪作为能源物质就显得很有必要。

脂肪虽然体积小但蕴藏的能量却很多，是动物体储存能量的最佳形式。例如，动物体皮下、肠膜、肾周围及肌肉间储存的脂肪，往往在饲养条件恶劣时发挥作用。

刚出生的动物和婴儿的颈部、肩部及腹部具有一种特殊的褐色脂肪，可以说是颤抖生热的能量来源。

3.脂肪可以供给必需脂肪酸

在不饱和脂肪酸中，有这样一类脂肪酸称为必需脂肪酸，这是因为在动物体内不能完全合成或合成的数量很少不足以支撑所需，因此必须通过饲料供给。很长一段时间以来都认为，亚油酸、亚麻酸和花生四烯酸属于必需脂肪酸。但是后来的研究表明，亚油酸属于真正的必需脂肪酸，而花生四烯酸可以经过动物体内的亚油酸转化而来。

4.脂肪是脂溶性维生素的溶剂和载体

饲料中的脂溶性维生素A、维生素D、维生素E、维生素K,只有经过脂肪的溶解才能被消化、吸收和利用。例如,当鸡饲料中脂类含量为0.07%时,胡萝卜素吸收率仅为20%,而不断增加饲粮中脂类含量,当达到4%时,吸收率可迅速提高到60%。

5.脂肪是畜产品的组成成分

肉、乳、蛋等畜产品中均含有一定数量的脂肪,如乳中通常含1.6%~6.8%的脂肪,肉品中含16%~29%的脂肪,一个鸡蛋中含5%~6%脂肪。

6.脂肪对动物具有保护作用

脂肪传热作用较低,因此,皮下脂肪能够防止体热散失,在寒冷的季节有利于维持体温的恒定和抵御严寒侵袭,这对生活在水中的哺乳动物来说意义重大。存在于脏器周围的脂肪,具有固定和保护器官及缓和外力冲击的作用。高等哺乳动物皮肤中的脂类具有抵抗微生物侵袭,保护机体的作用。禽类尤其是水禽,尾脂腺分泌的油脂对羽毛的抗湿作用特别重要。

四、矿物质与动物营养

矿物质在动物营养中占有很大比例,目前已确认动物体组织中含有约45种矿物元素。但是并非动物体内的所有矿物元素都在体内有营养作用。后来随着科学技术的发展,发现越来越多的矿物元素对动物的正常生长和生产有重要作用,而矿物元素新的营养生理功能也在逐渐被发掘。

(一)动物体内的矿物元素

动物体内存在的部分矿物元素是动物生理过程和体内代谢必不可少的,这一部分就是营养学上常说的必需矿物元素。这类元素在动物体内具有重要的营养生理功能,参与体组织的结构组成和参与体内物质代谢。

必需矿物元素自身无法合成,必须依靠外界供给,如果不能及时补充,就会对身体机能的正常作用造成一定影响。

(二)必需矿物元素的分类

必需矿物元素按动物体内含量或需要不同,分为常量矿物元素和微量矿物元素两大类。常量矿物元素主要包括钙、磷、钠、钾、氯、镁、硫等7种。目前,研究显示必需的微量元素有铁、锌、铜、锰、碘、硒、钴、钼、氟、铬、硼等12种。

(三)矿物质的营养生理功能

矿物质包括不同的金属与非金属元素。这类元素在体内具有重要的营养生理功能，矿物质（包括微量元素）的主要生理功能包括以下几个方面。

1.构成机体组织器官的组成成分

钙、磷、镁是构成骨骼和牙齿的主要成分；磷和硫是组成体蛋白的主要成分。

2.参与酶组成及其活性的调节

矿物质常常是酶的活化剂，如磷是辅酶Ⅰ、辅酶Ⅱ和焦磷酸硫胺素酶的成分，铁是细胞色素酶等的成分，钙是凝血酶的激活剂等，借此参与调节和催化动物体内多种生化反应。

3.参与维持调节体内环境的平衡

钾是维持细胞内液渗透压恒定的因子，而维持细胞外液则主要靠钠和氯的作用。动物体内各种酸性离子（如 Cl^-）与碱性离子（如 Na^+、K^+）之间保持适宜比例，配合重碳酸盐的蛋白质的缓冲作用，可维持体液平衡，从而保证动物的组织细胞进行正常的生命活动。

4.其他功能

例如，磷作为 ATP、ADP 及醇磷酸的组成成分，参与能量的贮存和释放。

综上所述，矿物质尤其是微量元素虽然在体内的含量很低，但是对动物的生长、健康、繁殖和生产能力均有重要作用。

五、维生素与动物营养

维生素是一类机体维持正常代谢和生理机能所必需的且需要量很少的低分子有机化合物。动物对维生素的需要量极微，但非常重要，如果禽畜维生素补充不足，其他养分再充足，同样会导致健康受损，生产性能降低。

（一）维生素的定义

关于许多维生素的生物学功能目前还没有彻底研究明白，而且也没有一个满意的而且被大家所接受的维生素的定义。维生素既不是动物体能量的来源，也不是构成动物组织器官的物质，但它是动物新陈代谢的必需参加者。它作为生物活性物质，在代谢中起调节和控制作用。

与其他养分相比，动物对维生素的需要量极微（通常以毫克计），而且可直接被动物完整地吸收。它作为养分利用的调节剂，可促进能量、蛋白质及矿物质等营养的高效利用。维生素的作用是特定的，不能被其他养分所替代，而且每种维生素又有各自特殊的作用，相互间也不能替代。动物缺乏维生素将导致机体代谢紊乱，对畜体健康和生产性能造成严重影响，甚至危及动物生命。

(二)维生素的分类及特征

按照维生素的溶解性,可将维生素分为脂溶性维生素和水溶性维生素两大类。

1.脂溶性维生素

包括维生素A、维生素D、维生素E和维生素K。脂溶性维生素从饲料中获取,在消化道随脂肪一同被吸收,这类维生素还有以下一些特点,如图1-1所示。

(1)不溶于水而溶于脂肪和大部分有机溶剂,脂溶性维生素的存在与吸收均与脂肪有关。

⇩

(2)脂溶性维生素有相当数量贮存在动物体的脂肪组织中,如果动物吸收得多,那么最后在体内贮存得也多,只不过需要注意的是如果摄入量过多会引起中毒症状。

⇩

(3)动物缺乏时一般与该维生素功能相联系,有特异的缺乏症。

⇩

(4)未被动物消化吸收的脂溶性维生素,通过胆汁随粪便排出体外,但排泄较慢。过多会产生中毒症或者妨碍与其有关养分的代谢,尤其是维生素A和维生素D_3。维生素E和维生素K的中毒现象在生产中很少见。

⇩

(5)易受光、热、湿、酸、碱、氧化剂等破坏而失效。

图1-1　脂溶性维生素的特点

2.水溶性维生素

包括B族维生素和维生素C,分子中除含有碳、氢、氧三种元素外,多数含氮,有的还含硫或钴,其特点如图1-2所示。

水溶性维生素的特点

(1) 能溶于水,并可随水分很快地由肠道吸收。

(2) 体内几乎不贮存,其毒性相对要小。

(3) 多数情况下,缺乏症无特异性,主要表现为食欲下降和生长受阻。

(4) 动物体内可合成维生素C,但在高温、运输、疾病防疫、等应激条件下,维生素C需要量增加,应额外补充。反刍动物瘤胃、家兔盲肠微生物可合成B族维生素,因此成年反刍动物和家兔不需由日粮提供B族维生素。

图1-2 水溶性维生素的特点

(三)维生素的营养生理作用

1.调节机体代谢作用

维生素作为调节因子或酶的辅酶或辅基的成分,参与蛋白质、脂肪和碳水化合物的代谢过程,促进其合成与分解,实现代谢调控作用,从而维持禽畜健康和各种生产活动。

2.抗应激作用

现代养殖业中,禽畜面临着诸多应激因素的挑战。虽然可采取一些改善外部环境的措施,但效果有限并增加生产成本,通过应用抗应激营养物质加强动物自身抗应激能力是可行的抗应激手段之一。

维生素A、维生素D、维生素E、维生素C及烟酸等,均是影响动物免疫和抗应激能力的重要因素,尤其是维生素C。添加烟酸可缓和奶牛泌乳早期能量负平衡的应激危害。仔猪断奶时,应激十分激烈,补充维生素C,可使仔猪尽快适应环境,正常生长发育。高温条件下,蛋鸡饲粮中添加0.01%~0.04%的维生素C,不仅能消除蛋鸡对高温的不适,而且可提高产蛋率,并改善蛋壳质量。

3.激发和强化机体的免疫机能

几乎所有维生素都可提高动物的免疫机能，其中以维生素 A、维生素 D、维生素 K、维生素 B_6、维生素 B_2 及维生素 C 的免疫功能最为明显。缺乏维生素 B_2 和叶酸中的任何一种，都会造成细胞免疫和体液免疫的抑制。

饲粮中高水平维生素 A(6×10^4IU/kg)或维生素 E(300IU/kg)均能增强机体对细菌感染的抵抗力，而用维生素 E 强化免疫系统可能更有效。目前，超量添加维生素是替代抗生素的有效办法之一。

4.提高禽畜生产性能

提高种鸡日粮中维生素和微量元素的含量，即可增加鸡蛋中相应营养素的含量，有助于提高受精率、孵化率和健雏率。与动物繁殖性能有关的维生素有维生素 A、维生素 E、维生素 B_2、泛酸、烟酸、维生素 B_2、叶酸及生物素等。超量添加维生素已成为获取动物高产的有效措施，并证明超量添加维生素所增加的成本，远低于动物增产所增加的收入，因此，超量添加维生素也是提高养殖业经济效益的有效措施之一。

5.改善动物产品品质

蛋鸡饲粮中添加维生素 A、维生素 D_3 与维生素 C 有助于改善蛋壳强度和色泽。在产蛋鸡饲粮中添加高水平维生素，生产出"营养强化蛋"的方法已被生产所采用。研究表明，转移到鸡蛋中的维生素数量，在一定范围内取决于饲粮中维生素的含量；适当的维生素组合(包括维生素种类与数量)添加在蛋鸡饲粮中，可有效调节机体内生化反应，从而实现低胆固醇鸡蛋的生产。

6.预防集约化饲养条件下的疫病

集约化生产使家禽生产性能不断提高，由于新陈代谢的加剧，肉鸡生产中常发生代谢疾病，如猝死综合征、腹水症、脂肪肝和腿病等，一般发生的是生长最快的鸡，目前仍没有很好的解决办法。添加高水平维生素具有一定的预防代谢疾病的作用。

六、水与动物营养

水对动物体来说是非常重要的生命支撑来源，动物体内含水量在50%～80%。如果动物绝食，体内几乎全部脂肪会被消化掉，只不过体重减少40%或一般蛋白质较少时仍可以勉强维持生命体征。但是，如果动物体身体的水分消失量达到10%就会导致代谢功能紊乱，当这个数值达到20%时就可能引起死亡。鉴于此，科学认识水的营养生理作用，保证动物体足够的水分供应，对日常的禽畜喂养具有重要的指导作用。

(一)水的营养生理功能及缺乏的后果

1.营养生理功能

水的营养生理功能主要体现在这5个方面:①水是动物体内重要的溶剂;②水是各种生化反应的媒介;③水参与体温调节;④水是重要的润滑剂;⑤水可保持组织器官的形态。

2.身体缺水的后果

动物体内如果短期内缺水,会导致生产力下降,幼年动物生长受阻,泌乳母畜产奶量急剧下降,母鸡产蛋量迅速减少,蛋重减轻,蛋壳变薄。动物长期缺水,会损害健康。动物体内水分减少1%~2%时,开始有口渴感,食欲减退,尿量减少,水分减少8%时,出现严重口渴感,食欲丧失,消化机能减弱,并因黏膜干燥降低了对疾病的抵抗力和机体免疫力。严重缺水会危及动物的生命。长期水饥饿的动物,各组织器官缺水,血液浓稠,营养物质的代谢发生障碍,但组织中的脂肪和蛋白质分解加强,体温升高,常因组织内积蓄有毒的代谢产物而死亡。实际上,动物得不到水比得不到饲料更难维持生命,尤其是高温季节。由此可见,动物在生长过程中保证充足的供水是多么重要。

(二)动物体内水的来源与排泄

1.水的来源

动物体内的水可以通过3个途径来获得,即饮水、饲料水和代谢水。饮水是动物水的主要来源。一般饮用水要求水质良好,无污染,符合饮水水质标准和卫生要求,总可溶固形物浓度是检查水质的重要指标。

各种饲料中均含有水,但因种类不同,含水量差异很大,变动范围在5%~95%。如青绿多汁饲料含水量较高,可达75%~85%,而干粗饲料含水量较低,仅为5%~12%。

代谢水是3种有机物在体内氧化分解和合成过程中所产生的水。氧化每克碳水化合物、脂肪、蛋白质,分别产生0.6mL、1.07mL和0.41mL的水。每1个分子葡萄糖参与糖原合成产生1个分子水。甘油和脂肪酸合成1个分子脂肪时,可产生3个分子水。n个分子氨基酸合成蛋白质时,产生$n-1$个分子水。代谢水只能满足动物需水量的5%~10%,代谢水对于冬眠动物和沙漠里的小啮齿动物的水平衡十分重要,它们有的永远靠采食干燥饲料为生而不饮水,冬眠过程中不摄食,不饮水仍能生存。

2.水的排泄

动物不断地从饮水、饲料和代谢过程中获取水分,并须经常排出体外,以维持体内水分平衡。其排泄途径有以下3种。

(1)通过粪便与尿排泄。一般动物随尿排出的水占总排水量的50%。动物的排尿量因饮水量、饲料性质、动物活动量以及环境温度等多种因素的不同而异。动物以粪便形式排出的水量,因动物种类不同而异,牛、马等动物排粪量大,粪中含水量又高,故排水量也多。绵羊、狗、猫等动物的粪便较干,因此由粪便排出的水就相对不多。

(2)通过皮肤和肺脏蒸发。由皮肤表面失水的方式有两种。一是由血管和皮肤的体液中简单地扩散到皮肤表面而蒸发;二是通过排汗失水。皮肤出汗和散发体热与调节体温密切相关。汗腺发达的动物,由汗排出大量的水分。但是,母鸡是没有汗腺结构的,因此排汗方式是经过皮肤的扩散作用失水和肺呼出水蒸气来进行的,这两种方式的排水量的一般占到总数的17%~35%。

(3)经动物产品排泄。泌乳动物泌乳也是排水的重要途径。牛乳平均含水量高达87%;产蛋家禽每产1枚蛋大约可以排出40g以上的水分。

(三)动物需水量及影响因素

1.动物需水量

动物需水量可以受到很多因素的共同影响,因此很难精确计算动物的实际需水量。一般来说,生产实践中,动物需水量通常以采食饲料干物质量来衡量。不同的动物,实际需水量也是不同的。例如,牛和绵羊每采食1kg饲料干物质,需水量为3~4kg;猪、马和家禽需水量为2~3kg。另外,如果外界气温较高的话,需水量会相应升高,如猪在高温环境下需水量可增至4~4.5kg。

2.影响动物需水量的因素

(1)动物种类。动物种类不同,体内水的流失情况不同。哺乳动物,粪、尿或汗液中流失的水比鸟类多,需水量相对较多。

(2)年龄。幼龄动物比成年动物需水量大:因为前者体内含水量大于后者。前者又处于生长发育时期,代谢旺盛,需水量多。幼年动物每千克体重的需水量约比成年动物高1倍以上。有试验表明,设法增加仔猪,特别是断奶仔猪饮水量,可提高成活率和日增重。

(3)生理状态。妊娠肉牛需水量比空怀肉牛高50%,泌乳期奶牛,每天需水量为体重的1/7~1/6,而干奶期奶牛每天需水量仅为体重的1/14~1/13。产蛋母鸡比休产母鸡需水量多50%~70%。

(4)生产性能。生产性能是决定需水量的重要因素。高产奶牛、高产母鸡和重役马需水量比同类的低产动物多。

(5)饲料性质。动物饲喂含粗蛋白质、粗纤维及矿物质高的饲料需水量多，因为蛋白质的分解及尾产物的排出、粗纤维的酵解及未消化残渣的排出、矿物质的溶解吸收与排出均需要较多的水。饲料中含有毒素，或动物处于疾病状态，需水量也增加。饲喂青饲料时需水量少。

(6)气温条件。气温条件对动物的需水量影响比较突出和明显。如果外界温度高于30℃的话，动物需水量会显著增加，反之则会减少。

七、能量与动物营养

能量就是做功的能力，通常以热能、光能、机械能、电能和化学能等不同形式表现出来。动物为维持正常的生命活动和进行各种生产需要的能量是由贮存于饲料的营养物质分子化学键中的化学能供给的。

(一)动物的能量来源

动物机体的生命及生产活动，需要机体每个系统正常地相互协调地执行其各自的功能，在这些活动中要消耗能量。机体所需能量来源于饲料中的3种有机物质(碳水化合物、脂肪、蛋白质)。另外，反刍动物还可以从纤维素、半纤维素中获得身体所需的大部分能量。

(二)能量的衡量单位

“卡”是过去用来衡量动物营养的能量单位。目前，国际上能量单位的通用单位是焦耳(J)。常用单位有焦耳(J)、千焦耳(kJ)、兆焦耳(MJ)。卡与焦耳的换算关系为：

$$1\text{cal}=4.184\ \text{J}$$
$$1\ \text{kcal}=4.184\ \text{kJ}$$
$$1\ \text{Mcal}=4.184\ \text{MJ}$$

(三)能量在动物体内的代谢

一般动物从食物或饲料中摄入的能量在体内的代谢过程中会有3种去向，其中两项是失去能量。首先，一部分不能被消化的食物或饲料伴随正常的排便和排尿排出体外，这个过程就丢失了一部分能量。其次，剩余的能量就是维持动物生命和正常生产的能量来源。

第二节　动物的营养生理

这一节重点阐述了动物与植物的相互关系，动植物体的化学组成，动物饲料中的主要营养物质，特别是动植物体中营养素的概念。

一、动植物体的化学组成

植物利用光合作用，以CO_2、H_2O等原料合成自身生长所需的脂肪、碳水化合物和蛋白质，动物食用植物利用的也是其体内的这部分营养物质。动物从外界环境中摄取的各种营养物质，其中绝大部分来源于植物。为了满足畜禽营养需要、提高饲料转化率、增加畜产品数量和提高畜产品质量，了解动物与植物的基本构成就显得很有必要了。

（一）动植物体的化学元素组成

动物与植物虽然营养方式不同，但在化学组成上却有很多相似或相近之处。其中，矿物元素按它们在动植物体内含量的多少分为以下两大类。

1.常量元素

含量大于或等于0.01%，如C、H、O、N、Ca、P、K、Na、Cl、Mg、S等，其中C、H、O、N含量最多。

2.微量元素

含量小于0.01%，如Fe、Cu、Co、Zn、Mn、Se、I、Cr、F等。

（二）动植物体化合物组成

动植物中的绝大多数化学元素通常都不是以单独形式存在的，而是彼此相结合形成有机和无机化合物。

（三）动植物体组成成分比较

虽然动植物体含有水分、粗灰分、粗蛋白及粗脂肪、碳水化合物和维生素6种同名营养物质，但是，动物与植物的某些同名营养物质在组成成分上又有明显不同。

1.元素比较

元素种类基本相同，数量差异大，均以氧最多、碳氢次之，其他少；植物含钾高，含钠低；动物含钠高，含钾低；动物含钙、磷高于植物。

2.化合物组成比较

(1)水分。植物水分含量变异大于动物。植物体内水分含量变异范围很大，成年动物体内水分相对稳定。

(2)碳水化合物。植物含纤维素、半纤维素、木质素。动物体没有粗纤维，只含有少量葡萄糖、低级羧酸和糖原。植物能量储备为碳水化合物，而且含量很高。

(3)蛋白质。植物除含真蛋白外,还含有较多的氨化物;动物主要是真蛋白及少量游离氨基酸和激素,没有其他氨化物。动物体内蛋白质含量很高,而且变异小,也比植物体内的品质要好一些。

(4)脂类。植物除含真脂肪外,还有其他脂溶性物质,如脂肪酸、色素、树脂、蜡质。油料植物中脂类含量较多,一般植物脂类含量较少。脂类是动物体的储备物质,动物主要是真脂肪、脂肪酸及脂溶性维生素,不含树脂和蜡质。动物因种类、品种、肥育程度等不同,脂肪含量差异大。动物脂肪含量高于除油料作物外的其他植物。

(5)灰分(矿物质)。动物体内灰分主要由各种矿物质组成,含量最高的有钙、磷和镁,在动物骨骼和牙齿中含量较高,也有少部分游离于软组织和体液中。除钙、磷、镁、钠、钾、氯、硫等常量矿物元素外,铜、铁、锌、锰、硒、碘、钴、钼、铬、镍、钒、锡、硅、氟、砷等15种元素,也是动物必需的微量元素。植物体内的矿物质含量低于动物,受种类、收获期、土壤、肥料、气候条件等因素影响。

二、饲料中的养分

饲料中凡能被动物用以维持生命、生产产品的物质,称为营养物质,简称养分。100多年前在德国Weende农业站发明了一套评定饲料营养价值的体系,将饲料养分概略分为六大成分,分别为水分、粗蛋白质、粗脂肪、粗纤维、无氮浸出物和粗灰分,将这些养分叫概略养分,这套体系叫概略养分分析体系,也称为常规饲料分析方案。

(一)水分

各种饲料均含有水分,其含量差异很大,最高可达95%以上,最低可低于5%。一般来说,饲料中水分含量越低,则证明其营养价值越高。

(二)粗蛋白质(CP)

粗蛋白质是常规饲料分析中用以估计饲料、动物组织或动物排泄物中一切含氮物质的指标,是饲料中一切含氮物质的总称。在数值上,CP等于N×6.25。事实上,不同蛋白质的含氮量不全是16%。它包括了真蛋白质和非蛋白质含氮物(NPN)两部分。

(三)粗脂肪(EE)

粗脂肪是饲料、动物组织、动物排泄物中脂溶性物质的总称。常规饲料分析是用乙醚浸提样品所得的乙醚浸出物。

（四）粗纤维（CF）

粗纤维是植物细胞壁的主要组成成分，包括纤维素、半纤维素、木质素及角质等成分，也是饲料中最难消化的营养物质。

（五）无氮浸出物（NFE）

饲料有机物质中无氮物质除去脂肪及粗纤维外，总称为无氮浸出物。无氮浸出物主要由易被动物利用的淀粉、多糖、双糖、单糖等可溶性碳水化合物组成。常用饲料中无氮浸出物含量一般在50%以上，植物性饲料中均含有较多的无氮浸出物，含量高达70%～85%。

（六）粗灰分（Ash）

粗灰分是饲料、动物组织和动物排泄物样品在550～600℃高温炉中将所有有机物质全部氧化后的剩余残渣。主要为矿物质氧化物或盐类等无机物质，有时还含有少量泥沙，故称粗灰分。

三、动物对饲料的消化

（一）消化方式

动物的种类不同，消化道结构和功能也不同，但是它们对饲料中营养物质的消化却具有许多共同的规律，其消化方式主要归纳为物理性、化学性、微生物消化。

（二）动物的消化率

1.饲料消化率

饲料中的有机物被动物采食后，首先要经过胃肠消化。其中一部分被消化了，另一部分未被消化。消化最终产物大部分被小肠吸收，少部分未被吸收则由粪便排出体外。饲料中被动物消化吸收的营养物质称为可消化营养物质，可消化营养物质占食人营养物质的百分比称为消化率。

2.影响消化率的因素

影响消化率的因素很多，凡影响动物消化生理、消化道结构及机能和饲料性质的因素，都会影响饲料的消化率。

第三节 动物的免疫概念

传统的免疫概念是指机体免疫系统具有“自我识别”的功能，对自身组织的抗原成分不产生免疫应答，而对外来的“非己”抗原性物质则产生免疫应答并将其清除，借以保持机体内环境的相对稳定。机体就是通过免疫应答来清除入侵的病原微生物，达到抵御传染性疾病的目的，因而它对机体是有利的。相对传统免疫而言，现代免疫的概念已经得到扩展，它是指人（动物）机体对自身和非自身的识别，并排除掉不属于自身的大分子物质，从而保持机体内外环境平衡的一种生理学反应。从这个角度来说，现代对免疫概念的认识与传统的看法已有明显不同，区别如表1－1所示。

表1-1 现代免疫与传统免疫概念的区别

目标	传统概念	现代概念
针对的抗原	感染因子	感染因子及其他一切抗原
对机体的影响	有利	有利或有害
对自身抗原	无免疫应答	可发生免疫应答

近些年来，免疫学的发展成绩卓越，免疫学技术的优势有力地推动了医学和生物学各领域的研究，并促进了临床医学的进步。

在此基础上我们将免疫的概念概括为：免疫是机体的一种保护性生理反应，主要是用来“识别”和排除抗原性异物（如病原微生物、衰老的自身细胞、突变产生的异常体细胞等）以使机体内环境达到平衡状态。通常情况下免疫反应是对机体有利的，但如果有些特殊情况的发生也可能带来不良影响。

一、动物免疫功能的类型

（一）固有免疫功能

固有免疫功能主要包括：皮肤、黏膜的机械阻挡作用；皮肤与黏膜局部分泌的抑菌和杀菌物质的化学效应；体内多种固有免疫效应细胞（如各类粒细胞、吞噬细胞、自然杀伤细胞等）和效应分子（如补体）的生物学作用。固有免疫是机体抵御微生物侵袭的第一道防线，它是机体在长期进化过程中逐渐形成的防御功能，是个体出生时就具备的，不针对某一特定的抗原物质。

（二）适应性免疫功能

适应性免疫功能指个体发育过程中与非己物质接触后所产生，针对某一特定抗原物质而起的作用，具有特异性，又称特异性免疫功能，主要包括体液免疫和细胞免疫。适应性免疫应答在机体抗感染和其他免疫学机制中发挥主导作用。

机体有一个完整的免疫系统，它由免疫器官、免疫细胞和免疫分子等组成，专门识别与排斥异己抗原。其中有些称为免疫活性细胞，如T细胞和B细胞，它们能识别抗原，发生增殖、分化，最后表现各种效应作用，达到破坏、清除抗原的目的。

二、适应性免疫应答特点

（一）适应性免疫应答概述

适应性免疫应答（adaptive immune response）是指体内抗原特异性淋巴细胞接受抗原刺激后，自身活化、增殖、分化为效应细胞，产生一系列生物学效应的全过程。

免疫应答的重要生物学意义是在识别“自身”和“非己”的前提下，将体内的抗原性异物尽可能排出体外，从而使机体内环境处于一个相对稳定的状态下。只不过这种应答也会遇到一些特殊情况，这时免疫应答对机体来说就是一种危险的存在，严重的还会引起超敏反应或其他免疫性疾病，我们将这种可能会带来伤害的免疫应答称为病理性免疫应答。

（二）适应性免疫应答的类型和发生场所

1.类型

根据参与免疫应答的细胞种类及其机制的不同，可将适应性免疫应答分为B淋巴细胞介导的体液免疫应答和T淋巴细胞介导的细胞免疫应答两种类型。在某种情况下，抗原也可以诱导机体免疫系统对其产生特异性不应答状态，即形成免疫耐受（immunological tolerance），又称负免疫应答。

2.场所

淋巴结、脾等外周免疫器官是发生免疫应答的主要场所。抗原无论经血流进入脾或经淋巴循环到达相应引流区的淋巴结，通常均被相应区域的抗原提呈细胞摄取，滞留于细胞表面，使抗原性明显增强，提供给B细胞直接识别和结合。

三、免疫系统功能

机体的免疫功能是在淋巴细胞、单核细胞和其他有关细胞及其产物相互作用下完成的。这些具有免疫作用的细胞、相关组织和器官构成机体的免疫系统，是执行免疫功能的机构。免疫系统在体内分布广泛，如外周淋巴器官位于全身各个部位。淋巴细胞和其他免疫细胞不仅定居在淋巴器官中，也分布在黏膜和皮肤等组织中。免疫细胞及其产物即免疫分子还可通过血液循环在体内各处巡游，可持续地执行识别和排除抗原性异物的功能。各种免疫细胞和免疫分子既相互协作，又相互制约，使免疫应答既能有效地又能在适度的范围内进行。通常可将免疫系统划分为免疫防御、免疫稳定、免疫监视三种类型。

第四节　动物免疫的发展

为了更好地了解和学习免疫学知识，对前人有关科学事业的探索、积累、创造和发展的历史进行学习是很有必要的。根据所用技术和方法，免疫学的发展历史主要分为以下四个时期。

一、经验免疫学时期

天花作为人类历史上的一种烈性传染病，曾是威胁人类生命和健康的一大杀手，令人害怕不已。在欧洲，10 世纪中叶，患天花死亡者达 30%。我国早在宋朝(11 世纪)已有吸入天花痂粉预防天花的传说。到明代，17 世纪 70 年代左右，则有接种“人痘”预防天花的正式记载。英国于 1721 年流行天花期间，就以少数犯人作为试验人员，将“人痘”植入，结果预防天花获得成功。只不过当时英国学者相对比较保守，再加上这种利用“人痘”预防天花的方式具有一定的危险性，所以这一方法并没有得到广泛地应用。然而，其传播至世界各国，对人类寻求预防天花的方法有重要的影响。

18 世纪后叶，英国乡村医生 Jenner 观察发现牛患有牛痘，而且局部痘疹与人类的天花类似，但是挤奶女工为患有牛痘的病牛挤奶时虽手臂部分也感染上了牛痘，却没有受到天花侵蚀。基于这一发现他认为，接种牛痘对预防天花有一定效果。后来经过实验证明了这一设想。因此，他于 1798 年公布了他的论文，把接种牛痘称为“vaccination”，表明了接种牛痘可以预防天花的观点。这一具有重要意义的发明在 19 世纪初至中叶，在欧洲广泛流传。

二、科学免疫学时期

19世纪中叶开始，病原体被发现，微生物学的发展推动了抗感染免疫的发展。19世纪末抗体的发现导致了20世纪初对抗原的研究，以实验生物学为基础，研究宿主在受抗原刺激后所致的免疫应答，从而使免疫学发展至科学免疫学时期，成为一门独立的学科。在此期间，对抗原与抗体特性的详细研究，创立了免疫化学，发展了体液免疫；以无毒或减毒的病原体制成的菌苗得以广泛使用；在抗体的应用中，发现了免疫应答所致的超敏感反应性疾病，认识到适宜的免疫应答有免疫防卫作用，不适宜的免疫应答则有致病作用。1957年，Burnet提出克隆选择学说，全面总结了当时免疫学的成就，推动了细胞免疫学时期的到来，认识到体液免疫和细胞免疫的协同作用。

（一）病原菌的发现与疫苗使用的推广

19世纪中叶，显微镜的改进使放大倍数得以提高，可直接观察到细菌，于是病原菌就被发现了。1850年，首先在受感染羊的血液中看到了炭疽杆菌。随后，Pasteur证明实验室培养的炭疽杆菌能使动物感染致病，并发明了液体培养基用在细菌培养上。继而Koch发明了固体培养基，于是成功分离了结核杆菌，提出了病原菌致病的概念。病原菌致病的概念被确认后，人们进而认识到病原体感染恢复后的患者能获得免疫的现象。为此，Pasteur将炭疽杆菌培养于42～43℃的环境中，制成了人工减毒活菌苗，将鸡霍乱病原培养物在室温长期放置而减毒，以及将狂犬病病毒经兔脑传代，都可以获得减毒株，然后制成减毒活疫苗，用于预防接种。不仅预防了牲畜间的严重传染病，使畜牧业得到发展，而且还预防了人类的多种传染病。病原体致病及病后免疫现象，使人类认识到病原体感染能使动物及人类产生免疫力，防止再感染。至此，人类才正式认识到Jenner接种牛痘苗预防天花的科学性和重大意义，从而推动了疫苗的研制和广泛使用，使之成为以免疫接种方法使人类主动产生免疫，征服传染病的强有力工具。甚至到了现在，预防接种仍是人类控制并消灭传染病的主要手段。

（二）抗体的发现、应用及细胞免疫的研究

19世纪80年代后期，在研究病原菌的过程中，发现白喉杆菌经其分泌的白喉外毒素致病，进而发现再感染者的血清中有“杀菌素”（bactericidins），此为最早发现的抗体。Von Behring和Kitasato于1890年正式用白喉抗毒素治疗白喉患者，稍后他们又研制成功将白喉及破伤风外毒素减毒成类毒素，进行预防接种。鉴于细菌分泌的无生命的蛋白质性毒素亦可致抗体产生，当时

的科学家们把能刺激宿主产生抗体的物质称为抗原。

20世纪初开始，Landsteiner将芳香族有机化学分子偶联到蛋白质载体上，研究芳香族分子的结构与活性基团的部位与所产生抗体特异性的关系，认识到决定抗原特异性的是很小的分子，它们的结构不同，其抗原性不同。据此，Landsteiner发现人红细胞表面表达的糖蛋白中，其末端寡糖特点决定了它的抗原性，从而发现了ABO血型，避免了输血导致严重超敏反应的问题。Landsteiner的工作开拓了免疫化学的领域，并使以抗体为中心的体液免疫，在20世纪上半叶占据免疫学研究的主导地位。

三、近代免疫学时期

细胞免疫学的发展明确了T淋巴细胞及B淋巴细胞经表面受体识别抗原分子，受体与抗原结合的信号由细胞表面传至细胞核内，导致基因活化，使细胞进行克隆扩增，并分化为效应细胞而表达功能。但是随之问题也产生了，外界抗原数目庞大，细胞的抗原识别受体的数目也必然庞大，如一个基因编码一个受体分子，体内不可能有如此庞大的基因数目。再则，细胞表面的信号，怎么才能传入核内？信号类型与活化的基因种类及细胞功能之间是怎么联系的？

抗原识别受体（BCR，TCR）多样性产生的机制，从分子水平阐明信号转导通路、信号类型与细胞因子对细胞增殖和分化的作用及效应机制，揭示出细胞毒性T细胞致靶细胞发生程序性死亡的信号转导途径。这些研究不仅开创了分子免疫学，更使免疫学进展到以基因活化及分子作用为基础，理解免疫细胞的生命活动与功能，理解细胞与细胞间及免疫系统与机体整体间的功能。免疫学的研究阐明并揭示出细胞生命活动的基本规律（如信号传导、程序性细胞死亡、细胞分化发育等），促进了医学和整个生命科学的发展。

四、现代免疫学时期

21世纪伊始，以人类基因组计划完成为标识，小鼠基因组序列测定亦已基本完成，病原体如痢疾杆菌、结核杆菌、艾滋病病毒（HIV）及致严重急性呼吸道综合征（SARS）的新型冠状病毒的基因组序列均已被检测出。在进入后基因组时代的基本任务是研究功能基因在时空上的表达顺序及其功能。基因组的成功揭示已成为免疫学发展的研究方向。与此同时，以基因序列推测功能基因，再经过生物试验验证或阐明的反向免疫学（reverse immunology）应运而生，这在一定程度上促进了有效重组疫苗的研制，如新型卡介苗的成功研制及效果更为明显的HIV疫苗等。

新世纪，新发展，有关免疫学的研究也将更上一个台阶，将研究重点向有关体内的免疫细胞的动态相互作用及功能表达上转移，只不过这种研究与远较体外试验相比复杂了许多，但优点是与实际的生理的、在整体调节下的情况更加符合。

免疫学关注的重要方面仍然是预防传染病的发生和对其进行针对性治疗。人类的很多种疾病的发生都与免疫学有一定的联系。对于在发病上可能与免疫不直接相关的疾病，如阿尔茨海默病及疯牛病，都期望可以通过免疫学的方式，使体内的有害致病蛋白得到及时清除而使身体康复。

今后有关动物免疫的发展，还是要以免疫细胞及免疫学方法为主要领域，研究并开发新的功能基因及功能蛋白，以达到防治疾病和提高健康水平的目的，预防生物恐怖的发生。在新的时代的引领下，免疫学对医学及生命科学的发展，必将做出更加突出的贡献。

第二章　动物营养素与免疫调控

免疫力是人体重要的生理功能。人体有许多免疫组织和器官主要有胸腺、淋巴、脾脏、白细胞等，它们的作用是对抗侵入人体的病原。人体免疫力的高低受多种因素影响，其中营养因素起着十分重要的作用，它是维持人体正常免疫功能和健康的物质基础。机体营养不良将会导致免疫系统功能受损，使机体对病原的抵抗力下降，从而大大提高感染的发生。通过均衡营养来改善人体的免疫状况，增强对疾病的抵抗能力，对预防疾病的发生有十分重要的意义。

第一节　脂肪酸与免疫调控

三酰甘油是组成动物日粮油脂最主要的一种形式，大概占到日粮油脂的95%以上。每个三酰甘油分子由3个酯化为丙三醇（甘油）骨架结构的脂肪酸组成，因此，脂肪酸是构成日粮油脂的主要组成部分。近年的研究表明，脂肪酸，特别是长链多不饱和脂肪酸（PUFA）是一种调节众多细胞功能、炎症反应及免疫力不可或缺的调控因子。在过去的20年中，关于脂肪酸对炎症反应及免疫力的影响日渐成为研究热点，各种脂肪酸对免疫细胞功能性应答的调节作用已在体外试验、动物模型等试验中得到证实。以*n*-3 PUFA和共轭亚油酸（CLA）的研究最为广泛。可以定论，日粮的油脂类型对炎症反应及其他免疫学效应具有重要作用。

一、脂肪酸与先天性免疫

研究证实，对动物饲以高油脂日粮能减弱自然杀伤细胞（NK细胞）活性和先天性免疫应答反应，而具体效应则取决于确切的油脂水平及其来源（Calder，1998；Hebert等，1990）。Gabler等（2008）研究发现，*n*-3 PUFA对猪脂肪组织具有抗炎症作用，其作用通路不涉及T011样受体-4（TLR4）信号通路。肉鸡日粮中油脂含量和饲喂时间不同会影响其脂肪酸组成及其在免疫组织的分布，影响肉鸡先天免疫系统功能（Gonzalez，2008）。Binter等（2008）研究发现，富含*n*-3 PUFA或*n*-6 PUFA的猪乳对新生仔猪淋巴细胞增殖和淋巴细胞亚群均未产生显著作用。对大鼠或小鼠饲以缺乏*n*-6或*n*-3 PUFA的日粮后，与对照组相比，处理组体内中性粒细胞的趋化性以及巨噬细胞介导的吞噬作用和细胞毒性作用都减弱（Kelley and Daudu，1993）。因此，必需脂肪酸的缺乏对先天性免疫应答所产生的免疫学效应与其他必需营养物质缺乏的结果类似。并且，当饲以过量的必需脂肪酸后，动物机体的先天性免疫应答受损（与其他必需营养物质的作用结果相同）。若对动物饲以富含亚油酸（玉米、向日葵或红花油）或 α-亚麻酸[亚麻（籽）油]的高油脂日粮后，与饲喂高饱和油脂的日粮相比，处理组体内 NK 细胞活性降低（Calder，1998）。以上资料表明，大量摄入亚油酸或 α-亚麻酸能抑制 NK 细胞的活性。研究证实，鱼油对动物炎症反应和先天免疫力具有明显调控作用，且饲以高剂量的鱼油能抑制诸多免疫反应，改善肉鸡生产性能。但过高剂量鱼油（>6%）会因饲料存在过重的鱼腥味而导致采食量下降，从而影响肉鸡生产性能，同时不饱和油脂也存在氧化问题（Saleh 等，2009）。

二、脂肪酸与获得性免疫

高油脂日粮（通常富含饱和脂肪酸）能抑制 T 细胞增殖（Calder，1998）。饲喂鱼油抑制了蛋鸡淋巴细胞对丝裂原 ConA 的增殖转化率（夏兆刚，2003）。Zhang 等（2005）报道，1%CLA 显著升高肉鸡外周血淋巴细胞对 ConA 的增殖活性。Irons 和 Fritsche（2006）研究发现，*n*-3 PUFA 对新出生小鼠脾脏 CD8T 细胞增殖无影响。新生羔羊饲喂鱼油或葵花籽油没有改变 LPS 或 ConA 刺激的淋巴细胞增殖（Lewis 等，2008）。Ruth 等（2009）研究发现，大鼠饲喂 *n*-3 PUFA 可影响脾脏淋巴细胞膜脂质筏（1ipid raft，LR）脂肪酸组成，继而影响大鼠免疫效应分子表达。针对各种动物（鸡、大鼠、小鼠、兔、猴等）展开的试验结果表明，与饲喂富含高饱和脂肪酸的高油脂日粮相比，饲喂富含亚油酸（玉米油、葵花油或亚麻油）日粮后，丝裂原刺激下的淋巴细胞增殖减弱，即亚油酸能抑制获得性免疫功能。但亚油酸对人体血液淋巴细胞的增殖、循环免疫球蛋白或迟发型超敏反应均无明显作用。在 α-亚麻酸上的试验结果类似于亚油酸。α-亚麻酸对淋巴细胞功能的影响似乎取决于日粮总脂肪酸和总 PUFA 的含量。长链 *n*-3 PUFA 能抑制淋巴细胞增殖，降低 IL-2 和 IFN-γ），的生成，抑制迟发型超敏反应和抗原提呈（Wallace 等，2001）。在日粮中添加 EPA 或 DHA 都表明能抑制 T 细胞的增殖。实际上，不管日粮中 PUFA 含量的多少，若按体重的 5%添加 EPA 和 DHA，都能提高大鼠淋巴细胞的活性，活化标志物的表达和细胞因子的生成均增加（Robinson and Field，1998）。新近研究发现，*n*-3 PUFA 可增加 B 细胞 CD69 表达、IL-6 和 IFN 分泌，并促进小鼠体重增加（Rockett 等，2010）。

三、脂肪酸营养调节免疫的机制

（一）膜结构及组成的改变

免疫细胞的激活需要增加膜磷脂的合成和提高其周转速度。因此，相关的必需脂肪酸在免疫应答过程（特别是在细胞增殖和噬菌作用）中将被用于合成新的膜结构。免疫器官组织细胞膜中脂酰链中的不饱和双键数和膜磷脂（如磷脂酰胆碱、磷脂酰肌醇、磷脂酰乙醇胺和磷脂酰丝氨酸）的组成可受到动物摄入脂肪酸的影响，尤其是 PUFA 对维持细胞膜结构和功能有重要作用。日粮脂类能影响淋巴细胞释放脂肪酸的组成（Sanderson 等，2000）。日粮中脂肪酸的类型及其间的比例可直接影响鸡脾脏单核细胞膜中脂肪酸的组成比例（夏兆刚，2003）。生物膜脂质脂肪酸组成的变化会导致膜流动性（Calder，1998）、膜上酶和受体功能的改变（Murphy，1990），也会影响类二十烷酸物质和细胞因子生成、细胞信号转导等，导致免疫细胞功能的改变。

（二）细胞膜功能和信号转导通路的改变

免疫细胞信号转导就是免疫细胞感受外界环境因子和胞间通信信号分子作用于细胞表面或胞内受体，跨膜转换形成胞内第二信使，继而经过其下游信号途径级联传递，诱导免疫效应分子基因表达（如细胞因子等），引起免疫细胞增殖、分化和发育以及发挥功能的过程。

（三）对免疫系统发育的影响

PUFA 能显著增加抗原成熟（ $CD45RO^{+}$ ）$CD4^{+}$ 细胞的比例（约 25%），目前一致认为 CD45 区域（RA/RO）的唾液酸化作用反映了免疫系统的成熟度（Bofill 等，1994）。试验证明，添加 DHA 和花生四烯酸能促进幼年动物外周 $CD4^{+}$ 细胞的成熟；单核细胞生成 IL-10 的能力增强（但与喂养人乳的处理组差异不显著）；分泌型 IL-2 受体（SIL-2R）生成量下降。

第二节　氨基酸与免疫调控

氨基酸是构成机体免疫系统的基本物质，与免疫系统的组织发生、器官发育有着极为密切的关系。大量研究表明某些氨基酸及其代谢产物在调节免疫相关代谢和生理过程中有多种独特作用。这一节主要以精氨酸、谷氨酰胺等氨基酸为例说明在动物免疫中的作用。

一、精氨酸对免疫的调节

(一)精氨酸对免疫细胞的影响

精氨酸可提高淋巴细胞、吞噬细胞的活力，并能间接活化巨噬细胞、中性粒细胞，同时可激活细胞免疫系统，增加胸腺内淋巴细胞数量(Madden 等，1988)。体外试验证明，在生理浓度下，精氨酸能调控 T 细胞受体(TCR)ζ链(CD3ζ)的表达，而该链是 TCR 的重要组成部分(Rodriguez 等，2003)。当添加 0.1mmol/L 精氨酸合成前体瓜氨酸时能通过延长 CD3 mRNA 的半衰期，促进 CD3ζ链的合成(Bansal 等，2004)。添加精氨酸能够提高巨噬细胞的细胞毒性作用。能促进脾细胞的有丝分裂。

(二)精氨酸调节免疫的机制

精氨酸对机体免疫机能的调节主要包括 NO 途径和精氨酸酶 I 途径。NO 途径是指精氨酸在 NOS 作用下生成瓜氨酸和 NO，精氨酸是 NO 合成的唯一底物。NO 是一种具有重要生理功能的信号分子，是多种免疫细胞的调节因子，在先天免疫和获得性免疫中都发挥着重要作用(Bogdan 等，2000)。

另外，精氨酸酶 I 表达增强能使细胞内精氨酸浓度降低，可激活 GCN2 激酶，磷酸化激活转录抑制因子 eif2a，从而使 iNOS 表达降低，NO 合成减少。

二、谷氨酰胺与免疫

谷氨酰胺(Gln)通常被认为是非必需氨基酸，但对调节动物应激状态下的细胞代谢和调节免疫细胞的功能是必需的。谷氨酰胺是肠黏膜上皮细胞和淋巴细胞的重要能量供体。谷氨酰胺也作为嘌呤、嘧啶的合成前体，对免疫细胞的增殖有着重要作用。

(一)谷氨酰胺对免疫细胞的影响

谷氨酰胺对各类免疫细胞均有一定调节作用。体外试验表明，动物细胞间的谷氨酰胺能促进其 T 细胞的增殖、增加 IL-2 的产生和 IL-2 受体的表达(Yaqoob and Calder，1997)。B 细胞分化成抗体合成细胞和分泌细胞是依赖谷氨酰胺的，随着谷氨酰胺的浓度增加，分化增加，同时这种效应不能被其他氨基酸所替代。另外，谷氨酰胺有助于淋巴细胞因子活化的杀伤细胞(LAK 细胞)杀死靶细胞(Juretic 等，1994)。

（二）谷氨酰胺与肠道黏膜免疫

肠道除了是动物消化食物、吸收营养的重要场所外，免疫和屏障也是其不可忽视的重要功能。如果肠道想要维持正常的功能离不开大量谷氨酰胺的支持。谷氨酰胺是一种构成肠道上皮细胞的主要的能量底物。在肠道免疫的过程中就有着许多免疫细胞的作用，其中具有典型代表的就是由浆细胞所分泌的大量分泌型免疫球蛋白（SIgA）的参与。SIgA 的功能主要体现在预防细菌向黏膜细胞依附，谷氨酰胺的存在对维持肠道淋巴组织的平衡和合成 SIgA 具有重要作用。

第三节　维生素与免疫调控

一、维生素 A

维生素 A 有视黄醇、视黄醛、视黄酸 3 种衍生物，其中更是以视黄醇的作用和价值较为突出。但是视黄醇只在动物体内生存，目前发现的动物中还以鱼肝油中的含量居首。植物体内是不含维生素 A 的，但是含有一种维生素 A 原——胡萝卜素，胡萝卜素的种类千差万别，活性最强的还要数 β-胡萝卜素。一般来说，在幼嫩的豆科牧草和青绿饲料中都可以检测到大量的胡萝卜素，其中叶子绿色程度与体内胡萝卜素含量是呈正比的，植物叶子绿色越深则证明体内胡萝卜素含量越高，反之则越少。此外，胡萝卜、黄色南瓜、深绿色叶菜、玉米、番茄、柑橘的胡萝卜素含量也丰富。

（一）细胞免疫调节

维生素 A 与淋巴细胞的功能密切相关。B 细胞的活化需要维生素 A 参与，维生素 A 及其代谢产物可促进 B 细胞发育（Buck 等，1991）。维生素 A 缺乏导致 T 细胞 $CD8^+$ 的功能受损，导致大鼠脾脏 $CD4^+$ 和 $CD4^+/CD8^+$ 下降。维生素 A 及其前体（如胡萝卜素和角黄素）能提高 B 细胞和 T 细胞在体内外的增殖，促进小鼠 $CD4^+$ 和 $CD8^+$ 的功能。

（二）体液免疫调节

维生素 A 与体内各种抗体（IgA、IgM、IgG、IgE 等）的水平密切相关。维生素 A 缺乏可改变对 T 细胞依赖的抗原-抗体反应，导致许多免疫反应降低，特别是导致血清 IgG、IgA、IgM 下降（Smith and Hayes，1987），抑制淋巴细胞对丝裂原的反应以及降低 NK 细胞的活性。

二、维生素 D

维生素 D(胆钙化醇,cholecalciferol)属于固醇类衍生物,分麦角钙化醇(D_2)和胆钙化醇(D_3)两种活性形式。D_2前体来自植物的麦角固醇,D_3来自动物的7-脱氢胆固醇,经紫外线分别转变成D_2、D_3。维生素D的合成量取决于光照程度,舍饲畜禽由于难以接触紫外线照射,合成的维生素D很少,容易缺乏,需要额外补充。

(一)基本生物学功能

维生素D的存在可以促进体内钙、磷的吸收,这样就使得骨骼和牙齿可以相对更强健一些。另外,很多细胞的生长和分化也离不开维生素D的作用。总的来说,维生素D对机体的免疫有一定的调节作用。

(二)免疫调节作用

1980年人们开始认识有关维生素D对免疫系统的作用,这时的理解主要还停留在对组织和细胞的免疫影响上,其对体液免疫的影响还没有被重视和大量研究。

近年来的研究认为,维生素D是一种新的神经内分泌——免疫调节激素,1,25－$(OH)_2$维生素D_3是维生素D_3的激素形式,其生物效应是由1,25—$(OH)_2D_3$受体(VDR)介导的。VDR属于核受体超家族的范畴,免疫系统的大多数细胞类型中都有VDR存在,单核细胞、激活的淋巴细胞等免疫细胞均有VDR的表达。因此,维生素D_3对细胞免疫具有重要的调节作用,主要表现为对单核(巨噬)细胞、T细胞、B细胞以及胸腺细胞增殖分化的影响和对这些细胞功能的影响等。VDR可以激活T细胞,并激活巨噬细胞合成1,25—$(OH)_2D_3$,对免疫细胞的分化和增殖具有免疫调节的作用(Hewison,1992)。

三、维生素 C

维生素C又称抗坏血酸(vitamin C),生物学上有两个重要的维生素C简化形式:还原形式L-抗坏血酸和氧化形式L-脱氢抗坏血酸(Wolf,1996)。

(一)维生素C对细胞免疫的影响

许多免疫细胞能够储存维生素C并且需要其参与表达它们的作用,尤其是吞噬细胞和T细胞。维生素C能够明显促进淋巴细胞的增殖和分化

(strohle and Hahn,2009)。在缺乏维生素C的饵料中添加维生素C,可使猪的外周血液单核细胞对B细胞的丝裂原(PWM)和脂多糖(LPS)的反应有明显的提高,说明维生素C影响了B细胞的增殖。许多研究表明,维生素C能促进淋巴母细胞的生成,刺激淋巴细胞增殖反应,提高机体对外来或恶变细胞的识别和吞噬,提高免疫细胞的吞噬作用。饲喂O水平的L-抗坏血酸-2-单磷酸盐(AMPO)的鱼比饲喂含有APM的组吞噬细胞活性显著降低,血浆溶菌酶、肝脏过氧化物酶和髓过氧化物酶也显著降低。有报道指出,在饮水中加入0.125%的维生素C对小鼠NK细胞活动没有影响。口服大剂量的维生素C能使有毒化学物质降低的人NK细胞活动提高10倍(Heuser and Vojdani,1997),但同时也有报道认为,维生素C抑制了人的NK细胞的活动、巨噬细胞的游走和趋化反应。因此,维生素C对NK细胞的影响目前还没有定论。Tewary和Patra(2008)证明增加维生素C的量能够显著提高鲤鱼的吞噬活性和呼吸爆发。Hartel等(2007)试验证明当IL-2在$CD3^+$细胞内的产生下降时,维生素C能够增加CD^{14}血液细胞的促炎性反应。维生素C对白细胞和巨噬细胞功能的影响受多方面因素制约,但从现有的报道来看维生素C能显著提高白细胞和巨噬细胞的游走和趋化反应。健康人每天服用10g维生素C能提高嗜中性白细胞的趋化性19%,同时血浆组胺下降38%(Johnston等,1992)。

(二)维生素C对体液免疫的影响

维生素C在一定范围内对体液免疫有促进作用,实验证明饲料中适量添加维生素C可增强动物免疫力,促进脾脏等免疫器官的正常发育,从而在体液免疫和细胞免疫的共同作用下来达到增强机体抵抗力的目的。对不同的体液免疫,其最佳免疫功能的维生素C量不同。王伟庆和李爱杰(1996)报道,当在饲料中添加维生素C时,对虾血清中不同类型免疫球蛋白(IgA、IgG和IgM)和补体C3达到最高含量所需的维生素C量不同,但都高于对照组。根据目前的报道,尚不清楚维生素C对体液免疫影响的机制。有研究认为,鱼类如果食入过量的维生素C后,其在体内会转化成一种叫抗坏血酸硫酸盐的代谢物储存起来;当组织中维生素C下降时,抗坏血酸硫酸盐水解成维生素C。如果组织中维生素C的迅速增加可促进体液免疫的提高,这个过程由抗坏血酸硫酸盐硫酸酶催化,并由组织中维生素C的反馈抑制来调节该酶的活性。

四、维生素 E

(一)维生素 E 对细胞免疫的影响

维生素 E 是体内自由基的清除剂,通过与膜磷脂中的多聚不饱和脂肪酸或膜蛋白产生的过氧化物自由基反应,产生稳定的脂质氢过氧化物。一般来说,在相对稳定的机体中含有大量的具有高度活性的自由基,起作用是使细胞的结构和功能的完整性保持在稳定状态。同时,维生素 E 的存在还对花生四烯酸的过氧化物作用有一定的抵抗能力,通过改变其代谢途径,使免疫反应得到增强,以维持正常的免疫细胞和组织功能的完整性。但是如多体内缺乏维生素 E 时,就会导致嗜中性粒细胞膜中的脂质过氧化物迅速增多,细胞在释放出大量的过氧化氢的过程中也缩短了自身的寿命,导致一系列的细胞活动受阻,免疫功能也相应下降。维生素 E 能提高外周血 T 细胞数目,加速 T 细胞的成熟与分化速度,从这个角度来说维生素 E 在促进机体免疫调节的过程中的作用不可忽视。

(二)维生素 E 对体液免疫的影响

维生素 E 在免疫系统的发育过程中起着重要作用。文杰等(1996)报道,添加维生素 E 能明显提高肉仔鸡血清 HI 抗体滴度,这表明添加维生素 E 可提高鸡的体液免疫。维生素 E 能激活淋巴细胞特别是 B 细胞抗原增殖和 T 细胞、B 细胞的协同作用,参与 IgM 向 IgG 抗体类型的转换。

第四节　类维生素与免疫调控

一、L-肉碱

(一)L-肉碱的基本概念

肉碱(carnitine)又称卡尼汀、维生素 BT,是一种氨基酸的衍生物。它有 L-型、D-型两种旋光异构体,由于 D-型肉碱具有抑制 L-肉碱的特异性反应,能够降低 L-肉碱的作用效果,自然界中存在的肉碱只有 L-型(本书所述肉碱均指 L-肉碱,L-carnitine)。

(二)L-肉碱与免疫功能

De Simone 等(1982a)首次报道了 L-肉碱对机体免疫系统的影响,表明 L-

肉碱提高了大鼠和人类对丝裂原刺激后的淋巴细胞增殖反应，提高了多形核细胞的趋向性。甚至较低的L-肉碱浓度就可减轻脂类诱导的免疫抑制作用。随后，他们进行了多年的研究以了解L-肉碱对机体免疫的作用。例如，添加L-肉碱可以改善机体体内和体外由于大豆油、甘露醇和卵磷脂乳化液所引起的免疫抑制反应(De Simone 等，1982b)。L-肉碱除参与长链脂肪酸的转移外，还可增强机体的免疫反应(De Simone 等，1985)，参与免疫网络调控(Deufel，1990)。另外，在脓毒性休克(Famularo 等，1995)及获得性免疫缺陷综合征(AIDS)患者中(Famularo and De Simone，1995)都发现体内血清和组织中肉碱有减少的情况，这进一步说明了内源肉碱池在维持正常的免疫系统中起着关键的作用。肉碱对丝裂原和抗原激活的淋巴细胞发育有促进作用，提示其能调节机体的免疫反应(De Simone 等，1993)。此外，肉碱还能减缓TNF-a从HIV感染的外周血单核细胞中释放(De Simone 等，1994)。

二、辅酶 Q_{10}

(一)Q_{10}的概念和构成

辅酶 Q_{10}(ubiquinone)，又称泛醌、癸烯醌、维生素 Q_{10}，是一类脂溶性化合物，带有长的异戊二烯侧链。哺乳动物细胞中泛醌含有10个异戊二烯单位，所以又称为辅酶 Q_{10}，简称辅酶Q。

(二)辅酶Q与免疫功能

辅酶Q可作为线粒体氧化磷酸化过程中的一种关键组分，也可作为一种非特异性的免疫防卫系统刺激剂(Bliznakov，1978)。Folkers 和 Wolaniuk (1985)使用免疫系统模型表明辅酶Q是一种免疫调控剂，并推断辅酶Q在线粒体水平上对维持免疫系统的适宜功能是必需的。Tanner(1992)在试验动物中观察到辅酶Q可增强机体抗细菌的能力。

Gazdik 等(2003)综述了辅酶 Q_{10} 的生理功能及在人类免疫系统紊乱时的调节作用。Arafa 等(2003)研究了L-肉碱和辅酶Q对电磁场处理下小鼠脾脏细胞有丝分裂发生的影响，结果表明，单独添加L-肉碱可提高植物凝集素(PHA)刺激后的脾脏淋巴细胞增殖，而单独添加辅酶Q却没有显著影响。Geng 等(2007)研究给腹水症敏感肉鸡单独添加辅酶Q及将L-肉碱和辅酶Q共同添加，表明对机体ConA刺激丝裂原淋巴细胞增殖反应显著降低($P<0.05$)。这同先前报道的认为辅酶Q对人类具有免疫调控作用的结果(Bliznakov，1978)是一致的。

徐彩菊等(2007)从细胞免疫、体液免疫、单核—巨噬细胞吞噬作用及NK细胞的攻击作用4个方面观察辅酶Q对小鼠免疫功能的影响。结果表明,与阴性对照组(蒸馏水)和溶剂对照组(植物油)比较,辅酶Q 8.0mg/kg BW、12.0mg/kg BW和24.0mg/kg BW剂量组均能提高ConA诱导的小鼠脾淋巴细胞的增殖能力;12.0mg/kg BW和24.0mg/kg BW剂量组均能提高小鼠溶血空斑数;4.0mg/kg BW、8.0mg/kg BW、12.0mg/kg BW和24.0mg/kg BW剂量组均能提高小鼠NK细胞活性及小鼠腹腔巨噬细胞吞噬鸡红细胞的吞噬率;12.0mg/kg BW剂量组能提高小鼠腹腔巨噬细胞吞噬鸡红细胞的吞噬指数。由此推断辅酶Q具有增强小鼠免疫力的作用,其作用机制可能与辅酶Q能激活NK细胞、T细胞、巨噬细胞功能等有关。

三、α-硫辛酸(alpha-lipoic acid,LA)

硫辛酸又名二硫辛酸,分子式为$C_8H_{14}O_2S_2$,相对分子质量为206.33,通常为白色晶体,略有异味;分子中只有一个手性碳,具有旋光性。天然产物为α-硫辛酸,具有很强的生理活性,尤其具有很强的抗氧化活性,和其还原态二氢硫辛酸(DHLA)一起被誉为"万能抗氧化剂"。由于其兼具脂溶和水溶特性,因此也是一种类维生素。

(一)影响基因表达

NF-κB是一种能与免疫球蛋白k链基因的增强子κB序列特异性结合的核蛋白因子,LA和DHLA能够调节NF-κB的活化状态,并且LA能够阻止HIV复制,影响*c-fos*类原癌基因的表达,对自由基代谢过程中的中间产物H_2O_2造成的细胞DNA氧化损伤具有明显的保护作用(陈宏莉等,2006)。

(二)α-硫辛酸的免疫调节作用

孟健等(2008)探讨了LA对实验性自身免疫性脑脊髓炎血脑屏障的免疫调节作用。通过制备血脑屏障动物模型来观察日肌内注射LA(100mg/kg)后血清和脑脊液中白蛋白含量比值来判断对动物血脑屏障的损害。结果表明,LA可通过促进血脑屏障的功能恢复进而缓解脑脊髓炎的危害。

第五节　微量元素与免疫调控

一、锌

实验证明锌是人体和动物体生命活动中必需的微量元素:现已确认,生物体内锌的含量在微量元素中占第二位,仅次于铁,而且锌还是在六大酶类中都存在的唯一金属元素,至少300种酶中含锌,承担着各种不同的生物功能,在动物的生长发育、免疫、物质代谢及繁殖等多方面起着重要作用,包括保证细胞正常的分化、基因转录、维持生物膜、阻止自由基等,是保证组织、器官和系统正常功能最重要的元素之一。

(一)锌的先天性免疫调节作用

先天性免疫系统是机体抵抗外来病原侵袭的第一道防线,锌水平的改变干扰先天性免疫功能。研究表明动物缺锌影响中性粒细胞功能并降低中性粒细胞的趋化性(Weston等,1977)。鼠体外试验表明单核巨噬细胞的功能需要锌。

(二)锌与特异性免疫

B细胞是参与体液免疫的主要细胞,B细胞激活后可以分化成生成抗体的浆细胞,产生抗体。缺锌时,B细胞及其前体细胞(特别是pre-B和未成熟B细胞)的绝对数量减少,而成熟B细胞仅发生轻微改变。King和Fraker(1991)报道,严重缺锌时B细胞数量下降58%,主要是未成熟的B细胞的数量下降。B细胞增殖对锌的依赖性不及T细胞,因此缺锌对B细胞发育的影响也不如T细胞。

锌对T细胞的影响最直接的证据就是缺锌导致胸腺萎缩,补充锌时胸腺恢复正常。

二、铜

早在20世纪80年代初就有了关于铜对机体免疫功能可能产生影响的研究,只是在近些年来有关体内铜的缺乏对动物免疫功能损伤的报道越来越多。这些研究都是以含铜量较低的日粮来建立动物模型,在此基础上通过免疫学的方法来检查免疫器官的形态及病理是否发生变化,以此来研究铜的缺乏引起免疫功能失调的有关机制。最后结果显示,铜对维持正常的免疫功能具有重要意义，如果动物不能得到足够的铜量的支持，在免疫功能受到抑制的同时，也会相应增加死亡率和感染传染性病毒的概率。

（一）铜与特异性免疫相关细胞及其功能

1.铜与T细胞及细胞免疫

T细胞是动物机体细胞免疫不可缺少的部分，对B细胞的体液免疫具有一定的辅助作用。铜在T细胞增殖、辅助性T细胞产生细胞因子和B细胞生长因子的过程中都扮演着重要角色。

实验表明，大鼠体内铜元素补充不足会引起脾脏T细胞数量的减少（Bala and Failla，1993），并且在体外对丝裂原刺激的应答反应降低（Bala，等1991；Windhauser等，1991），表现为胸腺、脾脏T细胞在用PHA、ConA处理时刺激指数明显下降。

2.铜与B细胞及体液免疫

铜之所以被认为可以参与免疫反应，主要是因为其自身的结构，目前认为铜是血清免疫球蛋白的重要组成部分，并在IgM向IgG生成过程中起着重要作用。关于铜缺乏对反刍动物体液免疫反应的影响结果各异。Cerone等（1995）报道，青年母牛日粮中添加钼易导致铜缺乏，从而显著减少B细胞的数量。Gengelbach和Spears（1998）表明，牛表现为严重缺乏铜时，体液免疫反应受到抑制；给牛接种猪血红细胞后，一免后采食添加铜日粮的牛抗体滴度IgG和IgA要高于采食低铜日粮牛抗体滴度，但二免后无明显差异。但Stable和Spears（1993）发现铜缺乏牛血清抗IBRV抗体滴度要高于采食正常铜水平牛抗体滴度，而这种高水平抗体滴度随后迅速降低。添加硫酸铜（10mg/kg铜）能提高青年母牛血浆抗OVA抗体滴度，硫酸铜效果要好于有机铜多糖矿物复合物（polysaccharide mineral complex）。Dorton等（2003）研究结果表明，+添加20 mg/kg铜能提高安格斯肉牛细胞免疫反应，提高血清总Ig和抗猪血红细胞IgG水平及OVA抗体水平，且采食氨基酸铜肉牛OVA抗体水平高于硫酸铜组。也有研究发现，缺铜大鼠B细胞数量增加。以后的实验发现铜缺乏大鼠脾脏淋巴细胞对丝裂原的应答反应显著降低，从而表明缺铜可改变淋巴组织的构成成分，T细胞比B细胞更为敏感，T细胞减少的同时脾脏B细胞百分率相对增高（Lukasewycx等，1985）。

（二）铜与非特异性免疫相关细胞及功能

天然免疫也称为非特异性免疫，这种免疫系统生来就有，是一道天然的防线，主要包括结构性屏障（如皮肤、黏膜）和生理性屏障（如pH、O_2水平）以及在吞噬作用、吞饮作用和炎症反应中发挥作用的血液蛋白质[包括许多补体、吞噬细胞(嗜中性粒细胞和巨噬细胞)]和其他白细胞(如NK细胞)等。研究表明,如果体内铜供给不足会损害这第一道天然防线,导致吞噬细胞活性降低和抗病能力减弱,从而增加感染的可能性。关于这一点,人们已经了解到并且也有大量相关文献的报道。人和许多动物体内具有代表性的血液白细胞就是嗜中性粒细胞。人和动物如果体内铜严重不足时,带来的后果主要有嗜中性粒细胞的数量急剧下降、抵抗细菌的能力严重下降、Cu/Zn-SOD活性也有明显降低,通常我们将这种症状称为嗜中性粒细胞减少症。当动物体内铜严重缺乏时反刍动物的细胞吞噬功能会大大降低。例如,如果牛体内铜供应不足,那么牛外周血嗜中性粒细胞的呼吸爆发(respiratory burst)能力和杀菌活力会得到相应抑制,但是牛白细胞总数和外周血嗜中性粒细胞数量没有明显变化,可见铜缺乏对其影响不大,但是其中单核细胞和B细胞数量相应减少了。Torre等(1996)研究表明,轻度铜缺乏(6～7mg/kg)的泌乳荷斯坦母牛,与日粮添加20mg/kg的试验组相比,最后结果显示嗜中性粒细胞数量减少了30%。与之相似的是,患有低铜血症的羔羊其外周血粒细胞的杀菌活力也相应有降低,而且这种现象在啮齿动物中也有发现(Babu and Failla,1990)。

Boyne和Arttur(1986)还发现,由钼或铁诱导的铜缺乏破坏青年母牛中性粒细胞吞噬白色念珠菌的能力。上述研究结果显示,嗜中性粒细胞功能受损在严重、轻度、临界铜缺乏时这些情况下都可以很容易观察到。通过研究铜供应不足对反刍动物的影响发现,对动物巨噬细胞功能的影响要比对中性粒细胞的影响小一些。虽然肺泡巨噬细胞中SOD活力有降低的趋势,但铜缺乏不影响小牛肺泡巨噬细胞的噬菌和杀菌能力(Gengelbach and Spears,1998):饲料中添加铜能够影响金头鲷巨噬细胞的数量和形态发育;金头鲷摄食高铜饲料,其体内巨噬细胞的数量显著增加。饲料中补充铜能提高斑点叉尾鮰巨噬细胞的吞噬活力。饲料中铜的添加量为50～80mg/100g,随着铜添加量的增加,中华绒螯蟹,血淋巴中酚氧化酶(PO)、超氧化物歧化酶(SOD)、碱性磷酸酶(ALP)和酸性磷酸酶(ACP)活性增强,其非特异性免疫力提高。Xian等(2010)发现水中铜含量为1.5～3.5mg/L时能诱导氧化应激、促进细胞凋亡、抑制斑节对虾(Penaeus monodom)噬菌细胞活力。

从生长角度考虑,饲料中铜添加量为10～20mg/kg就能满足斑节对虾良好生长发育的生理需求,而从有利于其免疫功能的充分发挥方面,饲料中的铜添加量以10～30mg/kg饲料为宜(Lee and Shiau,2002)。研究表明,硫酸铜也能调节斑节对虾的免疫系统,水体含铜量为0.11mg/L时,虽然其PO活性降低,但呼吸爆发增强,对链球菌(Lactococcus garvieae)的耐受性提高。Wang等(2009)研究发现缺铜显著抑制皱纹盘鲍免疫反应,并推荐皱纹盘鲍最佳生长和免疫功能的铜需要量为3～5mg/kg。

铜缺乏对抗感染免疫的影响早在1960年就有过报道，指出铜化合物具有消炎作用，并可用于治疗关节炎。Newberne等(1968)报道，处于低铜状态的实验动物对感染特别敏感。有报道将荷斯坦青年母牛分为两组：基础日粮(含铜6～7mg/kg)组和铜添加(20mg/kg)组，在产犊时加铜组病原菌感染率显著低于对照组(分别为40%和64%)，受病原菌感染的乳房数分别为6%和28%(Hanatanaka and Hosoi，1994)。Burke等(2007)、Burke和Miller(2008)认为$CuSO_4$和CuO对山羊抵抗胃肠道线虫无显著影响。Scaletti等(2003)认为日粮中添加20mg/kg的铜能降低荷斯坦奶牛大肠杆菌诱导的实验性乳腺炎临床反应，但对疾病持续周期无影响。试验证明，感染细菌性肾病(BKD)的大西洋鲑体内铜含量显著低于健康鱼，投喂高铜饲料可降低其对BKD的感染率。

三、硒

硒作为一种化学元素，一直被认为是一种对人畜有毒的物质。直到1957年，Schwarz等发现从酿酒酵母中分离出的生物活性因子Ⅲ(硒)能预防老鼠因维生素E缺乏而引起的肝坏死，才使人们认识到硒是动物体的必需微量元素之一。

(一)硒对机体非特异性免疫的影响

如果动物饲料中硒供应不足会使动物的非特异性免疫功能受到严重影响。参与这一效应的细胞主要有巨噬细胞、NK细胞、中性粒细胞和红细胞，它们的共同作用是可以溶解或具有杀伤感染微生物的能力。

1.对巨噬细胞功能的影响

硒的作用是对机体巨噬细胞的吞噬功能有一定的提升能力，而且还在一定程度上影响巨噬细胞的趋化、吞噬和杀灭过程。另外，硒还可对巨噬细胞激活因子(macrophage activating factor，MAF)的反应性也有增强作用。有试验研究了补硒对孕期母猪的免疫功能的影响，发现如果饲料中硒供应不足，对吞噬细胞杀伤微生物的活性有显著影响，在日粮中逐渐添加适量的硒发现可使母猪外周吞噬细胞的吞噬活性逐渐增强。还有研究显示，缺硒对水产动物吞噬细胞的吞噬活性也有一定影响，同样会使其降低，而适量补硒也可使吞噬活性得到相应提高。

2.对中性粒细胞功能的影响

同样，硒对动物体内中性粒细胞的趋化、吞噬和杀灭也有一定的影响。动物体内硒供应不足的直接后果就是降低淋巴细胞的增殖能力，并在影响吞噬细胞的功能下来削弱中性粒细胞的趋化性。有试验报道,在牛的饲料中去除硒元素,经过26周后发现,牛体内的中性粒细胞杀菌能力只有对照组的60%,硒供应不足抑制的是中性粒细胞在吞噬过程中氧呼吸爆发。

3.对NK细胞功能的影响

NK细胞又称自然杀伤细胞,是一种杀伤性淋巴细胞。这种细胞具有一定的自身特性,它既不属于T细胞也非B细胞,作用过程中既不需要预先抗原的刺激,也不需要抗体参与。鲍恩东(1998)研究发现,硒-维生素E结合体可以适当提高雏鸡的NK细胞活性,他认为这种活性可能是通过增加淋巴细胞产生IL-2的能力来实现的。有研究证明,如果在日粮中添加适量的硒一方面可以使雏鸡的NK细胞活力得到显著地增强,另一方面还使雏鸡的免疫功能得到相应完善。

4.对机体红细胞的影响

红细胞的具体作用是不仅可以识别、黏附、杀伤抗原和清除免疫复合物,而且还参与了免疫调控,也可以说是机体免疫系统的重要组成部分。红细胞之所以会具有一定的免疫能力,其作用机理主要是因为红细胞中含有丰富的SOD,这种物质具有清除吞噬细胞产生的氧自由基的功能,硒的作用就是通过保护SOD的活性来达到增强机体免疫功能的目的。

(二)硒对机体特异性免疫的影响

1.细胞免疫

硒对细胞的免疫作用表现在增强淋巴细胞转化和迟发型T细胞依赖性变态反应。硒能增强机体特异性细胞免疫功能,促进淋巴细胞的增殖、分化,还能增强淋巴细胞吞噬和杀菌的活性。Spallholz(1981)指出,硒能增强人、鼠、犬、猪、羊和牛等外周血淋巴细胞或脾细胞对丝裂原刺激的转化能力。在禽类,缺硒可影响初级淋巴器官的发育,减少外周淋巴细胞的数量,改变CD4/CD8群的平衡。有研究发现日粮中维生素E与硒水平可改变循环淋巴亚群比例,当硒和维生素E缺乏时,CD4增加。缺硒时,T细胞和B细胞增殖、分化及对丝裂原的反应受抑制。补硒能促进T细胞分裂增殖,增强机体免疫功能。硒虽然本身无调节小鼠T细胞有丝分裂的作用,但能促进T细胞对ConA刺激的增殖反应。对奶牛来说,饲喂补硒日粮,当乳腺细菌侵染时,嗜中性白细胞从血液涌入乳中的速度更快,对吞噬的细菌的胞内杀灭活性也较强。Cao等(1992)研究表明,给奶牛日粮中补硒后,外周血液淋巴细胞对刀豆蛋白A刺激的增殖效应显著高于缺硒日粮组。

硒参与调节淋巴细胞亚群和淋巴因子的分泌,增强了一种干扰素和其他细胞因子的分泌,同时增强T细胞的细胞毒作用,从而提高机体的细胞免疫功能。硒还能促进 T 细胞、B 细胞分泌细胞因子，并通过多种生物学效应调节机体免疫功能状态。另外，硒也可能是 IL-2R 表达所需的元素.砸通过调节 IL-2R 表达来发挥作用，而也有人认为硒主要通过淋巴细胞受到丝裂原或抗原刺激后 8～24h 结合和调节特异的细胞质蛋白及核苷酸而发挥作用。但也有相反的意见，认为硒的免疫机制不是通过淋巴细胞对抗原(或丝裂原)刺激的反应生成免疫活性细胞，也不是通过调节 IL-2R 的产量，而是通过其他未知的途径。总之，硒对细胞免疫的作用机制还不太清楚，还需进一步研究。

另外，研究发现，硒可以促进水生动物淋巴细胞响应丝裂原刺激的增殖分化反应。硒还能增强淋巴细胞的细胞毒功能。缺硒小鼠的 T 细胞和 NK 细胞在体外杀伤癌细胞的能力下降，补硒其功能恢复，硒对这种细胞毒功能的影响与其对淋巴毒素的影响相平行对应。

2.体液免疫

由抗体介导的免疫称体液免疫，因此抗体的产生是体液免疫的关键。20 世纪 70 年代初，首次报道了硒对动物的体液免疫有增强作用。硒能增强机体特异性体液免疫功能，刺激免疫球蛋白的形成，提高机体合成 IgG、IgM 等抗体的能力，要想充分发挥机体免疫系统的功能，必须有一定水平的硒参与。硒可刺激机体产生抗体，提高血清杀菌活性，经过验证，这种抗体主要是 IgM，而对 IgG 的水平无影响。低硒日粮可使动物血清抗体浓度、免疫应答下降和抗病力显著降低。

四、铬

1749 年法国化学家 Vauguelin 发现了铬，随后很长的一段时间，铬被认为是一种有毒有害元素，甚至认为可以致癌。后来又有人发现大鼠肝脏合成胆固醇和脂肪酸的能力因补铬而增强，从而提出铬可能是动物的必需微量元素。1955 年，Mertz 和 Schwarz 通过对大鼠饲喂低维生素 E 和低硒日粮使其过量血糖从血中的移走速度减慢，而经饲喂啤酒酵母(含高铬)后得以改善，于是 1957 年他们假设了啤酒酵母中含有葡萄糖耐量因子(glucose tolerance factor，GTF)。

从已有的报道并结合铬在畜禽动物上的研究推断，补铬可能主要是对特异性免疫而不是非特异性免疫反应产生影响。补铬可提高体液免疫和细胞免疫水平，日粮铬能改变特异性免疫反应，这是由加拿大 Guelph 大学首次报道的：铬在某些特殊免疫反应中起免疫调节因子作用，通过对免疫反应的调节而增强机体的抗病力和适应性。

（一）铬对鸡免疫的影响

有研究表明，在常规条件下，给 0～3 周龄肉仔鸡补铬，能显著影响肉鸡的体液免疫功能，而对其细胞免疫功能未见影响。

（二）铬对猪免疫的影响

有人研究发现，铬对仔猪免疫有增强和促进作用。机体缺铬，会降低动物对疾病的抵抗力。铬对动物机体免疫功能的影响主要表现在两个方面：一是缺乏时会直接引起体内免疫器官、免疫细胞等的损伤、改变或分化，导致免疫缺陷；二是通过影响体内营养代谢，间接引起免疫功能下降。

（三）铬对牛免疫的影响

有研究指出，给泌乳早期乳牛补铬，可提高生长期动物血清中免疫球蛋白的水平、提高各种抗原的抗体滴度，并且增强细胞免疫功能。另有试验表明，饲喂补充豆粕的玉米青贮型日粮，添加铬可提高生长牛 IgM 及总免疫球蛋白水平，但对补充尿素的玉米青贮日粮无效。奶牛在应激状态下，补铬可提高免疫球蛋白含量，减少发病率。

（四）铬对水产动物免疫的影响

饲料中添加酵母铬能调控虹鳟的免疫功能，而且这种调控能力具有剂量和时间的依赖性。

五、铁

有关铁与免疫的综述比较多（Mufioz 等，2009；Schaible and Kaufmann，2004；Weiss，2002；Oppenheimer，2001）。铁缺乏会导致免疫功能尤其是细胞免疫功能受损（Latunde-Dada and Young，1992），包括外周血液中的淋巴细胞增殖反应降低、循环中和玫瑰花结形 T 细胞的绝对数量下降、淋巴因子产生减少以及 NK 细胞活性降低和多形核白细胞噬菌能力异常。仔猪铁缺乏时体液免疫功能（破伤风类毒素刺激）不受影响。最近对哺乳动物的研究表明，体内的铁超过一定范围，动物抵抗微生物感染的能力降低。简而言之，铁缺乏会削弱动物的免疫功能，而铁过多则有助于体内病原微生物的生长，增强其致病性（Prentice，2008）。

六、微量元素锰

动物体内的锰非常少，其在很多组织内都是呈痕量存在，含量最高的是骨骼、肝脏、肾脏、胰腺和脑下垂体(Fisher,2008)。锰在包括脂肪、蛋白质和碳水化合物代谢等众多的细胞内过程中扮演着重要角色。与其他金属元素(如锌)不同,很少有关于锰缺乏影响免疫的报道。相反,有些报道指出,毒性剂量的锰会削弱免疫功能、血浆锰水平与T细胞数量,尤其是$CD4^+$和$CD8^+$ T细胞数呈显著负相关。最近越来越多的报道证实,脊椎动物通过螯合锰可以抵抗细菌性感染(Kehl-Fie and Skaar,2010)。

七、微量元素钼

钼的生物学活性形式是钼酸盐。钼酸盐进入细胞后,经过一系列复杂的生物合成机制,钼被并入到金属辅因子中。钼是很多酶的催化中心成分,如固氮酶、硝酸还原酶、亚硫酸氧化酶和黄嘌呤氧化还原酶(Schwarz 等,2009)。在实验条件下,日粮中的钼能够削弱线虫在瘤胃和肠道的定殖能力,但不影响其对羔羊的致病力。钼能增强炎性反应,提高宿主对寄生虫的抵抗能力。近年来有关钼对免疫功能影响的研究集中于反刍动物,且大部分研究都侧重于钼与铜的互作对免疫功能的影响。

随着日粮中钼含量的增加,绵羊肝脏中的铜含量显著降低(Van Ryssen and Stielau,1981)。日粮中添加5mg/kg干物质的钼,对荷斯坦公牛外周血单核细胞产生的肿瘤坏死因子和白介素IL-1数量无影响,但能引起铜缺乏,进而导致体液免疫反应和SOD活性下降,同样剂量的钼不影响安哥拉公牛的特异性免疫。日粮中含有6～10mg/kg干物质的钼时,美利奴羔羊抵抗毛状腺虫的能力增强(Mc Clure 等,1999)。

八、微量元素碘

甲状腺组织之外的碘在免疫系统中起着重要作用(Venturi and Venturi,2009)。胸腺中高浓度的碘化物为碘在免疫系统中的作用提供了解剖学理论基础。外周的甲状腺激素主要通过脱碘酶进行代谢(脱殡酶1,2,3)。脱碘酶1和2催化甲状腺素(T_4)转化成三碘甲腺原氨酸(T_3):而脱碘酶3则催化T_4转化成反式T_3以及T_3转化成T_2,通过脱碘酶3的作用,每分子T_4可为外周细胞提供一个或者两个无激素活性的碘化物(Venturi and Vent uri,2009)。

动物的炎性反应部位能够表达脱碘酶3蛋白,局部炎性反应强烈诱导炎症细胞的脱碘酶3活性升高,提示局部T_3降解增强,以提供更多的碘化物(Ktipper 等,2008)。富含碘的提取物能够增加动物抗氧化能力,提高动物的免疫功能。碘缺乏时;蛋鸡外周血淋巴细胞增殖能力降低(Song 等,2006)。

第六节　营养物质间的互作网路

各类营养物质在动物体内并不是孤立地起作用的，它们之间存在着复杂的相互关系。这些关系按其表现性质可归为4种形式：协同作用、相互转变、相互颉颃、相互替代。产生这些关系的生物学基础是高等动物新陈代谢的复杂性、整体性和代谢调节的准确性、灵活性和经济性。这就要求各营养物质作为一个整体，应保持相互间的平衡。因此，了解各类营养物质间的相互关系，保持营养物质间的平衡对高效经济地组织动物生产具有重要实践意义。本节重点介绍主要营养物质间的相互关系，说明养分平衡的重要性。

一、能量与有机营养物质的关系

饲料中的有机物质，特别是三大营养物质都是能量之源，在有机营养物质代谢的同时必然伴随着能量代谢。饲料中有机营养物质种类及含量直接与能量高低相关。

（一）能量与蛋白质、氨基酸的关系

饲粮中的能量和蛋白质应保持适宜的比例，比例不当会影响营养物质利用效率并导致营养障碍。实践证明，由于蛋白质的热增耗较高，蛋白质供给量高时，能量利用率就会下降。相反，如果蛋白质不能满足动物体最低需要，单纯提高能量供给，机体就会出现负氮平衡，能量利用率同样会下降。因此，为保证能量利用率的提高和避免饲粮蛋白质的浪费，必须使饲粮的能量及蛋白质保持合理的比例。

饲粮氨基酸种类和水平对能量利用率有明显影响。饲粮中苏氨酸、亮氨酸和缬氨酸缺乏时，会引起能量代谢水平下降。现已证明，畜禽对氨基酸的需要量随能量浓度的提高而增加，保持氨基酸与能量的适宜比例对提高饲料利用率十分重要。

（二）能量与碳水化合物、脂肪的关系

1.粗纤维

饲粮中如果粗纤维含量超过一定水平就会对有机物质的消化率产生相应的影响，从而使饲粮的消化能值得到降低，这一效应在猪的生长过程中表现得尤为突出。一般来说，饲粮中有机物质的消化率与粗纤维水平存在着负相关的关系，也就是说如果饲粮中纤维素增加，总能量消化率反而会下降。有研究显示，这个比例大约是每增加1%的纤维素，总能量消化率会下降

3.5%左右。成年反刍动物则需要较多粗纤维，当饲粮中粗纤维比例处于一个合适的水平的时候，瘤胃细菌的活性就会得到相应增强，同时粗纤维及其他有机物的消化利用率也相应提高。相反，如果粗纤维一直处于一个较低的水平时，可能会造成胃消化系统不能正常工作，对有机物及能量的消化利用率降到一个很低的阶段。综上所述，我们可以看出，适量的粗纤维对动物的生长和免疫都具有重要作用，只不过由于动物种类的差异，对粗纤维的需要量也有一定区别。

2.脂肪

一般来说，脂肪被当作能源来使用的时候，其利用率相比其他有机物来说更有优势一些。饲粮中添加适量脂肪可在一定程度上使动物的有效能摄入量得到相应提升，从而提高对饲料和能量的转化效率。通常在喂养动物的过程中，饲粮中每增加1%的脂肪，代谢能的随意采食量就相应增加0.2%～0.6%，再加上高温环境的支持，就会使于动物的生产性能得到一定提升。但是也有不足之处，那就是如果动物是处于免疫应激状态时，此刻如果还将脂肪作为能源来使用的话其效果就没有碳水化合物明显了。

二、蛋白质、氨基酸与其他营养物质的关系

（一）蛋白质与氨基酸的关系

一般来说，我们通常认为动物蛋白质的营养就是氨基酸的营养。因此，只有当用于合成蛋白质的各种氨基酸按一定的比例同时存在的时候，这样的供给对动物来说才有效，才能在体内合成蛋白质。只要饲粮中任何一种氨基酸不能及时供给，即使其他必需氨基酸含量特别充足，也无法在体内正常合成蛋白质。同样，如果动物体内合成蛋白质的潜力越大，那么其自身对氨基酸的需求量也就越高。

（二）氨基酸间的相互关系

体内合成蛋白质的各种氨基酸伴随着机体的代谢活动，也存在着一系列的复杂关系，主要表现为彼此间的协同、转化、替代和颉颃等。蛋氨酸除了可以转化为胱氨酸外，还具有转化为半胱氨酸的能力，只是这一过程的逆反应是不可以进行的。按照这个说法我们可以得知，蛋氨酸能满足总含硫氨酸的需要，但是蛋氨酸本身的需要量只能由蛋氨酸来提供。只不过半胱氨酸和胱氨酸之间是可以互变的。苯丙氨酸可以转化为酪氨酸来满足酪氨酸的正常需要，但这个过程也不可以逆转。综上所述，我们在考虑必需需要氨基酸的时候，可将蛋氨酸与胱氨酸、苯丙氨酸与酪氨酸合并计算。

氨基酸间的颉颃作用主要是发生在结构或功能比较相似的氨基酸之间，其原因主要是因为相似的氨基酸在吸收过程中使用的是同一个转移系统，它们之间是彼此竞争的关系。其中最有代表性的具有颉颃作用的氨基酸就是赖氨酸和精氨酸。另外，如果饲粮中赖氨酸的含量过高的话就会相应增加对精氨酸的需要量。在实际喂养过程中当雏鸡饲粮中出现赖氨酸过量的情况时，通过适量添加精氨酸的方法可以缓解由于赖氨酸过量而导致的一种失衡现象。还有就是亮氨酸与异亮氨酸因为在化学结构上具有很大相似性，所以它们之间也存在着很强的颉颃作用。在这一关系中需要注意的是，如果亮氨酸过多可降低异亮氨酸的吸收率，从而增加尿中异亮氨酸的排出量。此外，精氨酸和甘氨酸对由于其他氨基酸过量所造成的伤害有一定的缓解作用，这种作用也有可能是因为它们参与了尿酸的形成的缘故。

三、矿物质与维生素的关系

（一）矿物质间的相互关系

矿物质之间主要存在两种基本关系，那就是协同和颉颃，而其中具有颉颃关系的元素在数量上要比具有协同作用的元素多一些。

1.常量元素之间的关系

饲粮中钙、磷含量和钙、磷比是影响动物体内包括钙、磷本身在内的矿物质正常代谢的重要因素。钙、磷比例失衡是造成骨营养不良的一个重要原因。饲粮中高钙或钙、磷含量同时增加都会对镁的吸收造成一定的影响。钠、钾、氯在维持体内离子平衡和渗透压平衡方面具有协同作用。

2.常量元素与微量元素之间的关系

常量元素与微量元素之间是一个互相干扰的关系。

动物体内钙、锌之间是一种颉颃作用。实验表明，如果猪饲粮中钙过量就会导致猪体内锌的缺乏，在猪的生长过程中容易引发皮肤不全角化症的发生。当雏鸡饲粮中磷含量增至0.8%～1%时，也会使锌的吸收率降低。而在这种情况下如果钙也过量的话，也会进一步影响锌的有效性。饲粮中钙、磷过量的话则会引起家禽滑腱症的发生，而锰的含量过高的话，也会对钙、磷的利用造成一定影响。

3.微量元素之间的关系

锰和铁之间是一种颉颃作用，如果锰含量过高会引起体内铁的贮备下降。但是，如果想要利用体内的铁还必须需要铜的支持，只不过饲粮中铁含量过高反而会抑制对铜的吸收，钼过量会增加尿铜排出量。锌和镉可干扰铜的吸收，饲粮中锌、镉过多时会降低动物体内血浆含铜量。在喂养动物的过程中，如果出现由于饲粮中铜含量过高所引起的肝损伤的情况，可通过添加适量的锌办法来缓解。只是在使用这一方法时要特别注意锌的添加量，必须保持在适量的范围，因为锌含量过高又会对铁的代谢造成不良影响。

（二）维生素与矿物质的相互关系

维生素D及其激素代谢物主要对小肠黏膜细胞其作用，形成钙结合蛋白质，这种结合蛋白质可促进钙、镁、磷的吸收。维生素D对维持动物体内的钙、磷平衡具有重要意义。在一定条件下，维生素E可代替部分硒，但硒不能代替维生素E。缺乏维生素E的母猪所生仔猪对补铁敏感。锌的存在可以能帮助家禽将体内的胡萝卜素更好地转化为维生素A，饲粮中适量添加锌可提高家禽体内维生素A蓄积强度，因此，提高锌水平可增强酯酶活性而促进维生素A的吸收。补饲锰盐可治疗雏鸡滑腱症，但饲粮中必须要含有足够的烟酸。如果烟酸供应不足，即使添加足够的锰盐也不会使滑腱症得到很好的缓解。

（三）维生素之间的相互关系

维生素E的作用是有利于提高对维生素A和胡萝卜素的吸收率以及将其更好地存贮于肝脏中。试验表明，维生素E的存在可以阻止肠道内的生素A和胡萝卜素的氧化。近些年的研究结果显示，对鸡来说，维生素E和维生素A之间表现为颉颃作用，即饲粮中高水平维生素A可降低血浆和体脂中维生素E的水平。维生素E可以促进胡萝卜素转化为维生素A。另外，如果维生素E供应不足还会阻碍体内维生素C的正常合成。而维生素C的存在可以有效缓解因维生素A、维生素E、硫胺素、核黄素、维生素B_{12}及泛酸不足所引起的一系列不适症状。叶酸能促进动物肠道微生物的合成维生素C。大鼠体内维生素A可促进维生素C的合成。

第三章 非营养性饲料添加剂与免疫

饲料添加剂的成分有很多,其中就包含一种非营养性物质,本节涉及的主要有寡糖、多糖、益生菌、植物多酚和抗菌肽5个方面。分别从它们的构造和功能方面来说明对动物机体的免疫效应。

第一节 寡糖与免疫

寡糖(oligosaccharide)作为一种功能性饲料添加剂,扩展了传统上糖类物质仅作为能源物质的功能。目前,已确认的寡糖约超过1000种,作为饲料添加剂的是功能性寡糖。功能性寡糖在饲料工业上又称为化学益生素(益生元)、微生态促进剂。近年来,欧洲又将功能性寡糖与活菌制剂两者合用,称合生素(synbiotic)。功能性寡糖结构稳定,在储藏加工过程中不易失活,无毒、无害、无残留,能提高动物的抗病力和生产性能,可以说是一种新型的绿色饲料添加剂。

一、概述

寡糖又称低聚糖或寡聚糖,是由2～10个单糖单位通过糖苷键连接而成的具有直链或支链的低度聚合糖类的合称。

二、寡糖的免疫调节作用

近年来,糖类结构测定和生物活性研究成果突出,大量试验证明,寡糖类还具有增强动物机体免疫的作用。

(一)影响免疫器官的发育和成熟

禽畜的胸腺、脾脏和法氏囊(禽类)是主要的免疫器官,参与机体的体液免疫和细胞免疫。随着免疫器官相对重量的增加,说明机体的细胞免疫和体液免疫得到增强,也就是整体免疫机能加强,抵抗各种病原微生物感染的能力和抗各种应激的能力得到提高。通过对家禽的研究发现:饲料中适量添加寡糖可以显著提高肉鸡免疫器官指数、白细胞吞噬率及新城疫抗体效价,降低肉鸡死亡率(白东英等,2008;王秀武等,2004;瞿明仁等,2003;王吉潭等,2003)。

（二）对非特异性免疫系统的影响

非特异性免疫也称天然性免疫，主要由巨噬细胞（$M\varphi$）、单核巨噬细胞、NK细胞、嗜中性粒细胞和嗜酸性、嗜碱性粒细胞以及一些天然免疫分子（补体C、IFN、天然抗体、凝集素、黏液素、防御素、溶菌酶等）承担，共同构成了机体的第一道免疫屏障。

1.调节巨噬细胞功能

巨噬细胞是免疫效应细胞，具有免疫防御、免疫监视、免疫调节以及抗原提呈等多种免疫功能，是机体免疫系统的重要组成部分。巨噬细胞除了参与非特异免疫应答外，还是特异性免疫应答中一类关键的细胞。巨噬细胞主要是通过分泌NO、H_2O_2、溶菌酶、溶酶体等和在IL-1β、TNF-α的帮助下来达到杀灭病原的目的，许多细胞因子的分泌都是通过NF-κB来调节的。寡糖可调节巨噬细胞吞噬细菌、分泌等活性。

2.影响吞噬细胞的呼吸爆发

在清除入侵的病原微生物时，一些具有吞噬作用的细胞如巨噬细胞、嗜中性粒细胞等会产生氧化呼吸爆发，产生大量杀菌物质如ROS、NO等。在炎症发生过程中，过多的ROS反而会使病情恶化，导致组织损伤。Elliot等（2004）发现昆布多糖、麦芽寡糖、支链淀粉中获得的七聚糖、环糊精、阿拉伯寡糖、藻酸盐寡糖、甘露寡糖都可以巨噬细胞、嗜中性粒细胞的ROS和NO产生量进行调节。即使是细微差别免疫系统也可以识别，通常是聚合度越高，抑制度越高，并且在活化的免疫细胞中作用更明显。

3.调节NK细胞功能

功能性寡糖可增强NK细胞的杀伤活性、提高吞噬细胞的功能等，以便促进整个机体的免疫机能，对抗外来病原微生物的感染。Kelly-Quagliana等（2003）以^{51}Cr标记的YAC-1肿瘤细胞作为靶细胞，发现果寡糖能增强脾脏中NK细胞的活性。Wang等（2004）发现从北美人参中提取的寡糖可以促进NK细胞产生α-干扰素（IFN-α），这种物质的存在可以使细胞处于抗病毒状态，这样就增强了机体抗病毒感染的能力。

4.激活补体系统

功能性寡糖（甘露寡糖、果寡糖）可激活补体的替代途径。在病原微生物感染机体的早期发生急性期反应（acute phase response），导致肝脏合成急性期蛋白质如甘露聚糖结合蛋白（mannan binding lectin，MBL）和C反应蛋白（Creactive protein，CRP），MBL是一种钙依赖性糖结合蛋白，属于凝集素的范畴，可结合甘露糖残基。研究发现，含甘露糖的寡糖通过刺激肝脏分泌能与甘露糖结合的蛋白（MBL）而影响免疫系统，MBL可与细菌黏膜表面的含甘露糖的残基相结合触发补体系统激活，产生多种补体片段，参与免疫应答调节。

（三）对特异性免疫功能的影响

1.细胞免疫

甘露寡糖（MOS）对细胞免疫功能的调节作用：哺乳仔猪试验表明，甘露寡糖能够显著提高哺乳仔猪 PHA-淋巴细胞转化率、巨噬细胞的吞噬能力、T细胞的总数（邵良平等，2000；Spring and Privulescu，1998）、白细胞吞噬能力（Bolduan 等，1993）。家禽研究显示甘露寡糖显著提高鸡外周血 T 细胞数量、外周血白细胞吞噬率和 PHA 淋巴细胞转化率（邵良平等，2000）。功能性寡糖能促进免疫细胞分泌细胞因子如 IL、TNF 和 IFN 等，增强 NK 细胞的杀伤作用、提高吞噬细胞的功能等，从而促进整个机体的免疫机能，对抗外来病原微生物的感染。体外试验证明 MOS 能刺激辅助性 T 细胞分泌 IL-2 和 IFN-γ，这两种因子对活化白细胞有重要作用，由此认为，寡糖提高免疫力可能通过激活辅助性 T 细胞分泌功能进行调节。体内试验发现甘露寡糖可提高 IL-2 的水平（Szymafisk-Czerwifi ska 等，2009），而 IL-2 为 T 细胞的生长因子，可促进细胞的增殖与分化，促进细胞免疫与体液免疫功能。

果寡糖（FOS）对细胞免疫功能的调节作用：家禽试验发现，日粮中添加0.05％果寡糖能显著提高 21 日龄雏鸡对 PHA 的反应性、NK 细胞活力、血清新城疫疫苗抗体效价，提高血液 IL-2 含量（高峰等，2002）。Kelly-Quagliana等（2003）研究表明，饲喂 FOS 的小鼠在应答刀豆球蛋白（ConA）、PHA 等细胞刺激剂时，肠系膜的淋巴结细胞母细胞化增加，$CD4^+$ T 细胞数量增多；同时乳酸菌能利用果寡糖作为能源，使发酵后产生的短链脂肪酸与丁酸盐及循环中 IFN-γ、TNF-α 增加，从而增强细胞免疫反应，降低过敏反应。

壳寡糖（COS）对细胞免疫功能的调节。Suzuki 等（1984）研究发现壳寡糖还能增强 T 细胞表面 IL-2 受体的表达，加速 T 细胞成熟而释放 IL-2，IL-2 与相应的受体结合后，进一步加速了静息的 T 细胞分化成熟为效应的 T 细胞。窦江丽等（2005）发现将 120 mg/kg 的壳寡糖作用于小鼠能明显提高其溶血空斑数、血清溶血素水平，增强 ConA 诱导的 T 细胞增殖的能力。

芽寡糖可显著提高仔猪的植物血凝素（PHA）刺激的淋巴细胞转化率和E-玫瑰花环率（E-RFCR）、红细胞 C3b 受体花环率（RBC-C3bRR）、红细胞免疫复合物花环率（RBC-ICR）和白细胞吞噬率。

2.体液免疫

寡糖能与一些毒素、病毒、真核细胞的表面发生结合，然后寡糖作为这些外源抗原的助剂，提高 B 细胞介导的体液免疫功能。研究发现，MOS 能提高肉鸡胆汁中 IgA 水平（Savage and Zakrzewska，1996）和血清 IgM 含量，也可提高火鸡肠黏膜中IgA和血液中IgG的含量(Savage等,1996)。MOS可显著提高肉种鸡及其后代的ND和IBD抗体反应(Shashidhara and Devegowda,2003)。近来的研究发现,MOS对于一些病毒性疾病如口蹄疫、猪繁殖与呼吸综合征(PRRS)、猪瘟等可能具有一定的预防作用,但这方面还需进一步研究。

高峰等(2002)报道FOS能显著提高雏鸡血清新城疫疫苗抗体效价。Manhart等(2003)研究证实,果寡糖能增加血清与肠系膜淋巴结中分泌性抗体的量。Wu和Tsai(2004)研究发现COS能显著增加小鼠血清IgG和IgM的含量。肉鸡日粮添加0.1%壳寡糖或卡拉胶寡糖,均可显著提高肉仔鸡血清新城疫抗体效价。功能性寡糖不仅能提高单胃动物的免疫功能,而且对反刍动物体液免疫功能有促进作用。

(四)对肠道黏膜免疫的影响

肠道不仅是吸收、消化和营养物质交换的重要场所,同时也是抵御外界微生物入侵机体的重要免疫器官。由肠道黏膜表面的免疫活性细胞和肠上皮相关的淋巴组织构成的相对独立黏膜免疫系统,即与肠相关淋巴组织,在体内具有非特异性免疫和特异性免疫作用,其中非特异性免疫是阻止病原菌侵入体内的第一道防线。大量研究表明,功能性寡糖可调节肠道微生物区系;可结合吸附外源致病菌,阻止病原菌定殖和排除病原菌,保护肠道黏膜屏障完整性、预防感染和炎症;可影响肠道黏膜免疫功能。

功能性寡糖具有调节宿主肠道黏膜免疫功能的作用。Savage和Zakrzewska(1996)报道火鸡日粮添加MOS,不仅能促进肠道内主要免疫球蛋白SIgA的分泌,也能增强胆汁IgA、血液中的IgG水平;Elmusharaf等(2007)报道MOS可通过降低粪便中卵囊数量和肠道病变概率,显著增强肉鸡抵抗堆型艾美耳球虫能力,但对柔嫩艾美耳球虫和巨型艾美耳球虫感染无显著作用。Girrbach等(2005)报道日粮添加菊粉和果寡糖混合物可提高猪远端空肠上皮内淋巴细胞有丝分裂原刺激后IL-10的产量,表明寡糖具有抗炎症反应。

(五)免疫佐剂效应

功能性寡糖提高动物机体免疫机能主要是通过充当免疫佐剂(adjuvant)及激活动物机体体液和细胞免疫等来实现的。研究发现某些寡糖,如乙酰甘露寡糖、壳寡糖、异麦芽寡糖,能与一定毒素、病毒或真菌细胞的表面结合而作为这些外源抗原的助剂,减缓抗原的吸收、增加抗体的效价,从而提高机体的细胞免疫和体液免疫的功能。美国苏威公司开发出了马立克氏疫苗免疫的增强剂——乙酰甘露聚糖。

第二节 多糖与免疫

一、概述

多糖(polysaccharide)又叫多聚糖,是自然界中分子结构复杂且庞大的一类生物大分子,它是由多个(10 个以上到上万个)单糖分子或单糖衍生物缩合、失水、通过糖苷键连接而成的高分子化合物。按其组成可概括为同聚多糖(均多糖)和杂聚多糖(杂多糖)两大类。多糖的研究最早开始于 1936 年,20 世纪 50 年代,陆续发现一些真菌多糖具有明显的抑制肿瘤活性的作用。从 20 世纪 60 年代开始,世界各国开始对多糖进行了广泛的研究,日本、德国、美国的科学家先后对银耳多糖、香菇多糖、枸杞多糖进行了深入的研究,普遍认为这些多糖一般都具有增强非特异性免疫的功能,主要表现在对巨噬细胞、T 细胞、B 细胞、NK 细胞和树突状细胞等都有明显的刺激作用。目前,多糖是国际上公认的天然优良的免疫调节剂。

二、多糖的免疫调节作用

经过大量的实验发现,多糖(包括植物、动物、微生物的多糖)对免疫功能有促进和调整作用,主要是通过以下途径来实现的:影响免疫器官发育;激活巨噬细胞、NK 细胞、T 细胞、B 细胞等免疫细胞;激活网状内皮系统和补体系统;诱生多种细胞因子,如白细胞介素(interleukin,IL)、干扰素(IFN)、肿瘤坏死因子(tumor necrosis factor,TNF-a)、集落刺激因子(colony stimulation factor,CFS)四大系列几十种细胞因子的产生;促进抗体产生;在红细胞免疫中通过促进因子和抑制因子的活性来调节红细胞免疫;通过神经—内分泌—免疫网络等多途径、多层面来影响机体特异性和非特异性免疫功能,从而发挥其对免疫功能的多方面调节作用,如图 3-1 所示。

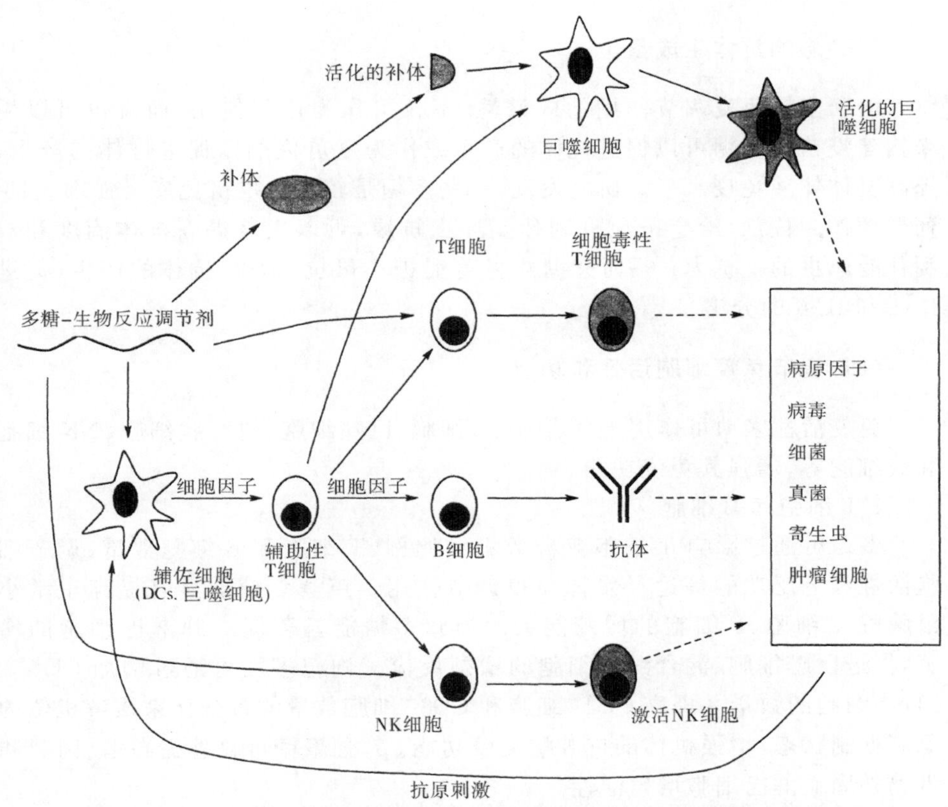

图 3－1　生物活性多糖激活免疫细胞，清除病原微生物的作用示意

（其中实线代表激活免疫细胞，虚线代表抑制免疫）（Leung 等，2006）

（一）影响免疫器官发育

免疫器官主要由中枢免疫器官［骨髓、胸腺、腔上囊（禽类）］和外周免疫器官（脾脏、淋巴组织等）组成，它们的发育状况直接影响机体免疫力的高低。胸腺为一级免疫器官，对 T 细胞的成熟至关重要，主要介导细胞免疫；脾脏为二级免疫器官，主要参与体液免疫，是抗体生成器官。研究表明，多糖对动物免疫器官特别是脾脏和胸腺的发育具有影响。

（二）调节细胞因子分泌

细胞因子是免疫系统重要的信息分子，在免疫调节中充当着十分重要的角色。大量的研究表明，多糖能在体内或体外通过提高细胞因子的分泌、提高细胞因子的基因表达、增强细胞因子的作用而发挥免疫调节功能。

（三）影响抗体生成量

由于多糖免疫调节作用的广谱性，不仅可作为佐剂使用，而且也可以用来构建疫苗。多糖可以促进抗体的产生或作为疫苗佐剂以促进抗体的产生，提高机体体液免疫水平。研究发现，一些多糖是较好的疫苗免疫增强剂。13-葡聚糖作为佐剂，给仓鼠免疫利什曼原虫抗原，可以显著提高抗体滴度和对利什曼原虫的抵抗力；β-葡聚糖能显著促进小鼠抗 SRBC 抗体的产生，促进 IL-1 和 IL-6 的分泌。

（四）调节免疫细胞活性和功能

免疫活性多糖可作用于 T 细胞、B 细胞、巨噬细胞、树突状细胞、NK 细胞和红细胞等，增强其免疫功能。

1.T 细胞和 B 细胞

多糖可通过影响 T 细胞亚群数量和比例、T 细胞和 B 细胞数量、调节细胞活性和分泌功能等途径发挥免疫调节作用。芦荟多糖能显著提高正常小鼠脾脏 T 细胞、B 细胞的增殖能力。当归多糖能显著促进脾淋巴细胞的增殖，促进巨噬细胞、混合淋巴细胞的增殖反应。枸杞多糖可通过增加 $CD4^+$、$CD8^+$ 细胞的数量并提高 $CD4^+$ 细胞和 $CD8^+$ 细胞数量的百分比来缓解机体的免疫抑制状态，增强机体的抗肿瘤免疫功能。β-葡聚糖可显著提高猪、肉鸡和蛋鸡外周血淋巴细胞增殖活性。

2.巨噬细胞

巨噬细胞是一类重要的免疫细胞.具有识别、吞噬和摧毁异己细胞、生物体和物质（如细菌、病毒、真菌）的作用，是主要的抗原提呈细胞，在特异性免疫应答的诱导和调节中起关键作用。巨噬细胞是抵抗细菌感染的关键因子，巨噬细胞依靠对微生物保守结构的识别，可释放各种各样的细胞因子。免疫活性多糖能通过识别巨噬细胞表面受体，如 CD14、CR3、葡聚糖受体、Dectin-1 受体等，调节巨噬细胞活性，影响巨噬细胞 NO 和细胞因子的分泌。

3.树突状细胞

在机体免疫反应中，树突状细胞（dendritic cell，DC）是功能最强大的抗原提呈细胞，DC 能摄取多种抗原、表达丰富的主要组织相容性复合物（MHC）分子、共刺激分子（CD80、CD86）、黏附分子，分泌细胞因子 IL-12 等，IL-12 作用于静止型 Th 细胞（Th0）使之向 Th1 型分化，产生 Th1 型免疫应答。另外，DC 细胞是机体 T 细胞免疫反应的始动者。

4.NK 细胞

NK 细胞（natural killer cell）是一类重要的免疫调节细胞，对 T 细胞、B 细胞、骨髓干细胞等均有调节作用，并通过释放细胞因子（IFN-α、IFN-γ 和 IL-2）对机体免疫功能进行调节。一些多糖可以提高 NK 细胞活性。苁蓉多糖能够显著提高 T 细胞的转化率、NK 细胞的活性，且与剂量存在正相关关系。灵芝孢子多糖可增强 S180 肉瘤荷瘤小鼠 NK 细胞的杀伤活性。紫菜多糖可显著提高 BALB/C 小鼠 NK 细胞杀伤活性（赵卿等，2006）。

5.红细胞免疫

近年来，有关多糖的研究日益增多，研究显示许多多糖具有能促进机体的红细胞免疫的功能。枸杞多糖能明显增强正常小鼠红细胞 Cab 受体（RBC-C3bR）花环率及红细胞免疫复合物（RBC-IC）花环率的形成，并能使环磷酰胺引起下降的 RBC-C3bR 花环率及 RBC-IC 花环率显著回升，表明枸杞多糖对环磷酰胺所致的红细胞免疫功能的抑制具有明显的拮抗作用。另外，一些中药的药理成分，也具有调节红细胞膜的 C3 受体活性、增强红细胞免疫的作用。

（五）肠道黏膜免疫

Tsukada 等（2003）报道鼠口服酵母 β-1，3-葡聚糖后，肠道 IEL 淋巴细胞数量显著上升（肝脏淋巴细胞数量无变化），在 IEL 细胞中表达 CD8 抗原的 α-βT 细胞和 $\gamma\delta$T 细胞绝对数量升高，刺激鼠产生 Thl 类型的细胞因子IFN-γ，因此他们认为酵母 β-1，3-葡聚糖是肠道黏膜免疫重要的免疫增强剂。

第三节　益生菌与免疫

一、概述

人和动物消化道及体表栖息着数以亿计的细菌，种类达 400 多种，重约 2kg。其中对人畜有害的称为有害菌；而有益的称为有益菌；也有介于二者之间的在一定条件下会导致人体生病的条件性致病菌。其中乳酸菌、双歧杆菌、放线菌、酵母菌、芽孢杆菌等属于有益菌的范畴。益生菌属于非致病性细菌，Fuller（1989）把益生菌（probiotics）定义为通过食物供给的活的微生物，国际营养学界把益生菌定义为一种对人畜有益的细菌，它们可直接作为食品或饲料添加剂服用，以维持人及动物肠道菌群的平衡。根据实际生产中应用的益生菌形态及研究结果，目前已发现并使用的益生菌大体可分成乳杆菌类、双歧杆菌、革兰氏阳性球菌及其他杆菌和梭菌类等。

二、益生菌对机体免疫调节作用

益生菌对免疫系统的调节机制还没有完全研究清楚，但是人们普遍认为它们是通过竞争肠道内的营养成分、干扰致病菌在肠道内的定植（定植排斥）、竞争肠道上皮细胞结点、产生细菌素、降低结肠 pH 以及对免疫系统的非特异性刺激来调节免疫系统的。益生菌能够刺激宿主对微生物致病菌的非特异性抵抗力，并帮助宿主将病原菌从体内清除。益生菌可以通过稳定肠道微生物环境和肠道屏障的通透性来缓解炎症。益生菌的作用机制可能包括通过改善肠道免疫球蛋白 A（IgA）和炎症反应来提升免疫屏障功能，还能通过改善肠道通透性和调整肠道菌群的组成加强非免疫性肠道防御屏障。

（一）影响动物非特异性免疫应答

研究显示，益生菌对动物机体非特异性免疫作用表现明显，可增强动物固有免疫系统应答能力（Pan 等，2008a）。

1.非特异性细胞免疫

益生菌刺激动物免疫器官生长发育，增加脾脏和胸腺的绝对重量（Awad 等，2009）及胸腺、脾脏和法氏囊相对重量（张日俊等，2005）；促进胸腺、脾脏成熟，显著提高脾脏淋巴细胞转化率，增加 T 细胞和 B 细胞数量（华雪铭等，2006；张日俊等，2005）。

益生菌能迅速刺激家禽巨噬细胞的吞噬功能、杀伤作用、细胞脱粒及氧化分解作用（Lowry 等，2005），而且增强动物黏膜免疫应答。益生菌能显著提高动物血液、肝脏、胰脏及肠黏膜中溶菌酶活性（华雪铭等，2006；Pan 等，2008a）；而巨噬细胞和树状突细胞数量、巨噬细胞噬菌作用、溶菌酶活性随益生菌剂量升高而升高（Tarakanov 等，2006）。益生菌作为非特异性免疫调节因子，可通过细菌本身或细胞壁成分激活宿主免疫细胞，从而促进吞噬细胞的吞噬活力，促进溶菌酶的合成，增强人及动物机体抵抗疾病的能力。

益生菌能显著增加动物血液中白细胞数量及白细胞吞噬活性（华雪铭等，2006；Apata，2008；Chafai 等，2007）。而且血小板、单核白细胞、异嗜细胞数量均显著提高（Kalandakanond-Thongsong 等，2008）。

益生菌增强了动物红细胞 C3b 受体花环促进率，降低了红细胞 C3b 受体花环抑制率；而益生菌结合黄芪多糖能显著提高酸性 α-醋酸萘酯酶（ANAE）阳性细胞率。另外，红细胞 C3b 受体花环促进率提高、抑制率降低的结果说明益生菌显著增强红细胞细胞受体的免疫活性，从而增强红细胞免疫功能。

2.非特异性体液免疫

益生菌不但能增强动物非特异性细胞免疫功能，而且提高了动物非特异性体液免疫应答(Panda 等,2008)。肉仔鸡口服益生菌,显著提高了血液和肠道液体总抗体水平(Revolledo 等,2009)。罗曼蛋雏鸡灌服益生素后,血液IgG、IgM及IgA含量均显著提高(吕英和郑世民,2004)。饲料添加益生菌显著提高火鸡血液中IgM及IgG水平(Cetin 等,2005)。其他动物饲喂益生菌也取得同样的结果。鲶鱼饲喂活或死的从家禽体内分离的酪酸梭菌,显著增加免疫球蛋白含量(Pan 等,2008a)。益生菌可以缓解免疫抑制剂对动物的免疫抑制作用,提高动物血液中抗体IgM、IgG、IgA水平。

益生菌提高肠黏膜内相关淋巴组织SIgA抗体分泌,提高机体免疫力,从而减少细菌在体内(如肠道内)定殖。

(二)影响动物特异性免疫应答

研究表明,益生菌除能提高动物机体固有的免疫应答外,还能提高动物机体的特异性免疫应答,提高针对性的细胞因子和抗体水平(Nayebpor 等,2007)。

1.特异性细胞免疫

给球虫攻击的肉仔鸡饲喂含益生菌的日粮,能提高细胞因子(IFN-γ),和IL-2)水平,但并没有提高抗球虫的抗体水平,说明益生菌对局部细胞免疫有调节效应。通过对益生菌产生酶降解奶酪对细胞因子产生效果影响的研究发现,用没有降解的奶酪可使皮炎患者的IL-4水平提高,而鼠李糖乳杆菌GG降解的奶酪减少了IL-4产生,说明益生菌通过改变有害抗原的结构,改变了它们的免疫原性。使细胞因子产生发生改变,导致了不同的免疫反应(Miettinen 等,1996)。

益生菌通过调节宿主机体免疫系统改变机体细胞因子的表达(Haghighi 等,2008)。给1日龄肉仔鸡强饲益生菌,并于第2天给予致病型鼠伤寒沙门氏菌。盲肠扁桃体在感染后的1天、3天、5天取出,测定IL-6、IL-10、IL-12及IFN-γ的基因表达。IL-6和IL-10基因表达无差异。沙门氏菌感染导致IL-12表达在感染后的第1天、第5天显著升高。然而,事先用益生菌处理的IL-12表达和对照组一样。益生菌处理后用沙门氏菌刺激使盲肠扁桃体IFN-γ表达比只用沙门氏菌处理而不加益生菌处理显著降低。此结果表明,IL-12、IFN-γ表达下降与益生菌减少沙门氏菌在肠道的定殖存在一定关系(Haghighi 等,2008)。

2.特异性体液免疫

益生菌对肉仔鸡体液免疫应答效果良好。益生菌通过增强家禽机体对一些抗原刺激作用,增加了动物机体特异性体液免疫应答效应,提高了动物体内的抗体水平(Nayebpor 等,2007)。益生菌是疫苗的理想佐剂之一,饮水中加入益生菌，显著提高肉仔鸡传染性支气管疫苗的抗体滴度（Kalandakanond-Thongsong 等，2008）及抗新城疫的红细胞凝集抑制滴度（Chitra 等，2008）。另有研究报道，日粮添加益生菌提高了肉仔鸡新城疫（Apata，2008）和传染性法氏囊疫苗的抗体水平（Nayebpor 等，2007）及流感病毒抗体滴度。给家禽灌服益生菌能显著提高家禽血清破伤风类毒素的肠道特异性 IgA 和 IgG 抗体。益生菌对人类也有良好的免疫促进作用，服用益生菌 5 周后，接种脊髓灰质炎疫苗，发现益生菌能提高血清中脊髓灰质炎的中性抗体滴度和抗脊髓灰质炎病毒的特异性 IgA 和 IgG 抗体水平。

益生菌提高了动物抵抗细菌和寄生虫侵袭的能力。日粮添加益生菌提高了肉仔鸡卵黄囊抗体对减少肠炎沙门氏菌的抵抗能力。并提高了沙门氏菌攻毒时肉仔鸡肠道液及血液中 IgA 的水平（Revolledo 等，2009）。感染球虫的家禽饲喂益生菌提高了抗球虫特异性抗体的水平。给家禽灌服益生菌能显著提高家禽血清中绵羊红细胞（sheep red blood cell，SRBC）抗体（主要是 IgM）。饲喂益生菌的肉仔鸡血液中牛血清白蛋白（BSA）抗体水平显著提高（张日俊等，2005）。

研究认为益生菌作为一种抗原物质，全面促进了免疫器官的综合发育，从而有更多的淋巴细胞分化成浆细胞产生抗体（Inooka，1986）。

也有研究认为，益生菌并不影响动物机体的特异性体液免疫应答（Huang 等，2004）。喷雾到饲料上的益生菌对肠炎沙门氏菌感染产生抗体的产量并无提高作用。这些结果可能和试验中使用的微生物制剂种类、剂量及生产工艺过程有关。

（三）益生菌对免疫系统的刺激作用

动物试验研究表明，采用益生菌干预后，能在宿主体内产生强烈的先天性免疫反应。益生菌与宿主的上皮层相互作用后，将免疫细胞召集到感染部位并诱导产生特异性免疫指标物质。*Lactobacillus paracasei* subsp. *paracasei* DC 412 与 BALB/c 近交繁殖小鼠（体重 20～30g）或者 Fisher-344 近交繁殖大鼠的细胞相互作用后，能形成空泡组织，从而诱导早期的先天性免疫反应。这种先天性免疫反应的特征包括多核细胞（PMN）的召集，吞噬作用和肿瘤坏死因子-α（TNF-α）的产生。在上述动物模型中，对 *Lactobacillus acidophilus* 1748 NCFB 的研究也获得了相同的结果。

研究表明，给 BALB/c 小鼠食用 *Lactobacillus casei* 能够激活参与先天性免疫反应的免疫细胞，其特征是 CD-206 和 toll 样受体（TLR）-2 细胞的特异性标志产物的增加。先天性免疫系统可以通过 TLRs 来识别致病菌的多种化学物质，如脂多糖（LPS）和脂磷壁酸。这种机制可以使先天性免疫系统识别外来异物并触发一连串、级联放大的免疫应答，如产生各种促炎和抗炎细胞因子。TLRs主要是由巨噬细胞和树突状细胞（DCs）来表达的，也可以由多种其他的细胞来产生，如B细胞和上皮细胞。TLRs被激活后，首先启动DCs的反应，后者会产生一系列的细胞因子，并且上调或者下调DCs细胞表面分子的表达。这些信号对进一步诱导先天性和获得性免疫应答起着关键的作用。

益生菌作为膳食补充，可以提高动物细胞免疫的部分功能，尤其是在年老动物体中，其特征表现为激活巨噬细胞、自然杀伤细胞、抗原特异性细胞毒T淋巴细胞，以及促进各种细胞因子的表达。*Bifidobacterium lactis* HN019是研究最为广泛的益生菌，研究显示，它能增强T淋巴细胞、PMN细胞（多型核白细胞 polymorphonuclear leukocyte）的吞噬作用以及自然杀伤细胞的活性。

（四）益生菌免疫调节作用的途径

获得性免疫的建立是通过机体与环境的相互作用而获得的。动物作为哺乳动物，已经演化出极其复杂的获得性免疫系统，无论是系统性还是局部性免疫系统——黏膜。黏膜免疫体系可以被看作是机体的第一道防线，可以减少系统性免疫的开启频率，其主要通过炎症反应清除异物的入侵。作为机体的第一道防线，黏膜免疫是保护机体免受致病菌入侵的中枢。黏膜免疫系统由物理部分（黏膜）、分子部分（各种抗菌蛋白）和细胞部分组成，通过协同作用阻止微生物入侵机体。消化道免疫系统通常被称为与肠道相关的淋巴组织（GALT），存在于其中的树突细胞（DC细胞）是益生菌及肠道共生菌群发挥免疫调节的关键。DC细胞可以被不同的乳杆菌属细菌激活。GALT是机体最大的淋巴组织，组成了宿主免疫系统的重要组成部分。免疫排斥和免疫抑制及口服耐受，共同作用的结果构成了黏膜免疫，如图3-2所示。肠道上皮细胞在维持耐受和免疫的自平衡之间发挥着重要的作用。

免疫系统通过干扰肠道微生物在黏膜表面的定植来调节肠道菌群，反过来，细菌的组分和代谢产物又会影响免疫系统的活性。免疫调节的机制包括黏液的产生，乳酸菌信号对巨噬细胞的激活，分泌型IgA和中性粒细胞的激活，阻止炎性因子的释放，提高外周免疫球蛋白的量。分泌型IgA与蛋白质的分解有关，同时不参与炎症反应。因此，它更重要的是与免疫排阻和渗透微生物相关。

肠道上皮细胞直接与肠道微生物接触，并且在免疫防御机制中起到了重要的作用。它们表达的黏附素分子对于T细胞的归宿（极化）和其他免疫细胞发挥免疫调节功能具有重要的作用。研究结果表明，益生菌的存在对免疫系统是有益的，可以通过影响肠道上皮细胞表达的识别受体的类型起作用。

益生菌可以直接或间接地通过改变肠道微生物的组成或间接影响肠道微生物的活力来影响机体的免疫功能。它们可以通过增加表达 IgA 的细胞数量和肠道特定部位细胞因子产生细胞的数量来增强肠道黏膜免疫系统。部分益生菌,包括乳杆菌属和双歧杆菌属,可以增加 IgA 的产量。肠道黏膜免疫的某些功能只能被活的益生菌激发。Gill 等研究表明,当受到霍乱毒素刺激的小鼠,只有活的 *L.rhamnosus* HN001 可以增强肠道黏膜抗体的数量,同时,他们也发现活的和热灭活的 *L.rhamnosus* HN001 都可以增加血液和腹腔巨噬细胞的吞噬活力,并且存在剂量效应。

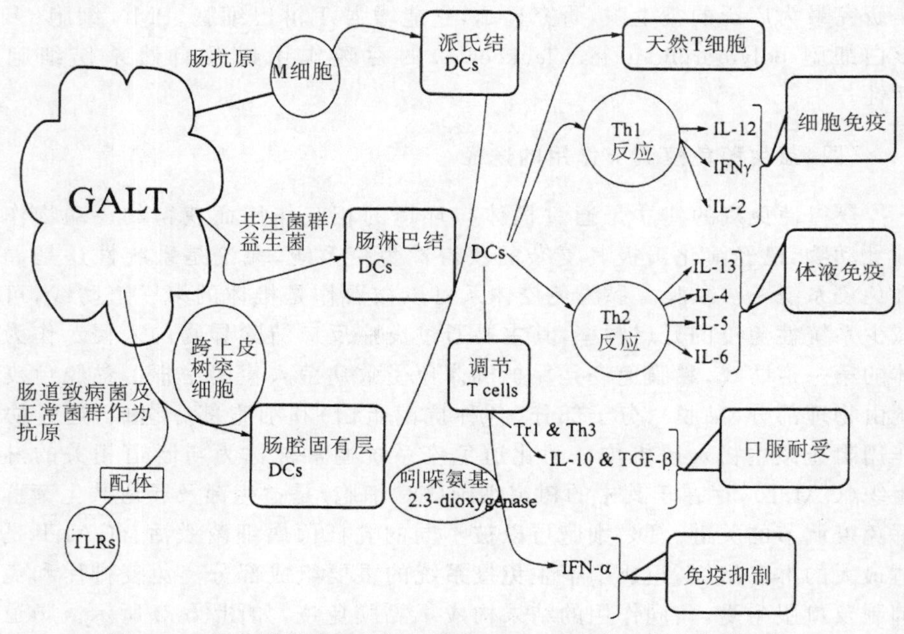

图 3-2 消化道黏膜相关淋巴组织(GALT)在免疫调节中的功能

第四节 植物多酚与免疫

一、概述

植物多酚是一类酚类次生代谢物,广泛存在于植物体的皮、根、茎、叶、果实中,具有多元酚结构,在自然界的含量排名第四,仅次于纤维素、半纤维素和木质素。多酚最初被称为单宁,这一称谓现在仍在使用。1796 年,Seguin 首次提出"tannin"一词。1962 年 Smith 定义"tannin"是相对分子质量为 500～3000的,能沉淀生物碱、明胶及蛋白质的水溶性酚类化合物。自然界中有10万～20万种多酚代谢物。多酚在植物中具有多方面的作用，是植物自身防御和种子保护等所需的重要物质。

由于单宁(多酚)可结合蛋白质和矿物元素，降低营养素的消化和吸收，在过去常将其看作是抗营养因子，被认为是需要消除和克服的有害物质。许多水果的收敛性就是由于多酚与唾液蛋白结合后形成沉淀所致。近年来，随着对多酚生物学功能认识的不断加深，逐渐将关于多酚的研究转移到对免疫调节方面。

二、植物多酚对机体调节免疫功能

(一)对自身免疫性疾病的调节

多酚类物质对自身免疫性疾病也有影响。干燥综合征是一种全身外分泌腺(如泪腺、唾液腺等)受累的慢性炎症性自身免疫病。茶多酚的主要成分EGCG对干燥综合征类似的自身免疫疾病具有调节作用。

(二)多酚对免疫机能的调节

多酚化合物对机体的细胞、组织、器官及整体的免疫功能均有调节作用，它们通过清除自由基、抗脂质氧化、激活巨噬细胞、激活T细胞或B细胞、调节抗体产生、诱生多种细胞因子生成等作用来调节机体的免疫功能。

1.非特异性免疫反应

多酚能调节机体的红细胞免疫功能。山葡萄多酚可提高受60 Co辐照小鼠红细胞C3b受体花环率(RBC-C3bRR)、红细胞免疫复合物花环率(RBC-ICRR)，提高红细胞表面唾液酸含量，增强血清超氧化物歧化酶(SOD)活性，降低血清MDA含量，以400mg/kg、800mg/kg剂量山葡萄多酚效果显著(王尔孚等，2008)。

多酚对吞噬细胞的活性也具调节作用。实验组选择昆明小白鼠接受茶多酚保健饮料35d，腹腔巨噬细胞的吞噬活性显著增强(宁鸿珍等，2002)。茶多酚能提高肉鸡白细胞吞噬能力(郜卫华，2003)。肉鸡灌服甘蔗提取物的多酚成分[500mg/(kg·d)]连续3d，外周血单核细胞的吞噬能力显著提高(Hikosaka，等，2007)。

多酚对NK细胞的活性也有影响。姜黄素调节NK细胞的活性，低剂量的姜黄素(1～20mg/kg体重)并不能提高NK细胞的IgG水平，而高剂量(40mg/kg体重)可显著增加IgG水平。

2.细胞免疫

富含多酚的烟草糖蛋白能够促进人T细胞的增殖，诱导B细胞向产生

IgM、IgG 和 IgA 的亚型分化，但并不诱导 B 细胞增殖（Francus 等，1988）。甘草次酸能选择性地促进人胸腺外 T 细胞的活化，对结肠上皮细胞经 TNF-a 诱导的 IL-8 产率增加具有抑制作用（Kang 等，2005）。

多酚对淋巴细胞增殖的影响受多酚种类和剂量的影响。老鹳草素在 10～75 g/mL浓度范围内对刀豆球蛋白（ConA）诱导的淋巴细胞增殖都有促进作用。人参皂苷 Rb1 在低浓度时对 ConA 诱导的淋巴细胞增殖有抑制作用，当浓度超过 25 g/mL 时表现出促进增殖作用，继续升高浓度又呈抑制作用，表现出双向调节作用。

姜黄素对淋巴细胞的作用也是与其浓度和细胞类型有关。姜黄素促进肠黏膜 B 细胞的增殖（Churchill 等，2000）。Li 和 Liu（2005）报道低剂量姜黄素促进小鼠脾脏淋巴细胞增殖，而高剂量姜黄素则抑制其增殖。Cohly 等（2003）发现，添加不同剂量的姜黄素于 ConA 活化的人外周血单核细胞，3d 后 ATP 酶活显著降低；与此相反，姜黄素处理 7d 后，Ca^{2+} ATPase 和 Na^+/K^+ ATPase活性升高 2～3 倍。姜黄素抑制由 ConA、植物凝集素（PHA）或佛波酯（PMA）刺激的人脾脏淋巴细胞增殖，抑制 IL-2 的生成，该功效与 NF-κB 活性的抑制有关。

苹果皮提取物中的寡聚原花青素可以激活人、牛和小鼠外周和黏膜的 73T 细胞，以及大部分 NK 细胞和小部分 $\alpha\beta$T 细胞（Holderness 等，2008）。

3.体液免疫反应

肉鸡灌服甘蔗提取物多酚 3d 后，血清抗绵羊红细胞和抗布氏杆菌抗体水平显著升高，并且外周血淋巴细胞、肠道淋巴细胞、脾细胞中的 IgM 和 IgG 空斑形成细胞数目显著增多，表明机体产生抗体能力增强（Hikosaka 等，2007）。

芒果叶水提取物 Vimang 抑制腹腔接种小孢子虫的 BALB/c 小鼠抗体（主要是 IgG2a）产生，Vimang 中的主要多酚成分芒果苷促进接种孢子的小鼠 IgGl 和 IgG2b 产生。孢子虫接种促使小鼠脾脏肿大，Vimang 抑制但芒果苷促进脾脏肿大，Vimang 和芒果苷对首免后的抗体反应无显著调节作用（Garcia 等，2003）。

（三）其他生物学功能

1.抗氧化作用

多酚由于包含多个酚性羟基，因此很容易被氧化释放出 H^+，竞争性地与自由基及氧化物结合，是一种很好的自由基清除剂和脂质过氧化抑制剂。

研究表明，儿茶素可降低赭曲霉素 A 诱导的猪肾细胞中活性氧的产生，降低 DNA 的断裂程度，提高细胞的抗氧化能力（Costa 等，2007）。槲皮素可降低乙醇诱导的大鼠肝细胞的氧化损伤，明显降低脂质过氧化物丙二醛

(MDA)的生成,提高GSH含量水平(Yao等,2007)。余甘子提取物中的异鞣云实素、槲皮素和山萘酚等可通过螯合Cu^{2+}抑制低密度脂蛋白胆固醇氧化(刘晓丽,2007)。橄榄多酚降低血浆中的氧化型低密度脂蛋白,降低DNA的氧化损伤(Raederstorff,2009)。

绿茶多酚对心肌和肝脏的缺血-再灌注损伤具有保护作用。实施缺血-再灌注前45min给兔灌服200mg/kg体重的茶多酚,能显著降低缺血后90min血清中肌酸酐和尿素氮水平,抑制肾脏近端小管的坏死和脱落,明显地减轻肾脏$CD8^+$ T细胞浸润程度(Rah等,2007)。上述结果表明茶多酚在器官移植前可作为抗氧剂使用。众多的体外试验和动物试验业已表明葡萄籽原花青素对心血管具有保护作用,地中海地区居民经常适量饮用葡萄酒而心血管疾病发生率极低的现象就是很好的证明。

化学结构改造或修饰能改善多酚的抗氧化性能。何婷(2008)研究了几种多酚类化合物及其多甲基衍生物对氧化损伤的大鼠心肌细胞的保护作用,经甲基化改造的五甲基槲皮素(PMQ)和槲皮素(QUE)产生有统计学意义的心脏保护作用的起始浓度分别为30 μmol/L、0.1 μmol/L,即QUE的甲基化衍生物PMQ的心肌细胞保护作用比QUE提高了2个数量级。

另外,多酚的抗氧化能力与多酚化合物分子中酚羟基数目多少无关。

2.抗肿瘤作用

近年来,有关多酚化合物具有抗癌、抗肿瘤作用的研究报道层出不穷。其作用机制包括:直接抑制肿瘤细胞增殖、增强机体免疫功能、清除自由基、阻断亚硝胺等致癌物的合成等。

姜黄素抑制Epstein-Barr病毒诱导的B细胞恶性增殖(Ranjan等,1998);表明没食子儿茶素没食子酸酯(EGCG)抑制前列腺癌细胞株CWR22R的生长,促进其凋亡,提高了稳定性的EGCG过醋酸酯效果更可靠(Lee等,2008)。3,4,5-三羟基苯甲酸(TBA)是广泛存在于地锦草、五倍子、葡萄、茶叶和柠檬等植物中的一种多酚类化合物,其对肿瘤细胞的IC50明显低于正常细胞。TBA为4.8～13.2μg/mL时对HL-60RG、dRLh-84、HeLa、PLC/PRF/5和KB等肿瘤细胞有较高的细胞毒性,对原代培养的大鼠肝细胞和巨噬细胞则不显示细胞毒作用,对纤维母细胞和内皮细胞显示较小的细胞毒作用(赵文静,2009)。

茶多酚能改善细胞免疫功能低下的大肠癌大鼠的细胞免疫功能。

多酚化合物具有抑制化学致癌物毒性功能。Schwarz和Roots(2003)研究了11种天然多酚成分对细胞色素P1A1的影响,发现杨梅酮、芹菜甙元、槲皮素、山萘黄酮醇和儿茶素没食子酸均具有很强的抑制P1A1作用。

3.抗过敏作用

苹果多酚抑制 W/W^{V}和 B10A 小鼠由卵清蛋白引起的过敏反应,这种作用与苹果多酚显著增加肠上皮淋巴细胞中的 7 艿细胞直接相关(Akiyama 等,2005)。苹果提取物抑制肥大细胞组胺的释放,苹果多酚中的原花青素 C1 通过抑制 IgE 的高亲和性受体,抑制由其介导的肥大细胞脱粒和细胞因子释放,从而发挥抗过敏作用(Nakano 等,2008)。

花生皮提取物的主要成分原花青素 A1 能抑制腹腔注射卵清蛋白导致的过敏反应。该功效与血清 IgE 和 IgGl 水平降低有关,很可能是通过原花青素 A1 调节辅助性 T 细胞因子的生成发挥作用的,表现为原花青素 A1 降低由卵清蛋白刺激引起的 IL-4 水平的升高和干扰素-γ(IFN-γ)水平的下降(Takano 等,2007)。

第五节 抗菌肽与免疫

服用益生菌诱导宿主机体细胞表达抗菌肽。而抗菌肽是机体固有防御系统的一部分,除抵抗微生物入侵外,还通过促进感染组织的树突状细胞成熟及补充效应 T 细胞参与调解获得性免疫应答。也有研究表明,益生菌并不影响家禽抗菌肽。1 日龄肉仔鸡,当天口服 0.5mL PBS,包含 10_{6}CFU 益生菌[益生菌含嗜酸乳(酸)杆菌、双歧杆菌及粪肠球菌],2 日龄用沙门氏菌感染,家禽盲肠扁桃体中防御素(Gallinacin)及抗菌肽(Cathelicidin)的基因表达增强,而服用益生菌后的沙门氏菌感染比单纯沙门氏菌感染降低了上述几种抗菌肽的基因表达。这可能是益生菌降低了沙门氏菌在肠道中的定殖,导致基因表达的减少(Akbari 等,2008)。

第四章　抗菌肽与畜禽肠道健康

本章主要探究抗菌肽与畜禽肠道健康之间的关系。集合了作者本人的一些研究成果。

第一节　抗菌肽的研究历史

一、抗菌肽的来源

抗菌肽通常具有以下的理化特性：20～60 个氨基酸，强阳离子特性（PI：8.9～10.7），较高热稳定性，独特的膜作用杀菌机制，抗菌谱广，不易产生耐药性，无免疫原性以及对真核细胞具有较低的细胞毒性。天然的抗菌肽几乎存在于从原核生物到人的所有生物体内（Hancock and Chapple，1999；Hancock and Diamond，2000）。细菌源抗菌肽又称细菌素，一种细菌产生的细菌素往往可以抑制其他类细菌的生长，源于真核生物的抗菌肽可广泛抑制细菌生长，且在机体发挥先天免疫的过程中扮演了至关重要的角色（Brogden，2005；Boulanger，Bulet 等，2006）。抗菌肽最先于 1972 年被瑞典科学家 Boman 等发现，他们利用大肠杆菌诱导惜古比天蚕（*Hyatophora cecropia*），从其血淋巴细胞中分离得到了天蚕素抗菌肽，并命名为 Cecropin（Steiner，Hultmark 等，1981），随后其又进一步测定了天蚕素 A 和天蚕素 B 的一级结构（Boman，Faye 等，1985）。从抗菌肽的发展史来看，源于细菌、昆虫、植物、脊椎动物的抗菌肽被认为是古老的进化分子，其在哺乳动物中仍然表现出高度保守的特点（Altincicek，Linder 等，2007；Konno，Rangel 等，2007）。

二、抗菌肽的分类

抗菌肽的分类存在许多方法，由于抗菌肽的结构域与其表现出的生物学功能之间有着密切的联系，因此按照抗菌肽的结构特点进行分类具有普遍重要的意义（Sima，Trebichavsky 等，2003）。依据抗菌肽的分子组成，构象特点，主要氨基酸富集结构，抗菌肽可分为以下四类：①没有二硫键的线性 α-螺旋结构（如 Cathelicidin，magainins 和 cecropins）；②具有二硫键的 β-折叠结构（如：α-和 β-defensins）；③精氨酸、甘氨酸、组氨酸、脯氨酸、色氨酸富集的抗菌肽(如 PR-39 和 indolicidin);④具有 loop 结构及一个二硫键的抗菌肽(如 bactenecin)(Hancock,1997; Andreu and Rivas,1998;van 't Hof, Veerman 等,2001; Koczulla and Bals, 2003; Hancock and Sahl, 2006; Zhang and Falla, 2009)。

目前抗菌肽主要分为 Cathelicidins 和 Defensins 两大家族,现根据相关文献的研究进展做一简要综述。

(一)Cathelicidins 家族抗菌肽

编码 Cathelicidins 家族抗菌肽的基因序列具有鲜明特色,如图 4-1 所示,尚未成熟的 Cathelicidins 抗菌肽具有高度保守的前体结构:由一段信号肽及同源的 Cathelin 蛋白结构域组成,而经蛋白酶水解释放的成熟 C 端抗菌肽序列存在显著的差异。因此它的名字源于其与 Cathelin(cathepsin-L 抑制剂及 cystatin 家族成员中 cysteine protease 抑制剂的缩写)的结构同源性,这一系列抗菌肽在哺乳动物中得以广泛发现,其主要由噬中性粒细胞、巨噬细胞、造血干细胞和上皮细胞分泌表达(Zanetti, Gennaro 等,1995; Gennaro and Zanetti, 2000; Lehrer and Ganz, 2002; Ramanathan, Davis 等, 2002; Zaiou and Gallo, 2002)。

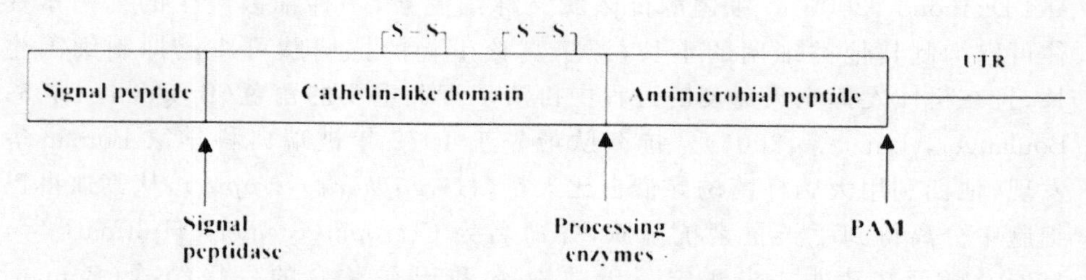

图 4-1 Cathelicidin 家族抗菌肽的前体结构示意

为了释放有活性的抗菌肽,蛋白酶解处理过程是必需的一步(图 4-1),信号肽酶首先移除信号肽序列(主要参与多肽生物合成过程中的转移与分泌功能)(Ramanathan, Davis 等,2002; Zaiou and Gallo, 2002),而 PAM(肽酰甘氨酸 α 酰胺单氧酶)可以通过羟基化和氧化裂解,将 Cathelicidins 的 C 端进行酰胺化 (Nielsen, Engelbrecht 等,1997; Prigge, Kolhekar 等,1997)。释放活性抗菌肽的最后一步需要将 Cathelin 序列分离开来,对于大多数牛属或猪属 cathelicidins,这需要依靠弹性蛋白酶(elastase)完成(Gennaro and Zanetti, 2000)。

蛇源 Cathelicidin-BF (C-BF)抗菌肽是爬行动物中首次被发现的 Cathelicidin 家族抗菌肽,其前体在 N 端同样具有一个 Cathelin 样区域,随后是 C 端成熟的 C-BF 序列,比较不同的是,C-BF 拥有一个不规则的酸性片段插入 Cathelin样区域与C端之间，这个酸性片段与两栖动物的抗菌肽前体的酸性区域具有一定相似度。抗菌肽C-BF的二级结构与其他Cathelicidins家族抗菌肽类似，为两亲的α-螺旋构象（Wang, Hong等，2008）。C-BF具有广谱抗菌活性，尤其是对革兰氏阴性菌具备很高的杀伤活性，如痤疮丙酸杆菌，且对真核细胞毒性低，体内稳定性较好（Wang，Zhang等，2011）。前期研究表明，C-BF对大鼠细菌性阴道炎有良好的治疗效果，且对抗生素抗性的细菌具有很好的杀菌能力，C-BF还能抑制黑素瘤的增殖，防止癌症的发生（Wang, Ke等，2013），在免疫调节功能方面，C-BF能显著抑制人单核细胞促炎因子的表达，同时，通过建立小鼠耳部染菌模型的实验表明，C-BF可以显著缓解细菌导致的耳部肿胀与炎症（Wang，Zhang等，2011）。对于抗菌肽C-BF的安全性和稳定性的研究结果表明，在400μg/mL的剂量范围内，没有观察到其对红细胞具有溶血性，同时对外周血单核细胞也不具有细胞毒性，且其可以在小鼠血清中以完整的形态稳定存在至少2.5h以上，稳定性较好（Wang，Hong等，2008）。BF15，是由抗菌肽C-BF的C端酰胺化部分截取的15个氨基酸组成，被发现同样具有广谱抗菌活力，且对真核细胞的溶血活性进一步降低，其机制可能是两亲α-螺旋结构增强了细菌细胞质膜的通透性引起的（Chen，Yang等，2011）。C-BF的另外两种突变体，被报道对耐药性菌株具有较好的抗菌活力，并揭示了其杀菌机制是通过穿透细胞质膜，结合核内DNA，释放胞质中β-半乳糖甘酶实现（Hao，Wang等，2013）。

Cathelicidin家族抗菌肽集中代表了与先天免疫能力密切相关的不同种类抗菌肽，其在分子量大小及序列上有较大的区别，如图4－2和图4－3所示。其主要的分子类型有螺旋类，脯氨酸富集类、色氨酸富集类等（Scocchi, Wang等，1997；Huttner, Lambeth等，1998）。体外试验表明，不同的微生物对于cathelicidin抗菌肽具有不同的敏感性与抵抗力，这些肽展现的抗菌、抗内毒素、抗真菌特性及其组织特异性表达规律均暗示其可能对系统和局部宿主防御具有重要的作用（Bals, Weiner等，1999；Malm, Sorensen等，2000），这也促使研究者密切关注上述这些肽的功能，从而研发新的抗菌制剂抵御抗生素耐药性菌株的感染，像比较成功的protegrin-1类似物，已经应用于治疗或预防多种微生物感染导致的口腔黏膜炎的三期临床试验（http://www.intrabiotics.com）。

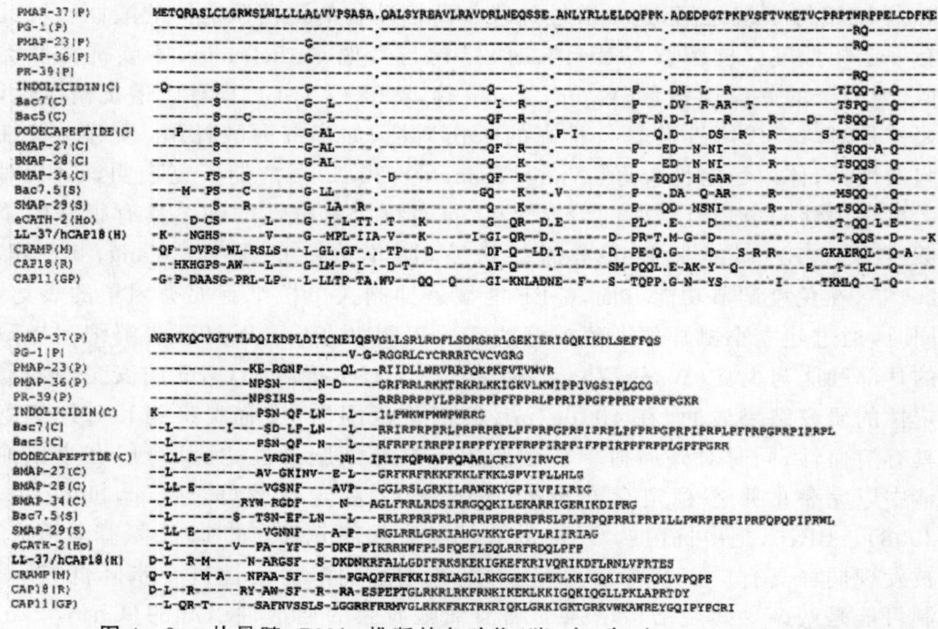

图 4－2　从骨髓 cDNAs 推断的各动物（猪、人、牛、兔）Cathelicidin 序列

（其中 PMAP-37 的前体区域用褐色大写字母表示，红色的横线代表与 PMAP-37 具有相同的氨基酸，C-端抗菌区域用蓝色表示，酰胺化信号用红色表示，缺失位点用圆点表示，上述氨基酸测序是通过 Edman 降解法进行）。

Peptide	Sequence	Origin
LL-37/hCAP18	LLGDFFRKSKEKIGKEFKRIVQRIKDFLRNLVPRTES	Man
CAP18	GLRKRLRKFRNKIKEKLKKIGQKIQGLLPKLAPRTDY	Rabbit
CRAMP	GLLRKGGEKIGEKLKKIGQKIKNFFQKLVPQPE	Mouse
CAP11[a]	$(\text{GLRKKFRKTRKRIQKLGRKIGKTGRKVWKAWREYGQIPYPCRI})_2$	Guinea pig
BMAP-27	GRFKRFRKKFKKLFKKLSPVIPLLHL-NH_2	Cow
BMAP-28	GGLRSLGRKILRAWKKYGPIIVPIIRI-NH_2	Cow
BMAP-34	GLFRRLRDSIRRGQQKILEKARRIGERIKDIFR-NH_2	Cow
OAMAP-34	GLFGRLRDSLQRGGQKILEKAERIWCKIKDIFR-NH_2	Sheep
SMAP-29	RGLRRLGRKIAHGVKKYGPTVLRIIRIA-NH_2	Sheep
PMAP-23	RIIDLLWRVRRPQKPKFVTVWVR	Pig
PMAP-36	GRFRRLRKKTRKRLKKIGKVLKWIPPIVGSIPLGC-NH_2	Pig
PMAP-37	GLLSRLRDFLSDRGRRLGEKIERIGQKIKDLSEFFQS	Pig
eCATH-1	KRFGRLAKSFLRMRILLPRRKILLAS	Horse
eCATH-2	KRRHWFPLSFQEFLEQLRRFRDQLPFP	Horse
eCATH-3	KRFHSVGSLIQRHQQMIRDKSEATRHGIRIITRPKLLLAS	Horse

[a] CAP11 is a homodimer via an intermolecular disulfide bond.

图 4－3　Cathelicidin 家族抗菌肽成熟序列（哺乳动物）

（二）Defensins 家族抗菌肽

防御素被发现广泛存在于生物体内，主要由上皮细胞及一些免疫细胞所分泌，是参与机体抵御病原菌入侵的重要防线（Zhang，Ross 等，2000）。从哺乳动物中鉴别出的 defensins 抗菌肽是一类分子量在 3～5kDa 的阳离子多肽，依据其结构，Defensins 常常被分为 α-，β-，θ-Defensins 三个种类（Lehrer and Ganz，2002；Yang，Biragyn 等，2002；Froy，Hananel 等，2005），现分别做简要介绍。

1. α-Defensins

α-Defensins 在小肠噬中性粒细胞及潘氏细胞中表达尤其丰富（Ayabe，Satchell 等，2000），它们通常是具有 29～35 个氨基酸残基以及 6 个半胱氨酸形成的 3 个分子内二硫键（Cys1-Cys6，Cys2-Cys4，Cys3-Cys5）（Lehrer and Ganz，2002）。

2. β-Defensins

β-Defensins 在一些器官中广泛表达，如骨骼肌、呼吸道、食管、舌头、肠道及皮肤等，且与 α-Defensins 的分子量差异较大，其一般具有 38-42 个氨基酸残基，3 对半胱氨酸形成的二硫键（Cys1-Cys5，Cys2-Cys4，Cys3-Cys6），截至目前，从人类分离得到 6 个 β-defensins（hBD1 到 hBD6）（Bensch，Raida 等，1995；Harder，Bartels 等，1997；Harder，Meyer-Hoffert 等，2000；Garcia，Jaumann 等，2001；Garcia，Krause 等，2001；Yang，Biragyn 等，2002），其中 hBD-1 是组成型表达，而 hBD-2 和 hBD-3 均由细菌和病毒的产物及细胞因子如 IL-1β 和 TNF-α 诱导表达（Singh，Jia 等，1998；Becker，Diamond 等，2000；Claeys，De Belder 等，2003；Donnarumma，Paoletti 等，2004；Jang，Lim 等，2004）。hBD-4 的诱导表达比上述三种抗菌肽都受到限制，其表达可以被细菌感染所诱导上调，但不能被炎性因子所诱导。最新发现的 hBD-5 和 hBD-6 定位于附睾与呼吸道（Yamaguchi，Nagase 等，2002；Kao，Chen 等，2003）。因此，β-defensins 作为宿主上皮屏障的组成或诱导型因子，在抵御细菌感染的过程中扮演者关键的角色（Raj and Dentino，2002；Schutte and Mc Cray，2002）。目前在猪体内仅分离获得了 β-defensins，其是一类富含半胱氨酸的阳离子肽，其分子的两亲性较好。通过生物信息学的方法，将 287821 个猪相关编码序列与人的 β-defensin 模块进行比较，鉴别出 11 个新的猪源 pBDs，与之前鉴定出的 pBD1 一致，所有鉴定出来的这些肽均具有 β-defensin 模型相似的结构，同时，鉴定出来的 pBDs 系列还具有组织表达差异：与大多数 β-defensins 常表达于肠上皮细胞不同，pBD2 和 pBD3 常表达于骨髓与其他一些淋巴组织如胸腺、脾脏、淋巴结、十二指肠和肝脏。6 种猪的 β-defensins 表达于肺部和皮肤，一些新鉴别出来的猪 β-defensins 如 pBD123，pBD125，pBD129 表达于雄性动物的生殖器官，如睾丸小叶和附睾中(Sang，Patil 等，2006)。

猪 β-defensins 家族一般具有 6 个半胱氨酸残基，组成 3 对分子内二硫键，在空间上折叠形成三股反向平行的 β-片层结构，从而有助于防御素紧密连接，形成稳定结构，抵御蛋白酶的水解，所以猪 β-defensins 家族区别于之前提到的 Cathelicidin 家族抗菌肽，其在富含蛋白酶的体液与溶酶体环境中仍然能很好的发挥抗菌活性，这是它区别于其他抗微生物肽的主要原因之一(Ganz，2003；Patil，Cai，等 2005；Selsted and Ouellette，2005)。

pBD-1 是最先在猪体内发现的防御素，其含有带正电荷的 2 个精氨酸及 7 个赖氨酸残基，成熟肽序列中全为阳离子氨基酸残基，且通过 Northern-blot 技术发现 pBD-1 在猪舌头中特异性高表达(Zhang，Wu 等，1998；Zhang，Hiraiwa 等，1999)。通过在 NCBI 的蛋白数据库中进行比对发现，pBD-1 的前体与牛，羊的一些 defensins 家族及人的 hBD-2 具有高度同源性。pBD-2 在许多组织中高表达，且具有最多的 EST(19 个)克隆标签序列与之匹配，其中有 12 个标签序列覆盖了 cDNA 序列的整个开放阅读框(ORF)。相似的，pBD-3，pBD-4，pBD-129 在数据库中具有丰富的 EST 记录，另外的 8 个 pBD 候选肽被 1-3 个 EST 克隆覆盖了 porcine β-defensins 区域的整个编码区域，然而目前为止，并未鉴定出猪的 α-defensin 的 EST 标签序列(Sang，Patil 等，2006)。在骨髓中检测到 pBD-3 和 pBD-4 以及一些常见的 pBDs 在猪肺部及皮肤的表达与机体先天免疫功能密切相关，同样的，由于雄性生殖系统获得性免疫力比较低下，因此在睾丸与附睾中一些 β-defensins 的特异性高表达很好的通过发挥先天免疫功能保护生殖系统(Frohlich，Po 等，2000；Frohlich，Po 等，2001)。值得注意的是 pBD3 在淋巴组织中表达丰富，多种 pBDs 在胸腺组织选择性高表达揭示了 β-defensins 在淋巴组织中发挥着连接先天免疫和获得性免疫功能的作用(Sang，Patil 等，2006)。

抗菌肽 pBD-2 与 hBD-1 高度同源，主要在骨髓、胸腺、脾脏和淋巴结等组织中高表达(Veldhuizen，van Dijk 等，2007)。研究表明 pBD-2 具有抗细菌和抑制猪繁殖与呼吸综合征病毒的作用，其杀菌能力受到 NaCl 浓度的限制，当溶液中 NaCl 浓度为 125mmol/L 时，pBD-2 几乎丧失了对鼠伤寒沙门氏菌的杀伤活力(Veldhuizen，Rijnders 等 2008)。pBD-2 基因表达主要位点是肾脏和肝脏，利用猪小肠灌流技术(SISP)检测鼠伤寒沙门氏菌感染对肠道形态的影响，同时检测抗菌肽 pBD-1 和 pBD-2 的 mRNA 水平，结果发现沙门氏菌入侵肠黏膜破坏了肠道形态，同时通过检测发现 pBD-2 的 mRNA 水平并未发生显著变化。此外无论是用鼠伤寒沙门氏菌还是经典的促炎因子如 LPS，TNF-α，IL-1β 均无法促进舌上皮细胞 pBD-1 的表达(Zhang，Hiraiwa 等，1999；

Liu，Abiko 等，2001)，同时分析 pBD-1 的启动子区域也未发现与 IL6 或 NF-κB 相关的激活位点(Zhang，Hiraiwa 等，1999)。上述研究表明，pBD-1 和 pBD-2 可能是在肠道内主要表现为组成型表达模式，但同时并不代表其他刺激因子无法诱导其表达水平的上调，如产肠毒素型的大肠杆菌，这同时也提示了鼠伤寒沙门氏菌可因此具有对宿主先天免疫反应的逃逸能力(Veldhuizen，van Dijk 等，2007)。

3.θ-Defensins

θ-Defensins 最先从恒河猴中被鉴定出来，其结构是圆形的 mini-defensins (只有 18 个氨基酸)，由两个 α-Defensin 的 mRNA 编码前体在第三和第四个半胱氨酸密码子之间插入终止密码子所产生(Lehrer and Ganz，2002)。

目前发现的所有 defensins 均具有杀灭一定种类细菌，真菌，和一些折叠式病毒的能力(Yang，Biragyn 等，2002)。除了 θ-Defensins 抗菌肽外，α-αefensins 和 β-defensins 在生理盐浓度(150mM NaCl)环境下，杀菌活力被削弱，因此，Defensins 在体内的直接抗菌效果发生在吞噬细胞的空泡中，以及皮肤和黏膜上皮表面，因为这些地方的离子强度比较低(Yang，Biragyn 等，2002)。虽然 defensins 杀灭或使细菌失活的机制并不十分清楚，然而，可以推测 defensins 的抗菌活力大体归因于它们破坏膜完整性与功能，最终导致微生物的裂解。由于带正电荷，defensins 往往可以与带负电的微生物膜成分(革兰氏阴性菌的脂多糖和革兰氏阳性菌的脂磷壁酸)相互作用，间接发挥杀菌功能(Raj and Dentino，2002；Yang，Biragyn 等，2002)。

Table 1. Primer sequences for RT-PCR and real-time RT-PCR analysis

pBDs	*Primer sequence (5' to 3')*	*GenBank accession number*[a]	*Location in cDNA (nt)*
pBD2		AY506573 (AW785442)	
sense	ATGAGGGCCCTCTGCTTGCT		53–72
antisense	ATACTTCACTTGGCCTGTGTGTCC		312–289
pBD3		AY460575 (CF789126)	
sense	CTTCCTATCCAGTCTCAGTGTTCTGC		200–225
antisense	GGCTTCTGTAGACTTCAAGGAGACAT		508–483
pBD4		AY460576 (BX672669)	
sense	GTGGCTTGGATTTGAGGAGAGAGT		107–130
antisense	AGTGATACACAGGCCTGGAAGGAT		339–316
pBD104		DQ274056 (BX918848)	
sense	TCCTTCCACGTATGGAGGCTTGTT		300–323
antisense	TTACAATACCTCCGGCAGCGAGAA		632–608
sense	AAGACTCCTGTTAGCACCCAGCAT		449–472
antisense	TTACAATACCTCCGGCAGCGAGAA		632–608
pBD108		DQ274057 (BX917425)	
sense	GACGATTGTCATTCTTCTGATCCTGG		33–58
antisense	TAGGTTGACTTGTGGTGCCCGAAA		291–268
sense	GTGAGAAAGACCAAGGATCATGCAG		124–148
antisense	TAGGTTGACTTGTGGTGCCCGAAA		291–268
pBD114		BK005518 (BX923414)	
sense	TGTACCTTGGTGGATCCTGAACGA		95–118
antisense	CGCCCTCTGAATGCAGCATATCTT		221–196
sense	TGTACCTTGGTGGATCCTGAACGA		95–118
antisense	ATTCCTACACCTCTCTGTACTGGTGC		304–279
pBD123		BK005519 (BX915917)	
sense	AGCCATGAAGTGTTGGAGTGCGTT		76–100
antisense	GTACACAGCACATAGTTGCATCCC		177–153
sense	GTGCGTTGGGAAGATGCAGAACAA		93–116
antisense	AACAGGGTAGGGCCAAGAATGAGT		322–298
pBD125		BK005520 (BX926653)	
sense	AGCCATGAATCTCCTGCTGACCTT		32–55
antisense	TGCAGCATGCTCGCTTGTTCATAC		201–178
sense	GTGACCAAAGCTGGCTGGAATGTT		81–104
antisense	TCCTGCTCAGTTCCTGTGCTTTCT		370–347
pBD129		BK005521 (BX918362)	
sense	CAAAGACCACTGTGCCGTGAATGA		118–141
antisense	TTGATGCTGGCGAAAGGGTTGGTA		357–334
pEP2C		BK005522 (BX925543)	
sense	CCCTTTCCAGGAACCTGAACCAAA		184–208
antisense	TGGCTTGTAGGCTCTGGAGAACAA		388–365
pEP2E		BK005523 (BX919973)	
sense	TGCCTTATGCAACATGGAACCTGC		295–318
antisense	AGGTGCTAGAACCACCATTCATCG		445–422
sense	TCCAGACACTTCCCTATGGCCTTT		12–35
antisense	GCCTGCAGGTTCCATGTTGCATAA		322–299

[a]GenBank accession numbers (EST numbers).

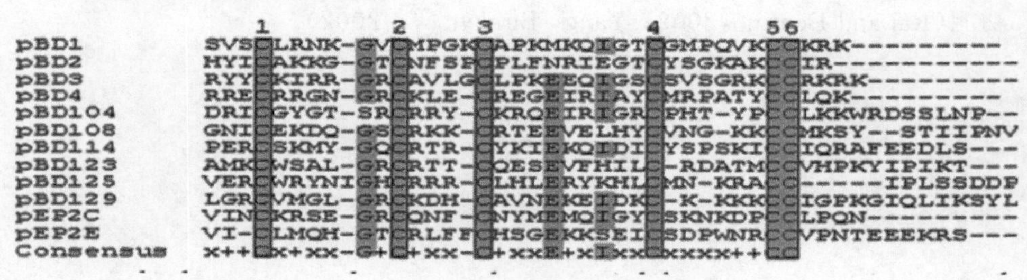

图 4－4　不同猪 β-防御素的序列信息

（如图中所示，圈出的是半胱氨酸所在的位点）

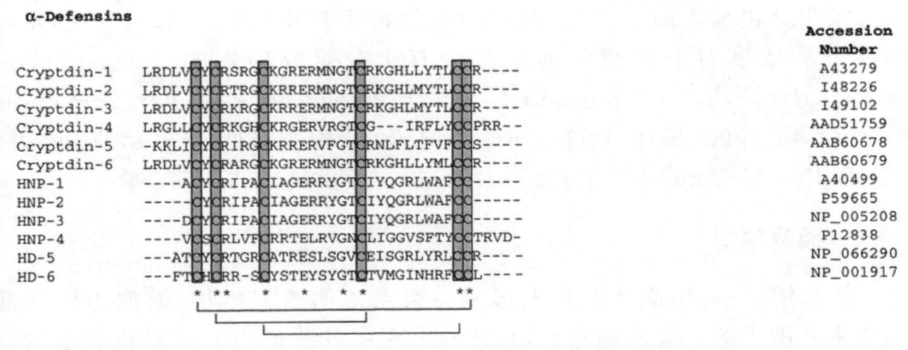

图 4－5　小鼠和人 α-defensins 的序列信息

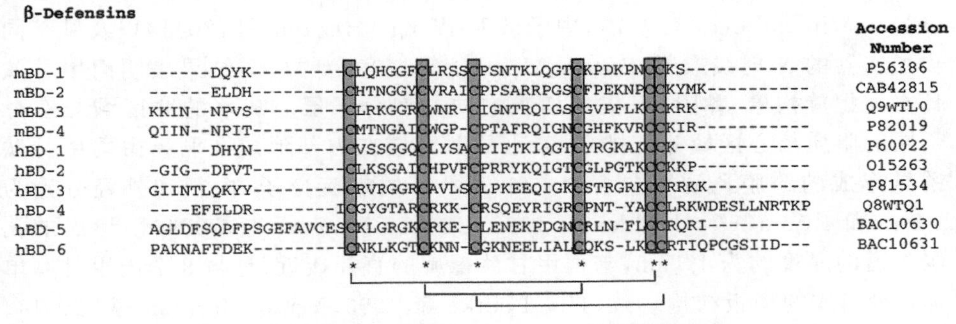

图 4－6　小鼠和人 β-defensins 的序列信息

第二节　抗菌肽的生物学功能及其作用机制

一、抗菌肽的杀菌功能及其机制研究

现有研究发现，大多数抗菌肽都具有广谱杀菌功能，根据其氨基酸组成，两亲性，阳离子电荷的多少，分子量大小及其抗菌谱等特性，展现出不同的杀菌效果及作用机制。按照作用靶点的不同，主要分为膜作用机制和胞内作用机制，现分别做一阐述。

抗菌肽发挥抗菌作用，首先需要被吸引至细菌表面，最重要的一点是两者的静电结合力。如 magainin 2 和 cecropin A，可以迅速插入细胞单层（含有酸性磷脂酸的大的单层囊泡和脂质体），针对革兰氏阴性菌则与 LPS 结构发生结合，针对革兰氏阳性菌则结合于细菌表面的磷壁酸。在抗菌肽与微生物表面结合后，抗菌肽须穿过荚膜多糖与外膜，进而与脂质双分子层接触发挥功能。体外模拟实验表明在不同的肽/脂比例下，抗菌肽表现为两种截然不同的物理状态（Huang，2000），当处于较低的肽/脂浓度下，抗菌肽以功能失活的状态聚集并包埋入脂质关键基团区域，使得膜扩张（Chen，Lee 等，2003），肽的种类和浓度对细胞膜的薄化程度有十分重要的影响，与 magainin 2（Ludtke，He 等，1995），protegrin（Heller，Waring 等，2000）及 alamethicin（Wu，He 等，1995）相比，RTD-1 的膜薄化效果显著降低（Weiss，Yang 等，2002；Buffy，McCormick 等，2004）。

（一）桶板模型

在桶板模型中，螺旋肽在膜上形成一束束流明腔似结构，就像由许多桶板样螺旋肽围成的一大木桶样结构，这种由丙甲甘肽形成的跨膜孔洞是独特的（Ehrenstein and Lecar，1977；Yang，Harroun 等，2001）。定向圆二色谱（Ehrenstein and Lecar，1977），中子散射（Yang，Harroun 等，2001）以及基于同步加速器的 X-射线散射（Spaar，Munster 等，2004）的检测结果表明丙甲甘肽具有 α-螺旋构象，黏附，聚集并插入定向的双分子层。疏水的肽区域与双分子层的脂质核心区域并行排列，亲水的肽区域在内部形成孔洞。由丙甲甘肽诱导形成的跨膜孔洞可包含 3～11 个平行的螺旋分子，内径和外径分别为 1.8nm和 4.0nm（He，Ludtke 等，1995；Spaar，Munster 等，2004）。形成的孔洞通道的厚度约为 1.1nm，与丙甲甘肽螺旋的直径接近，且与 8 个丙甲甘肽单体排列形成的桶板结构一致（He，Ludtke 等，1996；Yang，Harroun 等，2001）。然而，磷脂双分子层组成的变化可以调节聚集的肽的数量（Cantor，2002）。

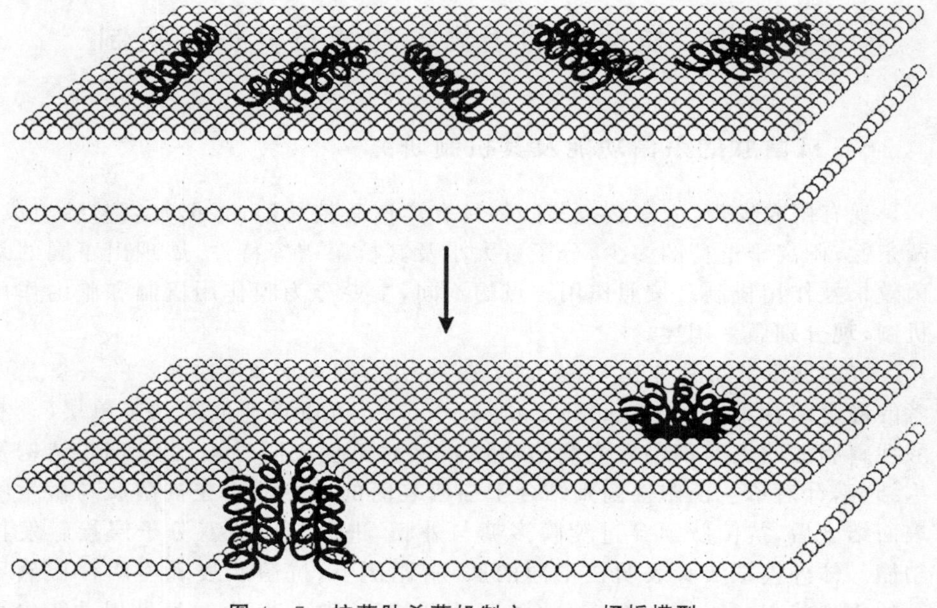

图 4-7　抗菌肽杀菌机制之一——桶板模型

（二）地毯模型

在地毯模型中，肽聚集在膜双分子层表面（Pouny，Rapaport 等，1992）。如抗菌肽 ovispirin（Yamaguchi，Huster 等，2001）的排列方向与膜表面保持平行（Bechinger，1999），由于静电作用，肽与磷脂头部基团相结合，像地毯一样覆盖在细胞膜表面，在高浓度肽的作用环境下，定位于膜表面的抗菌肽就像去污剂一样的方式破坏脂质双分子层，最终导致微粒的形成（Shai，1999；Ladokhin and White，2001）。在达到关键的阈值浓度后，肽在膜上形成瞬时的曲面小孔，使得更多的肽接近膜，最终破坏双分子层的曲面，导致细胞膜瓦解并以微粒的形式释放（Oren and Shai，1998；Bechinger，1999）。

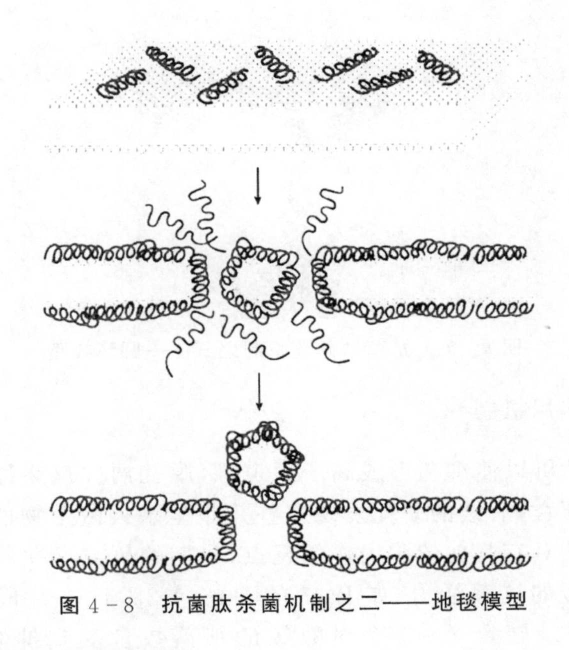

图 4－8　抗菌肽杀菌机制之二——地毯模型

（三）环形（圆环）-气孔模型

在环形-气孔模型中，螺旋抗菌肽插入细胞膜，透过孔洞诱导脂质单层持续弯曲，因此水分子核心可连接插入的肽与磷脂头部基团（Matsuzaki，Murase 等，1996），protegrins，melittin 可诱导形成这种类型的跨膜孔洞（Matsuzaki，Murase 等，1996；Yang，Harroun 等，2001；Hallock，Lee 等，2003）。为了形成环形孔，肽的极性面与极性脂质基团结合在一起（Yamaguchi，Hong 等，2002），位于这些开口处的脂质从正常的薄层开始倾斜，并连接两个单层膜，形成像环形孔洞的样式，维持从头至底部持续弯曲的状态。这个孔洞由一侧的肽和另一侧的脂质基团连接,以此来屏蔽阳离子电荷特性,环形模型有别于桶板模型的地方在于其总是与脂质基团联系在一起,其有些时候甚至是垂直的插入脂质双分子层,另外一点在于环形模型中存在的一些单体会导致由于能量(库仑)太高而无法正常形成孔洞(Yang, Harroun 等,2001)。

抗菌肽 magainins 诱导形成的环形孔洞比丙甲甘肽诱导的桶板式孔洞更大,而且会形成更多种的孔径大小。前者形成的内径范围是 3～5 nm,外径范围是 7～8.4 nm,一般每个孔洞被认为含有 4～7 个 magainin 单体及 90 个脂质分子(Matsuzaki, Sugishita 等,1997; Matsuzaki, Sugishita 等,1998)。

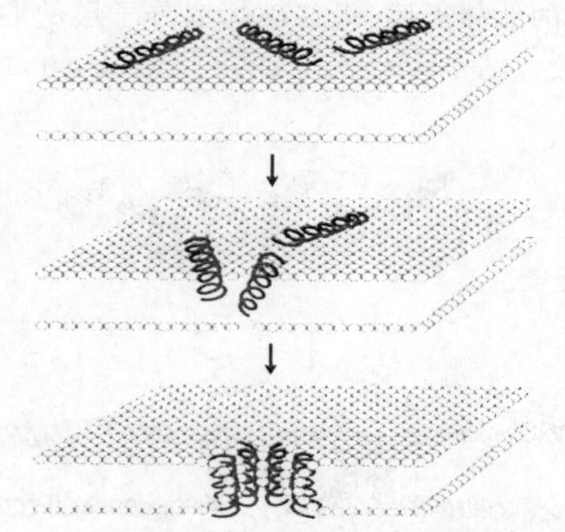

图 4－9　抗菌肽杀菌机制之三——圆环模型

(四)胞内作用机制

尽管抗菌肽可以使细菌形成离子通道,跨膜孔洞并最终导致膜破坏使细菌发生裂解与死亡,后续的研究发现这些并非是杀灭微生物的唯一机制。有证据表明抗菌肽具有其他的胞内作用靶点,早期的研究发现同一抗菌肽的不同片段具有相似的抗菌活力,如 Bac7 的 1-16,1-23,1-35 片段均不能透化大肠杆菌,但是可以导致 2～5 个对数级的细菌数量受到抑制(Gennaro and Zanetti, 2000)。非膜的表面目标如自溶素和磷脂酶可以被抗菌肽所激活,在葡萄球菌中,一种叫作 N-乙酰胞壁酸-L-丙氨酸酰胺酶的自溶素,可被细胞壁成分如脂磷壁酸和糖醛酸磷壁酸抑制其活性,同时还可以被阳离子抗菌肽 Pep5 重新激活,这会导致所处理的细胞被裂解(Bierbaum and Sahl,1987)。有趣的是,在缺少脂磷壁酸的情况下,自溶素的活力仍可以被 Pep5 直接激活。此外,在 5μM 浓度的 Ca^{2+} 存在的条件下,magainin 2,indolicidin 和 temporins B 可以显著提高含有阴性磷脂和磷脂酰胆碱的脂质体的分泌性磷脂酶 A2 的活力,这种协同活性,尤其是与人泪腺分泌的磷脂酶 A2 在抵抗感染的先天免疫反应中发挥着重要的作用(Zhao and Kinnunen,2003)。

抗菌肽必须穿过细胞质膜,并通过独特的机制移位至细胞质。Buforin Ⅱ是一种线性的,具有脯氨酸铰链的 α 螺旋肽,并不具有透化细胞质膜的效应,但可直接进入细胞质并在里面积累,其发挥这一效果的机制在于富含脯氨酸链区域的 buforin Ⅱ与非细胞穿透的氨基端螺旋特性的 magainin 2 的协同效应(Park, Yi 等,2000)。富含精氨酸的肽如 TAT 肽、NLS 肽、RNA 结合肽、DNA 结合肽、多聚精氨酸肽均可以高效的从细胞膜和核膜中移位过去(Futaki, Suzuki 等, 2001)。在真核细胞中,TAT48-60 肽和 Arg9 肽可以通过内吞的作用被内化(Richard, Melikov 等,2003),TAT 融合蛋白通过依赖脂质筏的巨胞饮作用被内化(Wadia, Stan 等,2004)。Apidaecin,是一种富含脯氨酸的抗菌肽,是通过透性酶输送介导的机制进入细菌胞质内(Casteels, Ampe 等,1993),一旦抗菌肽进入细胞质内,就可以抑制细胞质隔膜的形成,抑制细胞壁等维持细菌生命的结构或大分子物质的合成。

PR-39 是富含脯氨酸和精氨酸的噬中性粒细胞肽,其 N 端的 1～26 个片段形成的 PR-26 可以诱导鼠伤寒沙门氏菌形成丝状物质,indolicidin 同样可诱导大肠杆菌的丝状物形成(Shi, Ross 等,1996)。暴露于这些肽的细菌展现出极度拉长的形态,揭示了肽处理的细胞无法发生正常的细胞分裂。对于大多数肽而言,这像似一个普遍适用的机制,如 microcin 25 是由 E.coli 产生的肽类抗生素,在 0.6～2.5μg/mL 的浓度范围内(Salomon and Farias,1992),诱导其他类型大肠杆菌,沙门氏菌和志贺氏杆菌产生长的无隔膜细丝,细菌形成丝状是否是由于阻碍了 DNA 复制子或者是抑制了与隔膜形成相关的膜蛋白的合成还有待进一步研究。羊毛硫抗生素是源于革兰氏阴性菌的含有硫醚氨基酸的一种抗菌肽,其通过干扰细胞膜上的转糖基作用阻碍肽聚糖的生产(Brotz, Bierbaum 等,1998)。抗菌肽 Buforin Ⅱ可以与细菌 DNA 和 RNA 结合,从而改变它们在葡聚糖凝胶电泳的迁移率(Park, Kim 等,1998),tachyplesin 可以与 DNA 小沟发生结合(Yonezawa, Kuwahara 等,1992),α-螺旋肽(Pleurocidin 和 dermaseptin),富含脯氨酸的 PR-39 及富含精氨酸的 indolicidin 和 defensins 系列的 HNP-1 可以阻止大肠杆菌对与生物大分子合成相关的原料的吸收,表明其可以抑制 DNA,RNA 和蛋白的合成(Nan, Park 等,2009)。Pleurocidin 和 dermaseptin 在其最小抑菌浓度下,可在不破坏大肠杆菌细胞质膜的情况下,抑制核酸和蛋白质合成(Patrzykat, Friedrich 等, 2002)。PR-39 (25μM)可阻止细菌蛋白质的合成,并诱导与 DNA 复制相关的一些功能蛋白的降解(Lee, Shin 等,2015)。HNP-1 和 HNP-2 (50μg/mL)可以降低 DNA,RNA 和蛋白的合成效率,HNP-1 还能抑制周质中 β-半乳糖甘酶的合成(Lehrer, Barton 等,1989)。终浓度为 100μg/mL 的抗菌肽 Indolicidin 可以完全抑制大肠杆菌的核酸物质的合成，但是对蛋白质的合成却没有任何抑制效果(Subbalakshmi and Sitaram ，1998)，在浓度达到150～200μg/mL时，蛋白合成被显著抑制了。富组蛋白可以通过配受体互作的方式与真菌细胞膜发生相互作用，进入细胞质并诱导非胞溶的活跃性呼吸细胞的ATP损失(Kavanagh and Dowd ，2004)，其同时可以破坏细胞周期并导致活性氧的产生(Andreu and Rivas ，1998)。短链富含脯氨酸的抗菌肽同样具有一些不同的作用机制，如Pyrrhocoricin，drosocin和apidaecin抗菌肽可以和DnaK这种热激蛋白发生特异结合(Otvos，O等，2000)，并与GroEL这种细菌伴侣发生非特异性结合(Kragol，Lovas等，2001)，Pyrrhocoricin可以抑制重组DnaK的ATP酶活性，Pyrrhocoricin和drosocin可改善错误折叠蛋白的空间构象，揭示了这两种抗菌肽阻止了多螺旋盖子在肽与DnaK结合位点的频繁开关，使其处于长期关闭状态并抑制了伴侣辅助的蛋白折叠(Kragol，Lovas等，2001)。

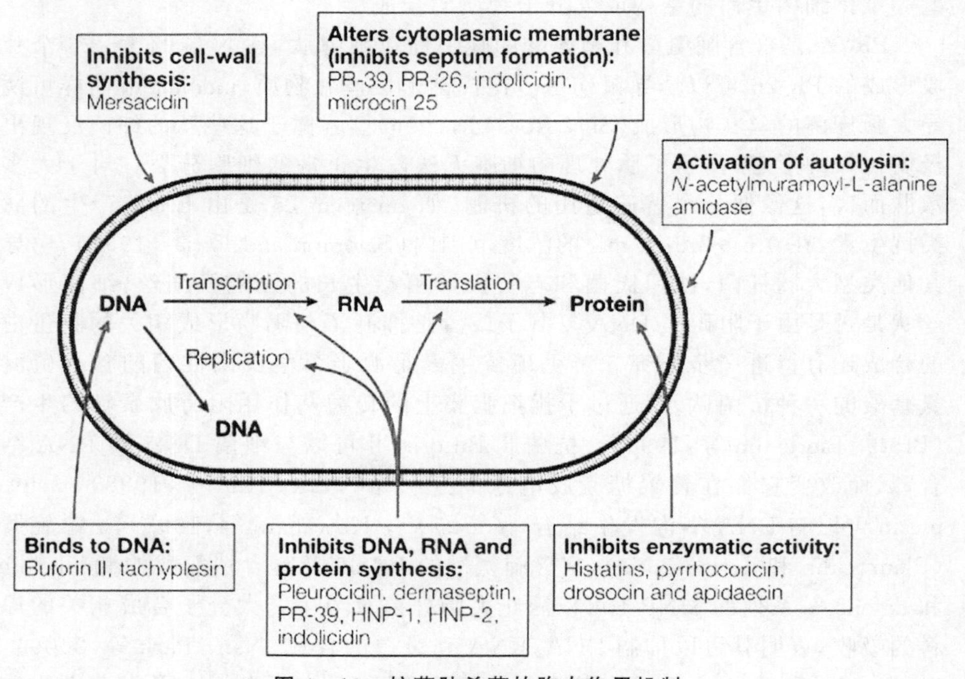

图4-10　抗菌肽杀菌的胞内作用机制

(五)细菌抗性机制

为了避开抗菌肽的杀灭，细菌自身也在不断进化出一些功能去抵抗抗菌肽的作用。这些功能主要是针对抗菌肽的黏附，插入及膜透化作用产生的。在金黄色葡萄球菌中，会产生dlt系列操纵子，包含dltA，dltB，dltC，dltD，通过将D-丙氨酸从细胞质转移至表面的磷壁酸来降低细胞表面的静负电荷(Peschel, Otto等,1999)。革兰氏阴性菌为了提高对抗菌肽的抗性,会阻碍肽与细胞外膜的黏附,改变LPS中的Lipid A组分来降低细胞表面净负电荷,通过提高疏水基团如Lipid A酰基尾的数量来增加抗菌肽与膜的相互作用,从而降低细胞膜的流动性(Campos, Vargas等,2004)。抗菌肽抗性的产生与细胞通过ATP-结合卡式转运子将抗菌肽转运至内部及通过细胞流出泵将抗菌肽排出体外的过程密切相关,两种机制均需要能量及转运肽的活性转运蛋白的参与完成(Parra-Lopez, Baer等,1993)。此外,细菌分泌的蛋白水解酶是抵抗抗菌肽作用的另一因素(Guo, Lim等,1998),如抗菌肽LL-37可以被金黄色葡萄球菌的金属蛋白酶降解导致失活,表达该种蛋白酶的金黄色葡萄球菌比不表达该种酶的菌更不容易被LL-37裂解(Sieprawska-Lupa, Mydel等,2004)。

二、抗菌肽的免疫调控功能及其机制研究

阳离子宿主防御肽最先因其直接抗菌功能得到广泛关注,后来发现其展现出多种免疫调节活性,包括抗感染及选择性抗炎特性,以及在动物模型上表现出免疫佐剂特性及伤口治愈活性,宿主防御肽及其合成物的这些特性展现了除治疗耐药性抗生素感染外的临床治疗潜力(Hilchie, Wuerth等,2013)。因此,接下来就抗菌肽及其合成肽的免疫调节功能进行阐述。

(一)宿主防御肽的抗感染特性

宿主防御肽(HDPs)发挥免疫调节功能的其中一点体现在其抵抗微生物感染的特性方面(Nijnik and Hancock,2009; Afacan, Yeung等,2012)。比如在小鼠感染模型中,添加蛋白酶敏感型L-氨基酸和肽比未添加组更易降低细菌感染率,类似的,尽管抗菌肽HNP-1具有很低的抗菌活力,0.4ng的该肽就能通过激活小鼠噬中性粒细胞的方式抵御肺炎链球菌和金黄色葡萄球菌的感染(Scott, Dullaghan等,2007; Nijnik, Madera等,2010)。上述的这些抗感染有的具有调控免疫细胞功能,有的直接发挥抗菌活力,有的兼具两者的特性而表现出生物学活性,然而,正如之前所提到的情况,这些肽的抗菌活性在生理学环境下大部分丧失(Nijnik and Hancock,2009; Afacan, Yeung等,2012),这从另一方面揭示了这些肽在体内仍能发挥生物学功能可能与其免疫调节特性密切相关。在对抗菌肽IDR-1的研究报道中证明了这一观点,IDR-1是牛源抗菌肽,且在体外不具有抗菌活力,但可以保护被革兰氏阳性及阴性菌感染的小鼠(Scott, Dullaghan等, 2007)。有趣的是,与一些临床测试的抗菌肽只有在局部发挥作用不同,无论是局部注射或尾静脉注射抗菌肽

IDR-1 至全身各处,其均能有效保护机体免受细菌感染。事实上,IDR-1 通过激活宿主先天免疫反应促进对细菌的清除,特异性的增强趋化因子如 MCP-1 的产生,同时抑制有害的促炎因子的产生(如 TNF-α)。同时研究发现 IDR-1 激发的抗感染活力依赖于单核巨噬细胞的激活但是与噬中性粒细胞无关(Afacan, Yeung 等,2012)。

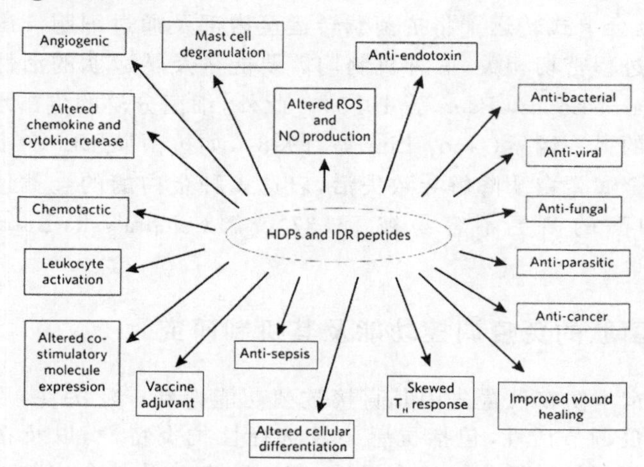

图 4-11　抗菌肽的生物学功能总览

(二)抗菌肽对免疫细胞的作用机制

1.抗菌肽对免疫细胞的作用受体及相关信号通路

通过系统生物学,生物化学及免疫学等方法的研究,揭示了抗菌肽作用机制的复杂性。尽管针对不同类型免疫细胞,抗菌肽的作用机制各异,但抗菌肽要么是与表面受体(包括 G 蛋白偶联受体,如白细胞中的 FPR2 及肥大细胞中的 MRGX2,癌细胞系中的 IGF-1R,多种细胞类型中的嘌呤型受体 P2X7)相互作用,要么是与浆膜受体相互作用,进而通过细胞膜移位至细胞内发挥作用(Scott, Dullaghan 等,2007; Mookherjee, Lippert 等,2009;Subramanian, Gupta 等, 2011; Achtman, Pilat 等,2012; Girnita, Zheng 等,2012)。肽发生移位对于其发挥大多数免疫调节活力是必需的,但也有例外,如抗菌肽 LL-37 可以通过趋化因子受体 2(CXCR2)及 FPR2 使细胞内 Ca^{2+} 发生外流,并趋化人外周血噬中性粒细胞及单核细胞(De, Chen 等, 2000)。相似的,hBD-2,hBD-3 和鼠的 mBD-4 可以趋化角质细胞,β-defensins 还可以通过 CCR2 趋化单核细胞(Niyonsaba, Ushio 等,2007)。

移位至细胞内的抗菌肽与胞内受体结合,利用细胞培养的稳定同位素标记氨基酸及蛋白组学技术,鉴定出两个胞内受体,分别是 GAPDH(Mookherjee，Lippert 等，2009）和 SQSTM1（Yu，Kielczewska 等，2009），这一结合可激活在先天免疫反应中发挥重要作用的信号转导通路，包括 p38，ERK1/2，

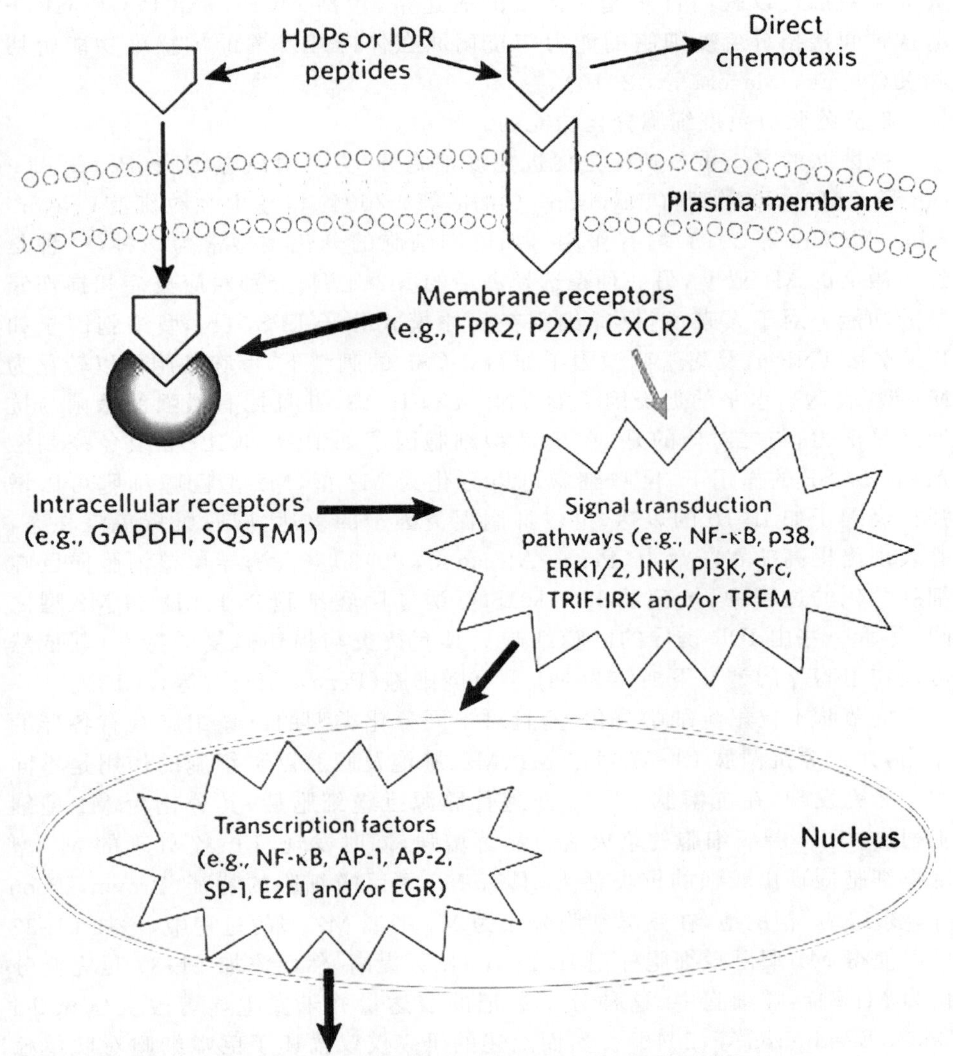

图 4－12 抗菌肽在单核或巨噬细胞中发挥作用的简化示意

JNK，NF-κB，PI3K，三种酪氨酸家族激酶，TRIF-interferon 调节因子（IRF），TREM 等（Nijnik，Madera 等，2010）。这些相关信号通路的下游，至少涉及 11 种转录因子被激活并移入核内发挥调控转录功能，在巨噬细胞中，转

录因子的激活至少与900个基因的表达失调相关，因此这与抗菌肽发挥免疫调节的活性密切相关（Mookherjee, Brown 等，2006；Pena, Afacan 等，2013）。如大多数肽可以提高许多趋化因子的表达量，包括 MCP-1，MCP-3 和 GRO-α，这种间接招募免疫细胞的能力与抗菌肽在体内外发挥的抗感染功能密切相关（Nijnik, Madera 等，2010）。

2.抗菌肽对免疫细胞分化功能的影响

抗菌肽的另一重要功能是促进免疫细胞分化，其对巨噬细胞（Pena, Afacan 等，2013），DC 细胞（Davidson, Currie 等，2004）和嗜中性粒细胞（Niyonsaba, Madera 等 2013）均有作用。如巨噬细胞的分化类型常为两种，一种是经典激活的 M1 亚型，另一种是选择激活的 M2 亚型，分别对应炎症和损伤修复的功能。对于人来说，巨噬细胞在病原模式分子 LPS，Th1 型细胞因子如 IFN-γ 和 TNF-α，及集落刺激因子如 GM-CSF 的刺激下，巨噬细胞可以转化为 M1 型，表达高水平的促炎因子如 TNF-α 和 IL-13，并且拥有增强的杀菌与抗原递呈活力，与之对应的是，在 Th2 型细胞因子如 IL-4 和 IL-10 及免疫刺激剂如 M-CSF 的作用下，巨噬细胞可以分化为 M2 型，M2 型巨噬细胞可以增强抑炎因子如 IL-10 的表达，可以抑制促炎因子的表达，同时维持免疫稳态，并表现出提高的吞噬活力（Pena, Afacan 等，2013）。在诱导单核细胞向巨噬细胞分化的过程中，抗菌肽 IDR-1018 可诱导巨噬细胞介于 M1 和 M2 型之间，尽管一些由 IDR 诱导的巨噬细胞更具有抗炎与损伤修复的特性，其依然可以在 IFN-γ 的诱导下逆转为 M1 型巨噬细胞（Pena, Afacan 等，2013）。

抗菌肽不仅影响细胞分化，而且对不同分化类型的巨噬细胞具有各异的作用，如人源抗菌肽 LL-37 对鼠 M1、M2、肺泡及腹腔巨噬细胞的作用是不同的。研究发现，在抗菌肽 LL-37 处理骨髓源巨噬细胞后，其分化为 M1 型细胞，且对 EL4 肿瘤细胞的杀灭活力显著增强，同时发现，LL-37 处理的 M1 型巨噬细胞展现出较强的抗炎活力，具有 M2 型巨噬细胞的特征（Brown, Poon 等，2011）。相反地，在巨噬细胞分化为 M1 型或 M2 型的过程中，添加 LL-37 可以使得 M1 型巨噬细胞标记 IL-12p40 显著提高，然而添加 LL-37 至完全分化为 M1 型巨噬细胞中，这种分子标记的表达量并未发生显著改变（van der Does, Beekhuizen 等，2010）。然而上述的研究仅仅描述了巨噬细胞对肽单独作用的反应，更为复杂的反应如在细菌及其多种病原模式分子或内源性的宿主分子如 IFN-γ、GM-CSF、IL-1β 存在的情况下，肽又发挥怎样的效应呢，下面一节将会继续探讨。

3.抗菌肽选择性改变炎症反应

先天免疫系统对于人类存活十分重要，然而，过度增强的或不恰当的免疫反应会导致有害的结果发生。在大多数的疾病及机体功能紊乱病症中，炎症反应往往发生于这个过程中,如感染、癌症、动脉粥样硬化、缺血性心脏疾病、哮喘、肠道炎性疾病、关节炎和血管炎,利用抗炎药物对上述疾病进行治疗往往具有很好的效果,对于不同类型的疾病,炎症类型不同,因此,炎症不能被认为是一种单一的症状,其应该是一种扰乱先天免疫网络的一种病理过程,这一免疫网络涉及上千种独立的蛋白,通路,转录因子及功能元件(Gardy, Lynn 等, 2009; Gargano, Forrest 等,2009)。由于抗菌肽可以调节先天免疫信号通路,因此可以预测抗菌肽可通过激活相关通路选择性的调节炎症,如 LL-37 和一些利用不同 TLR 激动剂建立的模型的研究结果表明,LL-37 可抑制 TLRs 的下游通路,同时激活另外一些信号通路(Mookherjee, Brown 等, 2006)。正如上面所提到的那样,体内的抗感染研究间接证明了抗菌肽的选择性抗炎活力,在一定程度上,一些抗菌肽可抑制革兰氏菌感染小鼠模型(Scott, Dullaghan 等 2007)及人主要细胞模型的促炎细胞因子表达(Wieczorek, Jenssen 等,2010; Mayer, Blohmke 等,2013),抗菌肽同时可以提高大鼠败血症模型的存活率(Fukumoto, Nagaoka 等,2005)。在对肽 MX-226 的临床试验中,发现其在治疗皮肤痤疮中具有明显的抗炎效果,另外的研究表明抗菌肽 IDR-1018 对严重的疟疾具有潜在的治疗作用,其通过降低有害的神经炎症水平提高小鼠存活率(Achtman, Pilat 等,2012)。在体内外的研究结果中发现,抗菌肽的作用效果是多面的,包括促炎及抑炎效果,通过对其作用机理进行研究表明,抗菌肽可通过各种机制发挥炎症调节作用,如 LL-37 可以通过如下机制抑制 LPS 诱导的人巨噬细胞的促炎反应:①抑制 LPS 诱导的 NF-κB 亚基 p50 和 p65 的移位;②完全或部分抑制促炎基因转录的同时促进抑炎因子的转录及相关信号通路的激活;③促发 MAPK 及 PI3K 等与促炎因子表达相关的信号通路;④与 LPS 直接结合,从而降低其与 LPS 结合蛋白(LBP),淋巴细胞抗原 96(MD2)或 CD14 的结合,这些都是 TLR-4 受体复合物成分,从而减弱由 LPS 引起的下游信号通路的激活;⑤直接或间接影响 TNF-α 蛋白的翻译,稳定性或加工过程(Mookherjee, Brown 等,2006)。LL-37 除了可以降低 LPS 诱导的人巨噬细胞炎症反应,还可以降低 LPS 诱导的鼠与人嗜中性粒细胞(Niyonsaba, Iwabuchi 等, 2002),树突状细胞(Kandler, Shaykhiev 等,2006),B 淋巴细胞(Nijnik, Pistolic 等,2009)的促炎因子表达水平。类似的,从小鼠中分离的 CRAMP 基因敲除小鼠的嗜中性粒细胞比野生型小鼠产生更多的 TNF-α(Alalwani, Sierigk 等,2010)。大多数抗菌肽通常以抑制促炎因子的表达,间接趋化嗜中性粒细胞与单核细胞,诱导趋化因子的产生,促进伤口修复及单核细胞分化(Wieczorek, Jenssen 等, 2010; Steinstraesser, Hirsch 等, 2012)。

4.抗菌肽作为免疫佐剂发挥作用

众所周知,接种疫苗是最成功的预防感染性疾病的医疗手段,疫苗常常是包含特异性的抗原及一种恰当的免疫佐剂组成,以此激活先天免疫力,同时增强抗原特异的获得性免疫反应。另外一些治疗性的佐剂可以增强免疫反应,使得在缺少特异抗原的情况下增强对感染的抵抗力,由于抗菌肽的免疫调节活性,一些肽作为治疗型的免疫佐剂直接参与调节先天免疫,同时一些肽可以作为疫苗佐剂(Nicholls, Madera 等,2010)。抗菌肽作为免疫佐剂的精确机制尚未被完全揭示,但是已有三个机制研究的比较清楚:①增强对免疫和抗原递呈细胞招募至疫苗处理部位的能力,②激活这些免疫细胞并在抗原局部浓度高的区域聚集,③免疫佐剂可能会作用于不同的免疫细胞,所有的佐剂直接或间接的影响抗原递呈细胞的呈递功能(Guy,2007)。

之前的研究表明,抗菌肽(包括 defensins 和 LL-37)在小鼠模型中展现出优良的疫苗佐剂特性(Nicholls, Madera 等, 2010),抗原递呈细胞如树突状细胞可以被 HNP-1 和 hBD-1 趋化,进而促进树突状细胞的激活与熟化(Nicholls, Madera 等, 2010)。类似地,小鼠 β-defensin2 可以通过 TLR-4 信号通路调控树突状细胞的熟化(Biragyn, Coscia 等,2008),相反地,抗菌肽 LL-37 可以减弱树突状细胞的熟化状态,促进 Th1 型细胞反应(Davidson, Currie 等,2004)。抗菌肽影响树突状细胞的熟化反应及细胞因子表达主要是取决于细胞的分化状态及细胞的刺激物,如在没有 TLR 激动剂存在的情况下,在树突状细胞分化过程中加入 LL-37 会适度上调促炎因子如 IL-6,IL-12 的表达量(Davidson, Currie 等,2004),相反地,在 TLR 激动剂存在的情况下,LL-37 可以下调树突状细胞的炎症反应,下调 IL-6,IL-12p70 和 TNF-α 的表达水平(Kandler, Shaykhiev 等, 2006)。前面研究的抗菌肽的作用效果主要聚焦于与先天免疫功能相关的细胞,同样有证据表明它们可以改变与后天免疫功能相关的细胞如 T 细胞、B 细胞的功能(Wuerth and Hancock,2011)。如抗菌肽 HNP-1、HNP-3、HD-5 可以激活天然和记忆 T 细胞的功能,LL-37 可以通过 FPR2 受体趋化 T 细胞(Liu, Tsai 等,2012),LL-37 同样选择性诱导颗粒酶介导的细胞毒 T 淋巴细胞的凋亡(Mader, Marcet-Palacios 等,2011),其可增加 B 细胞的 CpG 感应(Hurtado and Peh,2010),同时对于 LPS 诱导的 B 细胞炎症反应具有缓解作用(Nijnik, Pistolic 等,2009)。

最近的研究表明 hBD-hBD2 和 hBD3 具有很强的免疫佐剂活性(Tewary, de la Rosa 等,2013),与 LL-37 类似,hBD-2 和 hBD3 可以与 DNA 形成聚合物,在 pDC 细胞中,抗菌肽 hBD-2 和 DNA 形成的聚合物可通过 TLR-9 信号通路诱导 IFN-α 的产生。在小鼠中,尾静脉注射 hBD-3-CpG 复合物可以提高血液中炎症细胞因子的浓度(IFN-α 和 IFN-γ),通过皮下注射 hBD-2 可以招募炎性细胞至皮肤的注射位点，腹腔注射 hBD-3-CpG 复合物与卵清蛋白可以增强机体的抗卵清蛋白的免疫反应。

三、抗菌肽的屏障功能及其机制研究

皮肤损伤修复是一个动态变化的，涉及多重步骤的复杂过程，主要包含三个不同阶段：①炎症的发生，包括免疫细胞的招募，②形成新的粒化组织（如结缔组织形成与血管再生），③伤口收缩及胞外基质重组（Singer and Clark，1999）。关于抗菌肽 IDR-1018，LL-37，HB-107 在糖尿病及正常小鼠的伤口治愈功能的对比研究中表明，与 LL-37 和 HB-107 相比，IDR-1018 对人角质及原始成纤维细胞的毒性更低，且与前者相比，IDR-1018 更具有促进伤口愈合的功能（Steinstraesser，Hirsch 等，2012）。有趣的是，在糖尿病小鼠中，小鼠体内相关肽的伤口愈合活性均丧失了，或许与糖尿病小鼠的免疫功能紊乱相关（Geerlings and Hoepelman，1999）。在 CRAMP 抗菌肽敲除的小鼠模型中发现其血管形成能力下降，表明在机体内由 Cathelicidin 介导的血管生成能力对损伤皮肤的再生尤为重要（Koczulla，von Degenfeld 等，2003）。LL-37 诱导呼吸道上皮细胞的伤口愈合，增殖及迁移，揭示该肽与调节呼吸道组织修复相关（Shaykhiev，Beisswenger 等，2005）。细胞实验结果表明，LL-37 促进人角质细胞的迁移与改变肌动蛋白的动力学特性，增加黏着斑复合物蛋白的酪氨酸磷酸化水平相关。LL-37 还可以诱导 Snail 和 Slug 转录因子的表达，激活基质金属蛋白酶，MAPK，PI3K/AKT 信号通路，这些信号的转导不仅可以通过反式激活 EGFR，同时可以诱导 G 蛋白偶联受体家族成员的 FPRL-1 的表达实现（Tokumaru，Sayama 等，2005；Carretero，Escamez 等，2008；Chamorro，Weber 等，2009）。通过体内腺病毒转染抗菌肽 LL-37 至肥胖小鼠的损伤组织，发现 LL-37 显著改善了组织上皮化与肉芽组织的形成。LL-37 可以诱导 EGFR 的磷酸化，信号转导并激活与角质细胞迁移与增值相关的胞内转录因子 STAT1 和 STAT3，LL-37 还可以直接作用于真皮纤维母细胞，具有抗纤维化形成的作用。

第三节 抗菌肽与肠道炎症疾病的关系与保护

一、抗菌肽与肠道炎症疾病的关系

（一）机体自身抗菌肽分泌与克罗恩病的关系

克罗恩氏结肠炎的发生和人 8 号染色体上与编码 hBD-2 和 hBD-3 的基

因拷贝数变少密切相关(Fellermann，Stange 等，2006)。此外，在患病者肠道潘氏细胞中检测到所分泌的 α-defensins 类抗菌肽 HD-5 和 HD-6 表达量明显偏低(Ouellette，2004；Wehkamp，Wang 等，2007)，上述这些数据表明引发这种疾病的原因之一可能是肠道细菌感染引起的基因敏感型个体的自身炎症反应，在 α-defensins 表达缺陷的病人中发现 NOD2 基因位点的突变，尤其是转录因子 TCF4 表达降低的患者中这一现象尤其明显(Wehkamp，Wang 等，2007)。最近的研究表明，在小鼠回肠中潘氏细胞合成的隐窝素在结肠中仍然保持活性(Mastroianni and Ouellette，2009)，此外，潘氏细胞的转化会发生在结肠的炎症区域，提示在这些区域还有其他的抗菌物质存在(Cunliffe，Rose 等，2001)。另有研究表明，CD 型结肠炎与 HBD1 的下调表达相关(Peyrin-Biroulet，Beisner 等，2010)，此外，PPAR-γ 表达失调导致小鼠肠黏膜的抗菌活力下降，然而利用 PPAR-γ 的激动剂可上调体内外 HBD1 的表达，提高小鼠肠黏膜的抗菌活力。有研究者最近发现了位于人 HBD1 启动子区域的 SNP 位点，研究发现具有这个 SNP 位点的人可避免结肠炎患者向 CD 型结肠炎转化(Kocsis，Lakatos 等，2008)。

(二)机体自身抗菌肽分泌与溃疡性结肠炎的关系

与克罗恩病人显著不同的是，溃疡性结肠炎患者表现出 hBD-2 和 hBD-3 的高表达状态，经过测定发现，上皮细胞中诱导型 β-defensins 系列 hBD-2 和 hBD-3 的表达水平分别提高了 1000 倍(Garcia，Krause 等，2001)和 300 倍(Schmid，Fellermann 等，2007)，相应地，患有 UC 症状的病人的黏膜提取物对不同肠道微生物具有显著提高的抗菌活力，在炎性组织部位，Cathelicidin 家族抗菌肽 LL-37 仍然可以被诱导(Schauber，Rieger 等，2006)，总之，与在 CD 病人上观察到的现象相反的是，UC 病人显现出完全的细菌防御能力(Nuding，Fellermann 等，2007)。肠上皮细胞和肠嗜铬细胞的破坏与损伤是黏膜抗菌肽表达下调的主要原因(Arijs，De Hertogh 等，2009)，Arijs 等人研究发现，上皮细胞与潘氏细胞的数量与 HBD1，HD5 和 HD6 的表达水平呈正相关，从其他人的研究结果中发现黏膜细胞的损伤是造成 CD 患者 β-defensins 表达下调的主要原因，与之前的报道一致(Simms，Doecke 等，2008)。在确诊的 IBD 患者中，由于上皮细胞的损伤会导致抗菌肽的表达下调，从而导致炎症症状的持续存在。尽管潘氏细胞的转化会引起结肠中一些抗菌肽的表达量提高，然而细菌持续入侵黏膜的趋势仍然无法得到有效控制(Arijs，De Hertogh 等，2009)。

二、抗菌肽保护肠道炎症疾病的研究

（一）Denfesin 家族抗菌肽与肠道炎症疾病

人类中 defensin 家族抗菌肽共有 10 种，其主要是从潘氏细胞、上皮细胞和免疫细胞中分泌出来的，是肠道先天免疫反应中的重要组成部分。根据其半胱氨酸的分布特点和二硫键的形成位置（Cederlund，Gudmundsson 等，2011），其又可分为 α-defensin 和 β-defensin，进一步根据其是否需要诱导可将其划分为组成型与诱导型表达两种（Ramasundara，Leach 等，2009）。

人 α-defensins 1-4 又被称作人嗜中性粒细胞肽，主要由嗜中性粒细胞分泌，由于嗜中性粒细胞可以循环至全身，因此其所分泌的这些抗菌肽对于全身性先天免疫能力都发挥着很强的作用（Cunliffe，2003），HNP-1 被研究证实可阻断 LPS 刺激的嗜中性粒细胞释放 IL-1β，这解释了其抗炎活性（Shi，Aono 等，2007）。另有研究表明，通过腹腔注射 HNP-1 至 DSS 诱导的小鼠体内，会导致更严重的结肠炎症发生，同样揭示了在结肠炎病症中，HNP-1 扮演了促炎的角色（Hashimoto，Uto 等，2012）。另外，在由 C.difficile 毒素 B 引起的对 Caco-2 细胞的毒性及 Rho 糖基化的试验中，HNP-1 和 HNP-3 具有抑制效应，然而 β-defensin 却没有这样的保护效果（Giesemann，Guttenberg 等，2008）。有趣的是，在 IBD 患者的黏膜中，HNP1-3 呈现高表达，这可能与嗜中性粒细胞入侵 IBD 患者的肠组织相关（Cunliffe，Kamal 等，2002），IBD 患者血清的 HNP1-3 的浓度依然显著提高，可能与循环的嗜中性粒细胞的数量显著提高相关（Yamaguchi，Isomoto 等，2009），HNP-4 在 IBD 肠炎中所扮演的角色仍然不为所知，尽管其抗菌效果强于 HNP1-3（Ericksen，Wu 等，2005）。

（二）Cathelicidin 家族抗菌肽与肠道炎症疾病

在对 89 个正常及 IBD 患者的结肠检测中发现，结肠的 Cathelicidin Camp 的 mRNA 表达水平仅在 UC 患者中显著提高，但是在 CD 患者中却检测不到。在不同 NOD2 基因多态性和发生严重炎症的 CD 患者中，仍然未能发现 cathelicidin 表达水平呈现显著差别（Schauber，Rieger 等，2006）。在结肠黏膜中，cathelicidin 主要表达于结肠隐窝的顶端，但是在底部的隐窝处却少有表达，这一表达规律在正常人和 IBD 患者中均表现一致。然而，cathelicidin 抗菌肽的诱导表达与 IBD 患者的促炎因子的表达并无关系。因为 TNF-α，IFN-γ，LPS，IL-12，IL-4 和 IL-13 并不能诱导人结肠上皮细胞 HT-29 表达 cathelicidin 抗菌肽（Schauber，Rieger 等，2006）。

有研究表明诱导抗菌肽表达的机制与细菌不同成分的刺激有关。比如短链脂肪酸丁酸是细菌的代谢产物，已经被证实可诱导 cathelicidin 的产生，丁酸钠属于组蛋白去乙酰化酶抑制剂家族，因此，就不难发现另一组蛋白去乙酰化酶抑制剂家族成员曲古抑菌素 A 也能诱导 cathelicidin 的表达（Schauber，Iffland 等，2004）。此外，在 HT-29 细胞中，属于 Ets 家族的转录因子 PU.1 可以与 Camp 启动子部分结合并激活 Camp 基因的表达。细胞在 Vitamin D，丁酸或次级胆酸如石胆酸的刺激下，Vitamin D 受体和 PU.1 均会被招募至 Camp 启动子区域，从而增强 cathelicin 基因的转录水平（Termen，Tollin 等，2008），另一研究表明，对于人 Caco-2 细胞，Vitamin D 可以诱导其 cathelicidin 的 mRNA 和蛋白水平的表达（Peric，Koglin 等，2009），但是石胆酸却不能达到这一效果（Lagishetty，Chun 等，2010）。

TLRs 是病原模式分子的经典受体，一些 TLRs 的配体可刺激不同细胞类型表达 cathelicidin，这其中包括巨噬细胞（Rivas-Santiago，Hernandez-Pando 等，2008）。Koon 等人研究表明 cathelicidin 基因缺失的小鼠比野生型小鼠更容易引起严重的结肠炎症状，无论在正常小鼠或 DSS 诱导的结肠炎小鼠中注射细菌 DNA 均可以诱导结肠 cathelicidin 的表达。而细菌 DNA 是经典的 TLR9 配体，可以在人单核细胞中，通过 ERK1/2 信号通路诱导实现 LL-37 的高表达。此外，骨髓移植实验表明骨髓源免疫细胞分泌的 cathelicidin 在 DSS 诱导小鼠结肠炎的过程中扮演了重要的角色（Koon，Shih 等，2011）。

Koon 等人的研究表明，内源的 cathelicidin 抗菌肽在 DSS 诱导的溃疡结肠炎中发挥着重要的抗炎作用（Koon，Shih 等，2011），Tai 等人通过直肠注射小鼠内源的抗菌肽 cathelicidin 治疗溃疡性结肠炎，研究结果表明，直肠注射 mCRAMP 至患有 DSS 肠炎的小鼠可显著缓解一些结肠炎症指标，通过提高 mucin 系列基因的表达恢复结肠黏液层厚度，且可以抑制结肠上皮细胞凋亡，但是对肠黏膜治愈几乎没有效果。重要的是注射 mCRAMP 后可减少粪便微生物的总数量，揭示了其明显的抗菌效果（Tai，Wong 等，2008）。体外试验结果表明 LL-37 对细胞增殖没有效果，但是对人肠细胞 HT-29 及 Caco-2 具有抗凋亡及损伤后修复的效果。P2X7 作为 LL-37 其中的一个受体，主要表达于肠上皮细胞和 Caco-2 细胞，但在 HT-29 细胞中却没有表达，同时其研究还发现 LL-37 通过 P2X7 相关信号通路诱导 mucin 基因的高表达（Otte，Zdebik 等，2009）。

通过诱导内源性抗菌肽高表达的方法对于感染动物仍然能产生类似的治疗效果，通过口服丁酸盐或苯基丁酸至志贺氏杆菌感染的兔子模型发现，口服后显著提高了结肠和直肠黏膜处 cathelicidin 的 mRNA 和蛋白表达水平，并伴随着感染导致的临床病状的改善（Raqib，Sarker 等，2006）。然而，无论是人源还是鼠源 cathelicidin 均无法杀死内阿米巴属变形虫，且无法缓解由这种病原菌导致的小鼠结肠炎模型，内阿米巴属变形虫可释放半胱氨酸蛋白酶裂解 cathelicidin 抗菌肽，导致这类抗菌肽的降解，从而对这类抗菌肽产生抗性（Cobo，He 等，2012）。

总之，cathelicidin 可能是治疗结肠炎潜在的药物，至少在急性结肠炎阶段，但是其在治疗慢性结肠炎的过程中所扮演的角色仍有待揭示。抗菌肽在促血管生成效果，改变肠道微生物，以及是否通过 FPRL1 或 P2X 受体发挥作用等一系列问题仍然有待深入研究。

（三）杀菌通透性增加蛋白（BPI）与肠道炎症疾病

BPI 可通过与 LPS 结合杀灭革兰氏阴性菌，并能有效抑制 LPS 诱导的宿主细胞毒性反应（Elsbach，1998）。其 SNP 基因型与 CD 病人密切相关，但是与 UC 病人无关（Akin，Tahan 等，2011），表明在 CD 病人中，分泌防御素的系统受到破坏，从而导致革兰氏阴性菌感染增加。与正常人相比，UC 患者的结肠黏膜 BPI 表达水平升高，其通常由位于结肠黏膜层与基层的噬中性粒细胞所分泌表达，其浓度与 UC 患者的疾病活动指数呈正比（Haapamaki，Haggblom 等，1999），一些人的肠上皮细胞也表达 BPI 的 mRNA，在 Caco-2 细胞中超表达 BPI 可减少沙门氏菌诱导的 IL-8 的分泌，提示其具有抗炎效果（Haapamaki，Haggblom 等，1999）。一些 IBD 患者会产生抗嗜中性粒细胞胞质抗体，靶定 BPI 蛋白（Schultz，2007），大多数 UC 及 CD 患者分泌的 IgG 可以中和 BPI 蛋白，从而减少 BPI 的抗菌功能。由 IBD 患者产生的靶定 BPI 蛋白的自身抗体的水平与黏膜损伤及疾病程度呈正相关，这可能是导致 IBD 病症发生的原因（Schinke，Fellermann 等，2004）。

（四）人工合成抗菌肽与肠道炎症疾病

除了天然的内源性抗菌肽外，还有一些报道是关于非天然的人工合成的抗菌肽，其在不同的结肠炎类型中具有抗炎症的效果。具有 9 个氨基酸的肽 coprisin 是源于韩国甲虫粪便中的一种抗菌肽，可发挥抗菌活力并能阻止 C.difficile感染导致的小鼠肠道炎症与黏膜损伤（Kang，Hwang 等，2011）。经过修饰的 coprisin 类似物对益生菌如乳酸杆菌和双歧杆菌并无影响，但是可通过破坏 C.difficile 细菌细胞膜的方式抑制其在小鼠肠道内的定殖。两种半合成的糖肽泰拉万星和达巴万星对革兰氏阳性菌具有抗菌活力，通过口服可以缓解 C.difficile 造成的小鼠结肠炎症状，并能促进消化道的净化（Van Bambeke，2006）。一种新的抗菌肽（序列为：wrwycr）被发现可抑制细菌 DNA 的损伤修复，在酸性条件下，这种肽可显著减少产志贺氏毒素的 O157-H7 大肠杆菌的存活率，尽管这种肽并未在动物或其他一些临床上面做过相关实验，但是其在阻止肠道细菌感染方面是一潜在的选择(Lino, Kus 等,2011)。开发新型抗菌肽的难点在于至今还没完全清楚其抗菌与抗炎功能与结构之间的关系。在上面所讨论到的所有抗菌肽中,其氨基酸序列,分子大小和结构均有很大的不同(Pasupuleti, Schmidtchen 等,2012),对于小分子抗菌肽,要了解其构效关系相对比较容易,但是对于大分子而言十分困难(Johansson, Gudmundsson 等,1998)。比如说对于只有 37 个氨基酸的 cathelicidin 家族抗菌肽 LL-37 就有很多关于其构效关系的报道(Burton and Steel,2009)。截至目前,仍然没有清晰的的理论指导设计具有构效关系对应的抗菌肽。

第四节 抗菌肽与脓毒血症

固有免疫系统是宿主抵御微生物入侵的第一道防线,其包含体液与细胞免疫组分,共同组成结构屏障防止病原微生物侵害,如皮肤及肠道上皮组织。先天免疫反应起始于宿主识别病原菌高度保守的分子结构,又被称为病原模式分子,细菌的脂多糖(LPS)是最具有活性的病原模式分子,其可以促进诱导先天免疫系统(Janeway and Medzhitov,1998),在机体内,LPS 会引起明显的脓毒血症发生,其源于革兰氏阴性菌,其他的病原模式分子如革兰氏阳性菌的脂磷壁酸或肽聚糖同样会被宿主模式识别受体所识别并刺激促炎反应,但是不如 LPS 引发的炎症反应剧烈(Cohen,2002)。此外,内源性危险信号包括尿酸及胞外热应激蛋白(Zhang and Mosser,2008),均可以激活宿主的促炎反应。LPS 是由脂质 A 和含有多糖核心区及抗原 O 区域的多糖模块共同组成,相似的重复寡糖单元构成多糖单元。在液态环境中,LPS 形成由超分子聚集构成的关键胶束,脂质 A 典型的关键胶束的浓度范围值在 10-7M 至 10-8M 内,事实上,LPS 聚合物是一种生物活性单元,会被宿主先天免疫系统所识别(Mueller, Lindner 等,2005)。由于 LPS 在引发脓毒血症的过程中扮演着核心角色,因此寻找治疗这种加剧免疫反应的药物成为研究热点。值得一提的是,基于 LPS 结合分子的新药物的开发可以减少这一疾病带来的每年至少 50000 人的死亡,由于抗菌肽与脂多糖 LPS 的亲和力及其对 LPS 引发炎症反应的免疫调节活性,使其受到广泛的关注(Wimley,2010)。

一、LPS 与抗菌肽结合的分子基础

一般情况下,在水溶液中抗菌肽通常呈现不规则的结构,但是与 LPS 微粒结合后会形成较为明确的构象,通常是形成 α-螺旋结构,如抗菌肽 fowlicidin (Bhunia, Mohanram 等,2009),SMAP29 (Tack, Sawai 等,2002),Pardaxin (Bhunia, Domadia 等,2010)和 magainin 17 类似物(Bhunia, Ramamoorthy 等,

2009)。抗菌肽的两亲性结构特点与其能与LPS结合提供了基础,其首先可通过与微生物带负电的磷脂双分子膜发生静电作用进行结合,此外,当与脂质双分子层结合后,抗菌肽由展开状态至折叠状态的转变提高了其稳定性。然而,并非所有两亲性的设计都可以有效地中和LPS,实际上通过NMR观察AMPs和LPS结合后的结构发现,肽疏水的部分与阳离子部分相隔离,图4-13是抗菌肽lactoferrin,pardaxin,YI12WF及MSI594与LPS结合后的结构示意图。研究结果表明:一方面是由于与磷脂分子相比,LPS的高硬度及低的通透性使得其无法在与抗菌肽结合后发生结构再调整(Su, Waring等,2011);另一方面,在结合过程中,肽的强阳离子特性对于取代二价阳离子所引起的结构紧缩及中和LPS负电荷特性十分重要(Zhang, Dhillon等,2000)。总之,肽的强阳离子特点决定了肽与LPS的结合能力,其可以立即取代二价阳离子,使肽处于结合架构的交界面,疏水的模块会插入LPS的亲脂相(Rosenfeld, Sahl等,2008),相反地,删除抗菌肽的亲脂残基可导致其LPS中和能力和抗菌活力急剧降低(Bhunia, Mohanram等,2009)。

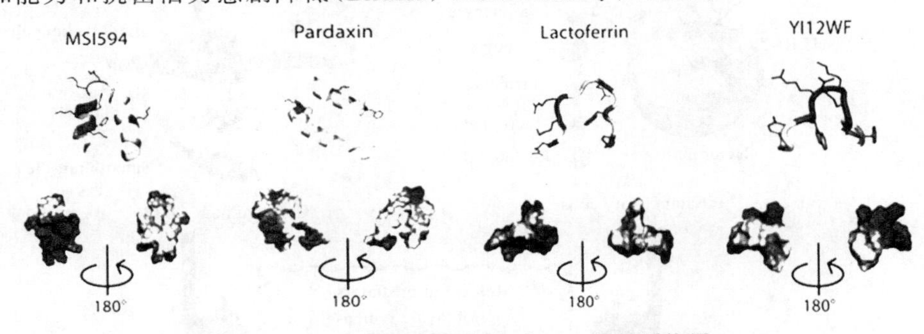

图4-13　不同种类抗菌肽对LPS的识别作用

二、抗菌肽抑制LPS诱导的炎症反应的机制

由于抗菌肽具有诸多功能,其可在一些水平调节LPS诱导的炎症反应,从识别上游受体至激活下游级联信号,接下来,我们将从分子水平揭示抗菌肽如何抑制LPS介导的信号转导通路。

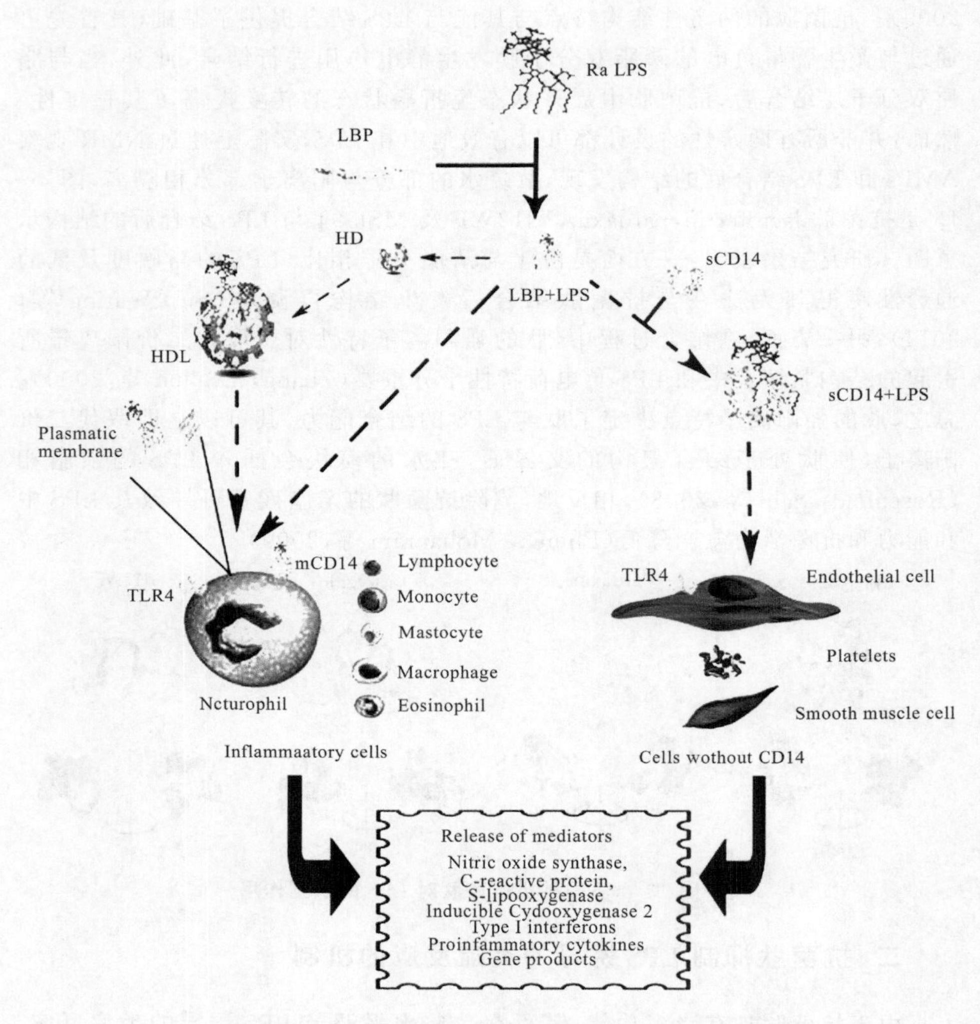

图 4-14　人体类识别与中和 LPS 的示意

(一)识别并结合循环系统中的 LPS 分子

在细菌死亡或分解后，内毒素会释放进入血液中，这些游动的分子会被 LBP（LPS 结合蛋白）所识别，进而刺激单核细胞。在较低的生理浓度下，LBP 与 LPS 结合并转运至 CD14 促进单核细胞的激活（Calvano，Thompson 等 1994），LBP 的其他功能包括转运磷脂至 LPS 聚合物和转运 LPS 至磷脂膜（Rintala，Peuravuori 等，2000）。因此，LBP 可以被认为是脂质转移蛋白。实际上，LBP 可以转移 LPS 至高密度或低密度脂蛋白，在一定程度上缓解 LPS

的刺激效果(Levin, Quint 等,2000),通过这一机制,高密度脂肪和其他一些脂蛋白可以通过中和 LPS 启动较晚的或持续的炎症反应。体内试验表明,人工合成的 HDLs 可以与 LPS 有效的结合,从而终止革兰氏阴性菌引起的促炎反应。此外,HDLs 可下调单核细胞中 CD14 的表达,从而减轻 LPS 诱导的细胞炎症反应。

(二)从 LBP 上转移 LPS 分子至膜 CD14 上

CD14 是很重要的 LPS 结合分子,可以在血清中以可溶或膜形式存在,被促炎细胞表面的糖基磷脂酰肌醇所锚定(Book, Chen 等,2007)。这一结构是基于富含亮氨酸的重复序列,以折叠形式嵌入马蹄形的疏水结构域,这一部位的 LPS 的 lipidA 部分被掩蔽了(Thomas, Carcillo 等,2002)。LPS 与 CD14 的结合会引起周围两个 α-螺旋结构的改变,CD14 疏水的 N 端区域并非是与亲水分子如肽聚糖结合的唯一区域,相反,肽聚糖分子与 CD14 的结合发生在后者分子的 C 端区域。LPS 与 CD14 分子的结合是激活人单核及鼠巨噬细胞的前提,CD14 阴性的内皮及上皮细胞可被可溶性的 CD14 与 LBP-LPS 复合物结合后所激活,其可介导结合于细胞的 LPS 转移至血浆脂蛋白,以此缓解 LPS 引起的细胞炎症反应(Berkestedt, Herwald 等,2010),CD14 缺乏的小鼠对于注射 LPS 或活菌导致的败血症状表现出高度抗性(Li, Nation 等,2006)。

宿主免疫系统针对 LPS 引起的败血症的反应表现为解除和中和内毒素,从而重获免疫稳态。在众多分子机制中,抗菌肽表现出中和内毒素分子,覆盖 LPS 与 CD14 和 LBP 的识别位点的能力,从而降低 TLR 及下游促炎基因的表达(Yang, Biragyn 等,2004)。因此,一些抗菌肽在先天免疫系统中扮演者清道夫的角色,如 Cathelicidins 抗菌肽可以与 LPS 发生相互作用,阻碍其与 CD14 分子的结合;此外其还能通过解聚 LPS,降低其与 LBP 蛋白的亲和力,清除单核与巨噬细胞表面的 LPS,抑制促炎细胞因子的产生(Bowdish, Davidson 等,2005)。类似的,一些 defensins 在体内表现出与 LPS 结合的活力,抑制小鼠发生剧烈的细胞炎症反应(Koyama, Motobu 等,2006)。更有意思的结果是,BPI 蛋白由于其 N 端具有抗菌和 LPS 中和区域,及 C 端结合与转移 LPS 至宿主免疫细胞表面蛋白如 LBP 的结构,表现出多功能的调节特点(Schultz and Weiss,2007)。基于上述的研究结果,我们可以发现 BPI 通过以下四种机制抑制 LPS 的生物学活性:①直接结合并中和 LPS;②转移 LPS 至脂蛋白;③促进 LPS-LBP 聚合物的形成并使之内化;④干扰 LPS 与 CD14 及 TLR4 的结合(Gutsmann, Muller 等,2001)。

(三)通过 CD14-LPS 复合物激活 TLR4 和其他信号分子

由于 CD14 分子不具有胞内信号区域,因此转移 LPS 至其他位置需要下游的传递信号,TLR4 兼顾了对 LPS 的识别与下游信号传导,TLRs 是 Toll/interleukin-1 受体超家族的成员,表现出高度保守的 Toll/interleukin 受体同源区域(O'Neill 2000),Toll/interleukin 区域是激发促炎信号的重要元素,从细胞膜上的促炎信号的激发至随后的胞内区域的信号传导均依赖于与配体分子的相互作用,最后的信号输出形式即是表达一系列促炎基因(Lu, Yeh 等,2008)。

除了受体介导的信号通路外,另一条导致细胞激活的途径是内毒素分子直接插入宿主细胞的脂质基质(Gutsmann, Muller 等,2001)。实现内毒素插入宿主细胞膜的方式有两种,即通过直接与 LPS 结合或通过 LBP 蛋白,可溶性 CD14 与血浆蛋白促进宿主细胞的激活(Gioannini, Teghanemt 等,2004)。抗菌肽可以在这一步形成干预效应,其可通过干扰受体的局部膜环境来调整受体的激活状态,如 Cathelicidins 可在 DC 细胞熟化的过程中,通过抑制共刺激分子如 CD40,CD80 和 CD86 的上调去终止 TLR4 的诱导效果,并通过改变细胞膜结构阻碍细胞因子的释放。总而言之,Cathelicidins 可导致 DC 细胞丧失针对 LPS 的反应(Di Nardo, Braff 等,2007)。此外,Carratelli 等人研究表明 TLR4 可以诱导 β-defensin 2 的表达,揭示 TLRs 不仅可以识别抗菌肽并且可以反过来诱导抗菌肽表达(Romano Carratelli, Mazzola 等,2009)。

(四)抗菌肽调控 TLR4 下游信号转导通路缓解 LPS 炎症

LPS-TLR4 信号通路下游分为两个不同分支,分别是 MyD88 依赖型和 MyD88 非依赖型,两条通路均调控表达促炎因子,随即引发急剧的炎症反应。基因组学的方法揭示了抗菌肽同样可以直接参与调控促炎基因的表达。实际上,研究发现 LL-37 可显著抑制 LPS 诱导的促炎基因的表达,并限制 NF-κB p50 和 p65 亚单位的入核,促进 NF-κB1 和 TNF-α 诱导蛋白 2 基因表达水平的急剧降低,从而抑制 TNF-α 和 IL-6 的高表达,然而,LL-37 并未显著抑制 LPS 诱导的与抑制炎症密切相关的基因如 TNF-α 诱导蛋白 3,NF-κBI 或一些被认为具有促炎功能的趋化因子的基因表达水平,上述这些结果表明人宿主防御肽 LL-37 在感染条件下,平衡宿主先天免疫的过程中扮演着重要的角色(Mookherjee, Brown 等,2006)。

三、内源及合成抗菌肽在人与小鼠败血症中的作用

一些患上败血症的病人在服用抗生素后反而会使症状变得更加严重,因

为一些抗生素可以促进细胞促炎成分的释放(Opal, Palardy 等,1994)。一种有前景的治疗方式是联合抗生素与抗菌肽共同给药治疗,这两种不同类型抗菌成分协同作用对于严重感染的病人的治疗尤为重要。然而关于抗菌肽在败血症患者上的研究报道很少,在与 LPS 的脂质 A 成分具有高度亲和力的结合区域方面,LBP 和 BPI 蛋白的功能不相上下,唯一的不同在于 LBP 蛋白不会阻碍信号转导,因为它在 CD14 与 LPS 分子形成复合物后,会间接与 CD14 分子发生结合,然而 BPI 蛋白却会阻止内毒素与 CD14 分子发生结合,从而抑制细胞因子的释放(Marra, Wilde 等,1990)。人的 BPI 重组片段的使用在儿科脑膜炎感染的治疗效果等方面有大量的研究,395 个患有脑膜炎败血症的儿童随机给予重组的 BP121 进行治疗,研究结果表明,与对照组比较,给药组并没有显著降低死亡率(Levin, Quint 等,2000)。另外一项研究表明,与正常人相比,患有严重败血症的病人其 hBD-2 的表达水平显著高于对照组人群。此外,在 LPS 诱导后,正常人群的 hBD-2 基因表达水平显著提高,这可能与患者先天和获得性免疫系统发生紊乱相关(Duits, Rademaker 等,2001)。最新研究表明,在患有败血症的病人中,HNP1-3,lactoferrin,BPI 和 heparin 结合蛋白表达量比正常组更高,其中 BPI 表达量的高低与患者死亡率呈正相关,源于嗜中性粒细胞的这几种肽的升高反映了机体与入侵微生物间的博弈关系(Berkestedt, Herwald 等,2010)。

利用多黏菌素去中和内毒素的治疗方法目前已被禁止,因为据报道多黏菌素具有肾脏及神经毒性,然而,之所以会在早期临床研究中会观察到这些负面效果是因为对其缺乏药代动力学和毒理学方面的正确认识,从而使用了不恰当的剂量所导致(Li, Nation 等,2006)。最近的研究发现,给予 25mg/kg 剂量的合成肽可保护小鼠不受铜绿假单胞菌和大肠杆菌的感染,在感染后的 18h 后,利用抗菌肽可消除血液中的细菌,同时在其他样本如腹膜液、脾脏和肝脏中,细菌数量也显著减少。在给药后的 22h,所有样本均检测不到细菌(Pini, Falciani 等,2010),另外一种合成肽,s-thanatin 表现出抗革兰氏阳性及阴性菌的活力,在与抗生素联合使用后,不同抗生素的最小抑菌浓度均下降 2～8倍,同时,对于给药 s-thanatin 的小鼠,在腹腔注射细菌后其存活率显著提高,且存在剂量效应(Wu, Fan 等,2010)。

第五章　动物的抗感染免疫

免疫是人和动物机体的一种保护性反应，其作用是“识别”和排除抗原性“异物”，以维持机体生理的平衡和稳定。免疫学是研究机体自我识别和对抗原性异物排斥反应的一门科学。抗感染免疫(anti-infectious immunity)是机体抵抗病原微生物及其有害产物，以维持生理稳定的功能。抗感染免疫包括先天固定性免疫和获得性适应性免疫两大类，如图 5-1 所示。

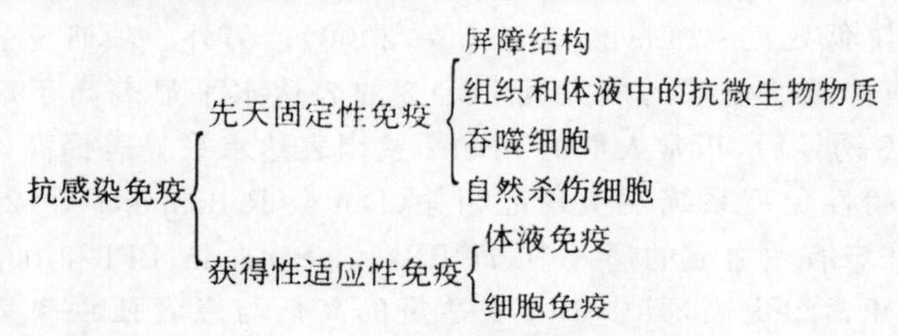

图 5-1　机体的抗感染免疫因素

抗感染免疫并非一定是对机体起保护作用，在某些情况下也可引起免疫病理反应。

第一节　非特异固定性免疫与特异性免疫

一、非特异固定性免疫

(一)屏障结构

1.皮肤和黏膜

皮肤与黏膜是宿主对付病原体的“第一道防线”，它们对于病原微生物具有以下几个作用。

(1)机械阻挡作用。皮肤与黏膜的完整性可以机械性的阻挡病原体等异物的入侵。只有当皮肤受损后，病原体才能直接侵入。而黏膜较易被病菌穿过。例如，当机体内进入大量的沙门氏菌时，可以导致沙门氏菌穿过胃肠黏膜而感染至局部淋巴结。鼻腔黏膜和气管黏膜受到异物刺激时，产生剧烈的反射动作——咳嗽或打喷嚏，急速地将异物排出。同时鼻腔中的鼻毛和气管黏膜表面的纤毛，也起着过滤和排出异物的作用。

(2)分泌杀菌和抑菌物质。皮肤的汗腺分泌乳酸,使汗液呈酸性(pH 值为 5.2～5.8);皮髓腺分泌的脂肪酸,唾液中的黏多糖,胃液中的胃酸,消化道中的蛋白酶以及唾液、泪液、气管等分泌物中存在的溶菌酶等,都有杀灭或抑制病原微生物的作用。

(3)正常菌群的拮抗作用。动物体内、体表的正常菌群也起一定的屏障作用,是重要的非特异性免疫因素之一。新生幼畜皮肤和黏膜基本无菌,出生后很快从母体和周围环境中获得微生物,它们在动物体内某一特定的栖居所(主要是消化道)定居繁殖,种类与数量基本稳定,与宿主保持着相对平衡而成为正常菌群。正常菌群对动物机体有两方面的作用:①阻止或限制外来微生物或毒力较强微生物的定居和繁殖;②刺激机体产生天然抗体。临床上长期大量使用广谱抗生素,往往可导致正常菌群失调,引起耐药性细菌感染的菌群失调症。

2.血脑屏障

血脑屏障是防止中枢神经系统发生感染的重要防卫结构。血脑屏障主要由软脑膜、脉络丛、脑血管及星状胶质细胞等组成,如图 5－2 所示。

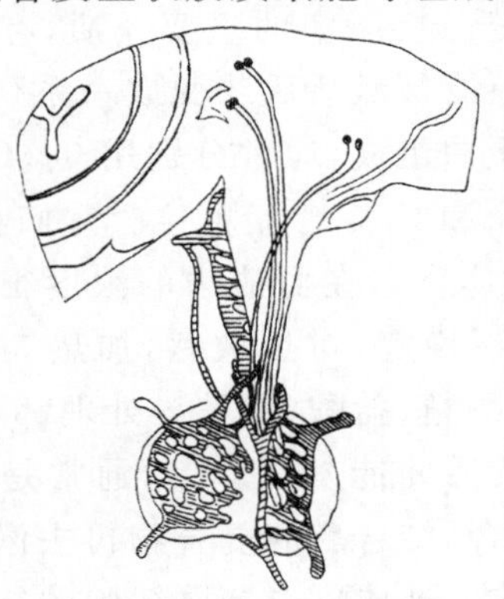

图 5－2 血脑屏障

3.血胎屏障

血胎屏障是保护胎儿免受感染的一种防卫结构,如图 5－3 所示。它不妨碍母胎之间的物质交换,但能防止母体内病原微生物的通过。在妊娠过程中,病原微生物由母体感染胎儿称垂直感染,禽类经卵将病原传给下一代也是垂直感染。垂直感染往往与妊娠时期有关,多数为病毒所致,如人的风疹病毒、巨细胞病毒等的感染主要在妊娠的最初 3 个月,牛白血病病毒则在第 9 个月传染给胎儿,猪的乙型脑炎也是在妊娠中后期感染胎儿。细菌感染常常因引起胎盘炎而导致胎儿感染,如布氏杆菌病。

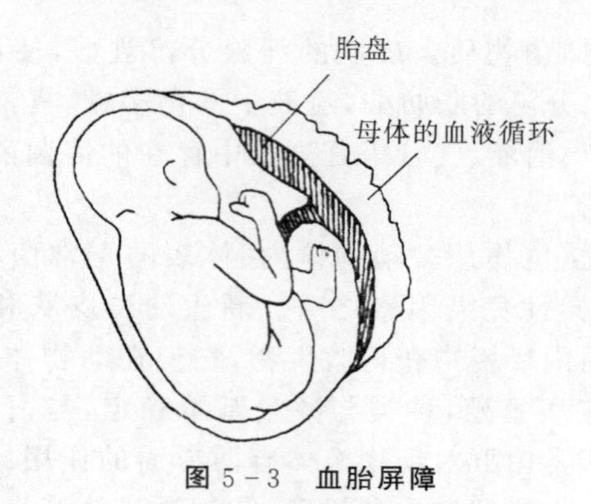

图 5－3　血胎屏障

（二）组织和体液中的抗微生物物质

正常动物的组织和体液中存在有多种抗微生物物质，如补体、溶菌酶、乙型溶素、干扰素等。

1.补体

补体是免疫反应和变态反应中的重要介质，存在于机体正常血清中，是一组酶蛋白原，不活泼，只有被激活后才变成一系列的酶，发挥其生物活性作用，其成分由 11 种血清蛋白组成，通常分别用 C_1、C_2、C_3、C_5、C_6、C_7、C_8、C_9 表示，其中 C_1 又分为 C_{1q}、C_{1r} 和 C_{1s} 3 个亚单位。它们在抗原抗体反应中有补充抗体作用的能力，故称补体。它在血清中的浓度很低，约占血清球蛋白总量的 10%。补体的性质很不稳定，对热敏感，加热 56 ℃持续 30 min 即失去活性，经紫外线照射、振荡、酒精、盐酸、胆汁等处理都可将其破坏。

补体只有被抗体激活后才能发挥作用，通常是侵入机体的异体细胞（特异抗原）被抗体识别并结合，结合后的复合物再去激活补体，而真正攻击侵入抗原的是被激活了的补体。补体攻击抗原细胞的结果是使细胞膜受到伤害，而导致细胞发生溶解，因此可以杀死某些病原体。

2.溶菌酶

溶菌酶菌是一种相对分子质量较低的不耐热的碱性蛋白质，广泛存在于泪液、肠道分泌物及许多脏器组织液中。

溶菌酶可以水解革兰氏阳性细菌的细胞壁中乙酰葡萄糖胺和乙酰胞壁酸分子之间的连接，使细胞壁损伤、菌体崩解；而革兰氏阴性细菌则不受影响，因为其细胞壁多聚糖层外面还有一层外膜保护，只有当抗体破坏了外膜后，革兰氏阴性细菌才可能被溶菌酶裂解。当抗体、补体、溶菌酶三者共存时，溶菌作用更为明显。

目前溶菌酶已可从蛋清、蛋衣膜中制取，用于治疗咽喉炎、中耳炎及副鼻窦炎等疾病。

3.乙型溶素

乙型溶素是血清中对热稳定的非特异性杀菌物质，是血小板释放出的一种碱性多肽，主要作用于革兰氏阳性菌细胞膜而溶菌。

4.干扰素

干扰素(interferon,IFN)是由干扰素诱导剂作用于活细胞后，由活细胞产生的一种糖蛋白，它再作用于其他细胞时，该细胞即可获得抗病毒和抗肿瘤等方面的免疫力。

干扰素有抑制病毒复制的作用，正常细胞与干扰素结合后使其产生一种抗病毒蛋白(AVP)，这种蛋白质干扰了病毒mRNA的翻译，从而抑制了新病毒的合成，如图5-4所示。另外，干扰素对病毒诱生的肿瘤和非病毒诱生的肿瘤均有抑制作用。

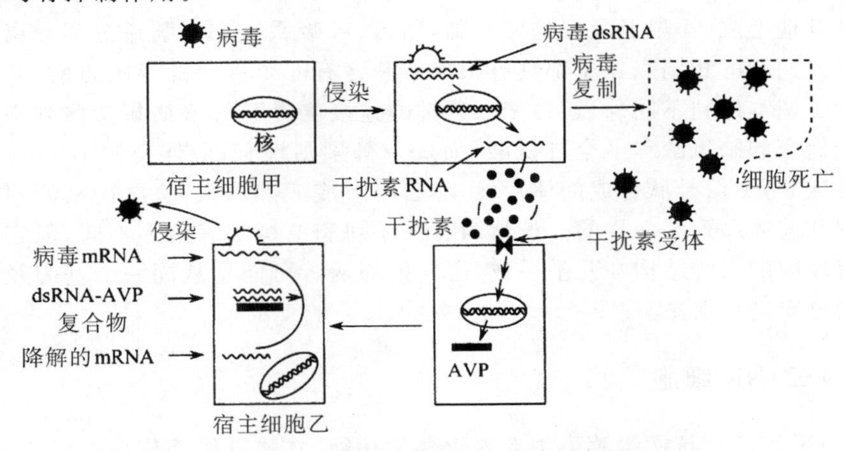

图5-4　干扰素的诱生及其作用示意

抗病毒蛋白由“抗病毒蛋白基因”编码，该基因平时处于抑制状态，抑制该基因的物质被称为“抗病毒蛋白基因抑制蛋白”。干扰素受体为细胞膜表面上的神经节苷脂物质，但干扰素与该受体结合后，即可迅速导致“抗病毒蛋白基因”去抑制，从而合成抗病毒蛋白。抗病毒蛋白包括蛋白激酶、2-5A合成酶、磷酸二酯酶和氮氧化物合成酶。这些酶均为催化酶，只存在于细胞内，不分泌到细胞外。在细胞未受到病毒入侵时，这些酶呈非活化状态；一旦细胞受到病毒入侵，即被活化。活化的蛋白激酶磷酸化，即一种称为elF2的启动因子，由磷酸化的elF2阻止病毒双链RNA的延伸，从而抑制病毒蛋白质的合成；2-5A合成酶可导致病毒mRNA的降解；磷酸二酯酶可阻断病毒mRNA的翻译；氮氧化物合成酶催化产生的氮氧化物有抗病毒活性，能阻止被干扰素激活的巨噬细胞中病毒的生长。

5.防御素

防御素是一类含有3对分子内二硫键的小分子抗微生物多肽，广泛分布于动物体内，亦称之为抗菌肽或肽抗生素。与其他微生物肽相比，防御素具有特殊的抗性机制，它主要作用于病原微生物的细胞膜，使病原微生物不易对其产生抗性。防御素还具有十分广泛的抗菌谱，研究表明，哺乳动物防御素除了对细菌、真菌、被膜病毒有毒杀作用外，还对霉形体、衣原体及一些恶性细胞（如肿瘤细胞）有杀伤作用。

防御素主要包括α-防御素和β-防御素。α-防御素由29～36个氨基酸组成，富含精氨酸，并含有6个保守的半胱氨酸，最初从豚鼠和兔子的嗜中性粒细胞分离出来，随后又在小鼠等多种哺乳动物的许多器官和组织中发现了α-防御素；β-防御素由38～42个氨基酸组成，广泛分布于动物组织和细胞中，如牛的气管、舌、肠、巨噬细胞、嗜中性粒细胞，羊胃肠道，人的胃、唾液、气管、皮肤及其他上皮，小鼠及大鼠的肾和肺，猪舌、呼吸系统和胃肠道等都分离到防御素。两者的相同点在于都具有阳离子并含有6个保守的半胱氨酸，其不同点除了基本序列不同外，还在于二硫键的连接位置不同；β-防御素序列中部有一个保守的脯氨酸和一个甘氨酸，而α-防御素则没有；前体结构不同，α-防御素合成时，由信号肽合成前体片段，然后再形成成熟肽，而β-防御素的信号肽序列和前体序列是一样的。虽然两者在序列和结构上有诸多不同，但它们在水溶液中的三维结构却几乎一致，由此推测两者可能是从同一个基因经过不同的分支进化而来。

（三）NK细胞

NK细胞在抗病毒感染中有着重要的功能，它能直接杀伤病毒感染细胞，其作用的出现远早于细胞毒性T淋巴细胞（CTL）。IL-12及病毒感染细胞产生的IFN-α和IFN-β可诱导NK细胞的活化，提高其杀伤功能。在病毒感染早期，NK细胞主要通过自然杀伤来控制病毒感染，在机体产生了针对病毒抗原的特异性抗体后，NK细胞还可通过抗体依赖性细胞介导的细胞毒作用（ADCC）来杀伤感染靶细胞。同时，NK细胞在抗寄生虫感染和胞内病原菌感染方面也发挥着重要作用。NK细胞的杀伤效应主要通过其所分泌的杀伤介质（如穿孔素、IFN-γ等）所介导。

（四）吞噬细胞

动物机体内广泛存在着各种吞噬细胞。巨噬细胞不仅吞噬病原微生物，而且能消除炎症部位的中性粒细胞残骸，有助于细胞的修复。

1.吞噬过程

当病原体通过皮肤或黏膜侵入组织后，中性粒细胞等吞噬细胞先从毛细血管中游出聚集到病原体存在部分，吞噬过程分为以下几个连续步骤：趋化、识别和调理、吞入、杀菌及消化。趋化作用：病原菌进入机体后，吞噬细胞在趋化因子的作用下，就会向病原体存在部位移动，而对其围歼。最重要的趋化因子有补体活化因子片段 C3a、C5a、C567，它们是由于损伤的组织细胞释放的组织蛋白酶和革兰氏阴性菌的多糖激活了补体系统而产生的。此外，尚有细菌性趋化因子、白细胞游出素及 T 细胞、B 细胞等释放的某些细胞因子都具有趋化作用。

2.识别和调理作用

吞噬细胞接触颗粒性物质，通过辨别其表面的某种特征，而选择性地进行吞噬。病原菌经新鲜血清或含特异性抗体的血清处理后，则易被细胞吞噬，称为调理作用，这种用于细菌使之易被吞噬的物质称为调理素，主要有 IgG 类特异性抗体和补体降解片段 C3b。特异性抗体（IgGl，IgG3）通过其 Fab 片段与病原菌相应抗原结合，游离的 Fc 部分可结合到吞噬细胞的 Fc 受体上。补体激活的裂解产物 C3b 易与细菌及其他颗粒、组织细胞表面或抗原-抗体复合物结合，而同时又易于与吞噬细胞膜上的 C3b 受体结合，从而导致细菌易被吞噬或扩大吞噬作用。

3.吞入与脱颗粒

经调理的病原与吞噬细胞接触后，吞噬细胞伸出伪足，接触部位的细胞膜内陷，将病原菌包围并摄入细胞质内形成吞噬体。随后，吞噬体逐渐离开细胞边缘而向细胞中心移动，与此同时，细胞内的溶酶体颗粒向吞噬体移动靠拢，与之融合形成吞噬溶酶体，并将含溶菌酶、髓过氧化物酶（MPO）、乳铁蛋白等内容物倾于吞噬体内而起杀灭和消化细菌的作用，这种现象称脱颗粒，如图 5－5 所示。

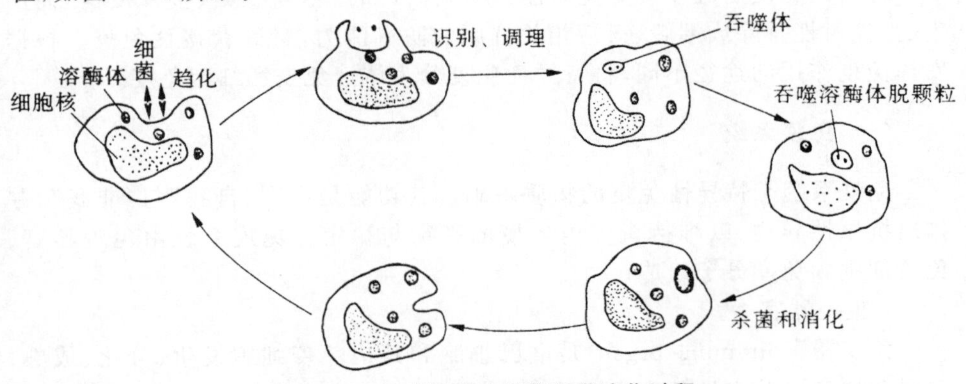

图 5－5　吞噬细胞对细菌吞噬消化过程

4.杀菌与消化作用

吞噬细胞吞入病原菌后发生一系列的代谢活动，产生许多强杀菌物质，这种杀菌作用可大致分为非氧依赖杀菌系统和氧依赖杀菌系统。

(1)非氧依赖杀菌系统。它是指杀菌过程不需要分子氧的参与。①酸性pH值，吞噬过程所需能量由糖类酵解获得，故产生并积累大量乳酸，致使pH值下降，吞噬小体内部pH值可降至3.5～4.0，酸性本身有杀菌作用并可促进许多酶类反应；②溶菌酶，能水解细菌胞壁肽聚糖而破坏细菌；③乳铁蛋白，能螯合细菌生长所必需的铁而具有抑菌作用。

(2)氧依赖杀菌系统。它是指有分子氧参与的杀菌过程，其机制是通过某些氧化酶的作用，使分子氧活化成为各种活性氧或氧化物，这些活化的氧化物直接作用于微生物，或通过髓过氧化物酶和卤化物的协同作用而杀灭微生物。

5.吞噬作用的后果

细菌被吞噬细胞吞噬后，有的能被杀死和消化；有的不被杀灭，甚至能在吞噬细胞内存活和繁殖，如布氏杆菌、结核杆菌等虽被吞噬却不被杀死。细菌不能被杀灭的吞噬作用称为不完全吞噬，能杀灭细胞的吞噬作用称为完全吞噬。多数化脓性细菌被吞噬后，一般5～10min死亡，1h内完全消化破坏。

但吞噬过程也可引起组织损伤。在某些情况下，吞噬细胞异常活跃，当其细胞膜将异物颗粒包围，尚未完全闭合形成吞噬体时，吞噬细胞因无法将其吞入进行细胞内消化，便主动释放溶酶体酶，以销毁免疫复合物，但同时也造成邻近组织损伤，吞噬细胞在战斗中死亡崩解时，可引起局部组织化脓，从而引起组织器官的功能障碍。

二、特异性免疫

特异性免疫是机体接受抗原性异物刺激(如微生物感染、接种疫苗)而产生的，针对性排除或摧毁、灭活相关抗原的防御能力，又称获得性免疫。根据发挥免疫作用的途径不同，将特异性免疫分为体液免疫和细胞免疫。

(一)免疫系统

免疫系统是特异性免疫的物质基础。其功能是识别“自我”与“非我”，并排出抗原性异物，以维持机体内环境的平衡与稳定。免疫系统由免疫器官、免疫细胞和免疫分子组成。

1.免疫器官

免疫器官(immune organ)是淋巴细胞和其他免疫细胞发生、分化、成熟、定居和增殖以及产生免疫应答反应的场所。

2.免疫细胞

免疫细胞(immunocyte)的含义很广,包括各类淋巴细胞(T、B和NK等细胞)、单核细胞、巨噬细胞和粒细胞等一切与免疫有关的细胞。而免疫活性细胞(immunologically competent cell)则仅指能特异性识别抗原。T细胞和B淋巴细胞的来源及其功能,如图5－6所示。

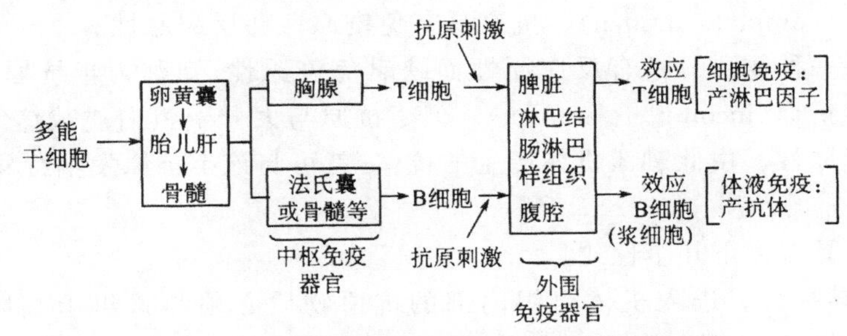

图5－6　T细胞和B淋巴细胞的来源及其功能

(1)T细胞。T细胞是长寿细胞,能存活数月至数年,在淋巴再循环中,大部分为T细胞,占外周淋巴细胞总数的60%～80%,循环一周约需18 h。各种动物的T细胞膜表面都具有另一种动物的红细胞受体,如人类T细胞具有与绵羊红细胞非特异性结合的受体,两者结合形成玫瑰花环反应。

(2)B细胞。B细胞寿命较短,一般只能存活数天至数周,少数在抗原刺激后可成为长寿的记忆细胞,寿命可延长数月至1年,很少参加再循环,占外周淋巴细胞总数的10%～20%,循环一周需要30 h以上。B细胞接受抗原刺激后,能转化发育成浆细胞,并合成、分泌各种类型的免疫球蛋白(抗体),所以也称抗体形成细胞,是发挥特异性免疫反应的细胞。

3.免疫分子

免疫分子(immunomolecule)主要指抗原及抗体,是现代分子免疫学的主要研究对象。现代免疫学实质上就是分子免疫学,其前沿研究课题主要包括免疫特异性的分子基础,免疫多样性的分子遗传学本质,免疫应答的机制,以及区分“自身”和“异己”分子的原理等。

自从19世纪末德国学者Emil von Behring发现抗体以来,历经K.Landsteiner(1917年)对抗原特性的研究,N.Jerne和M.Burnet(20世纪50年代末)对抗体形成克隆选择学说的提出,R.R.Poaer和G.Edelman(20世纪60年代)对抗体分子及其酶解片段分子结构的研究,G.Kohler和c.Milstein(1975年)创造了获得单克隆抗体的淋巴细胞杂交瘤技术,以及利根川进(1980年)提出的抗体结构多样性的基因结构理论等的几个重大发展阶段,使得免疫分子的研究已成为现代免疫学甚至可以说是现代生命科学中发展最快、影响最大的领域之一。

（二）抗原

1.抗原的概念

抗原（antigen）是一类能诱导机体发生免疫应答并能与相应抗体或T淋巴细胞受体发生特异性免疫反应的大分子物质，也称免疫原（immunnogen）或完全抗原（complete antigen）。抗原具有免疫原性和反应原性。

如果一种物质只具有反应原性而缺乏免疫原性，则称为半抗原（hapten）或不完全抗原（incomplete antigen）。但半抗原与大分子蛋白质载体结合后可获得免疫原性。由此刺激机体产生的抗体，就可与该半抗原发生特异结合。

2.抗原的性质

抗原具有以下几个性质。

（1）异物性。进入机体组织内部的抗原物质必须与该组织细胞成分不相同。

（2）特异性。抗原刺激机体产生相应抗体并能与之特异性结合。这种特异性由抗原表面的抗原表位决定。抗原表位（又称抗原决定基）是抗原分子中决定抗原特异性的基本结构或一些具有化学活性的基团。表位的数量称为抗原的价，多数抗原均为多价。

（3）分子量大。抗原分子量一般在10 ku以上。分子量越大，抗原性越强。例如，蛋白质的分子量在70 ku以上，抗原性最强，在机体内不易被分解和排除，停留时间长，利于刺激机体产生抗体。多糖和类脂因分子量不够大，只有与蛋白质结合才有抗原性。

（4）化学结构复杂。免疫原性的形成还要求蛋白质分子的化学结构复杂。极性基团越多或含支链氨基酸越多，以及带芳香族氨基酸多的蛋白质抗原性越强。直链结构的物质一般缺乏免疫原性，多支链或带芳香族氨基酸物质容易成为免疫原。例如，大分子明胶就是无分支的直链氨基酸结构，又缺乏芳香族氨基酸，故免疫原性微弱。如果在明胶分子中连上2%的酪氨酸，就能明显增加其免疫原性。

3.抗原的分类

抗原的分类是根据研究习惯和需要而人为设定的，现在已经在科学研究上形成以下几个类型的分类。

（1）按抗原的性质分类。按抗原的性质可分为完全抗原和半抗原，依据半抗原与相应的抗体结合后是否出现可见反应，可分为简单半抗原和复合半抗原。

①简单半抗原：相对分子质量较小，无免疫原性，只有一个抗原决定簇，不能与相应的抗体发生可见反应，但能与相应的抗体结合，如抗生素、酒石

酸、苯甲酸等。简单半抗原与抗体的结合能阻止抗体再与相应的完全抗原或复合半抗原间的可见反应。

②复合半抗原相对分子质量较大，有多个抗原决定簇，能与相应的抗体发生肉眼可见的反应，如一些细菌的荚膜多糖、类脂、脂多糖等。

(2)按抗原的来源分类。按抗原的来源可分为以下几种。

①异种抗原：是指来自另一物种的抗原性物质，如各种微生物及其代谢产物对畜禽来说都是异种抗原；细菌的鞭毛、细胞壁、菌体等，对于人类而言，它们都是免疫原性非常强的异种抗原；各种动物血清对人类来说也是异种抗原。所以使用抗血清治疗一些疾病时，必须注意是否能引起过敏反应。例如，目前正在研究的人类基因工程抗体可用于治疗肿瘤，但是研制出的多为鼠源性抗体，还无法完全用于人类。

②同种异型抗原：是指来自不同基因型的同种个体的抗原性物质，如人类血型物质(A、B、H、Rh 因子)，因其结构不同，会造成临床上的输血反应和异体器官移植的排斥等反应。

③自身抗原：是指能引起自身免疫应答的自身组织成分(可以把此类抗原理解为同种同型抗原)。通常自身组织不会诱发自身机体发生免疫应答，这样对自身组织成分的耐受性是由于机体的免疫系统缺少或抑制了应答的淋巴细胞。

④异嗜性抗原：是一类与种属特异性无关的，存在于人、动物、植物以及微生物间的共同抗原。最初由 Forssman 发现，又称 Forssman 抗原。如 A 族溶血性链球菌某些型别的细胞表面成分与人的肾脏和心肌具有共同抗原，感染后可因交叉反应而引起肾小球肾炎或心肌炎。

(3)按对胸腺(T 细胞)的依赖性分类。在免疫应答过程中，依据是否有 T 细胞参加，将抗原分为胸腺依赖性抗原和非胸腺依赖性抗原。

①胸腺依赖性抗原(thymus dependent antigen，TD 抗原)：在刺激 B 细胞分化和产生抗体的过程中需要辅助性 T 细胞协助的一类抗原。多数抗原均属此类，如异种组织与细胞、异种蛋白、微生物及人工复合抗原等。TD 抗原刺激机体产生的抗体主要是 IgG，易引起细胞免疫记忆。

②非胸腺依赖性抗原(thymus independent antigen，TI 抗原)：直接刺激 B 细胞产生抗体，而不需要 T 细胞协助的一类抗原。如大肠杆菌脂多糖(LPS)、肺炎链球菌荚膜多糖(SSS)、聚合鞭毛素(POL)和聚乙烯吡咯烷酮(PVP)等均属此类。此类抗原的特点是由同一构成单位重复排列而成。TI 抗原仅刺激机体产生 IgM 抗体，不易产生细胞免疫记忆。

(4)按与抗原递呈细胞的关系分类。按与抗原递呈细胞的关系可分为外源性抗原和内源性抗原。

①外源性抗原：抗原合成时存在于抗原递呈细胞之外，它们只有被抗原递呈细胞摄取、加工、处理并递呈给T细胞，才能激发免疫应答，这类抗原称为外源性抗原。包括所有自体外进入的微生物、人工抗原、蛋白等。

②内源性抗原：通常自身细胞内合成的抗原称为内源性抗原，它们被递呈给T细胞，直接激发免疫反应。这类抗原主要包括肿瘤抗原、自身隐蔽抗原、病毒抗原以及变性的自身成分等。

4.细菌的抗原

细菌是一类重要的病原体，其化学成分极其复杂，故每种细菌都是一个由多种抗原组成的复合体，如图5-7所示。

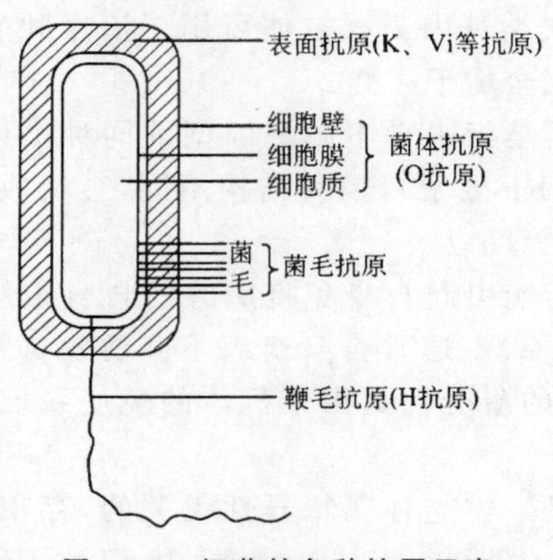

图5-7 细菌的各种抗原示意

（三）抗体

1.抗体的概念

抗体(antibody,Ab)是机体免疫细胞被抗原激活后，由分化的B淋巴细胞转化为浆细胞产生的一类能与相应抗原特异性结合的一类免疫球蛋白(immunoglobulin,Ig)。它属于糖蛋白，主要存在于血清蛋白的7球蛋白组分中，因此过去又称为γ球蛋白。后来发现抗体并不都在γ区，而且位于γ区的球蛋白，也不一定都具有抗体活性。1968年和1972年世界卫生组织和国际免疫学会先后决定，将具有抗体活性或化学结构与抗体相似的球蛋白统称为免疫球蛋白。

抗体的化学本质是免疫球蛋白，但它们在概念上还是有区别的。抗体侧重于它在免疫学和功能上的含义，强调它是抗原的对立物，它比免疫球蛋白更有针对性。免疫球蛋白是指具有抗体活性或与抗体具有相似化学结构的球蛋白，它侧重于化学和结构上的含义。所以，可以说，所有抗体都是免疫球蛋白，但并非所有免疫球蛋白都是抗体。例如，多发性骨髓瘤患者血清中的骨髓瘤蛋白属于免疫球蛋白却不具备抗体活性。

2.抗体的基本结构

抗体的单体分子都具有相似的基本结构（“Y”字形），由两条相同的轻链（light chain，L 链）和两条相同的重链（heavy chain，H 链）通过链间二硫键连接而成的四个肽链结构组成。

①重链。近对称轴的一对较长的链称为重链（H 链），相对分子质量为 50000～75000，由 450～550 个氨基酸残基组成，是一种糖蛋白。两条重链间由一对（或多对）-硫键相互连接。H 链的 N 端前 110 个氨基酸不稳定，因抗体分子的特异性不同而变化较大。抗体的其他部分的氨基酸则比较稳定。

②轻链。远对称轴较短的一对肽链称之为轻链或 L 链，其长度大约只有重链的一半，相对分子质量在 25kDa 左右，由大约 220 个氨基酸残基构成。L 链 N 端的前 110 个氨基酸也不稳定，它们随抗体分子的特异性不同而不同。根据 L 链的抗原性和结构的不同，将其分为 κ 和 λ 两个型。不同物种中，两种类型轻链的比例有所不同，可以用 κ 与 λ 的比例作为反映免疫系统是否异常的一个指标。

③可变区。抗体重链和轻链 N 端氨基酸，轻链的 1/2（约 110 个氨基酸），重链的 1/4（约 110 个氨基酸）排列顺序比其他部分的氨基酸变化要大，这种差异与抗体的特异性直接相关，这个区域被称为可变区（variable region，V 区）。在 V 区内氨基酸组成和排列顺序的变化程度较大，在重链和轻链的 V 区中各有 3 个区域的氨基酸组成和排列顺序变化频率最高，称之为高变区或超变区（hyper variable regions，HVR）。由于抗原接触面能与抗原表位在空间上的精确互补，因此高变区又被称为互补性决定区（complementary determined region，CDR）。

④恒定区。可变区以外的部分，约占轻链的 1/2 和重链的 3/4，因其氨基酸数量、种类、排列顺序及含糖量都比较稳定，故称为恒定区（constant region，C 区）。重链和轻链的 C 区分别称为 CH 和 CL，不同抗体的 CL 长度大致相同，但其 CH 长度却不定。尽管如此，如果抗体是由同一种属的个体所产生的，即使是针对不同抗原，只要抗体的类型相同，其 C 区氨基酸组成和排列顺序还是恒定的，也就是说它们的免疫原性相同，不同的只是 V 区。因此认为 C 区决定抗体的免疫原性，V 区决定抗体的特异性。

⑤铰链区。连接抗体重链上下两部分恒定区的一段氨基酸序列，不同抗体该区所包括的氨基酸残基数目不等，一般是 10～60 个。该区富含链间二硫键和较多的脯氨酸，多形成随机松散的构象，具有一定的柔性，可以自由运动。这种构象有利于可变区的抗原结合位点与不同距离的抗原决定簇结合，便于抗体分子上两个抗原结合部位同时发挥作用，从而增强抗体对抗原的亲

和力。

⑥J链。一些抗体除具备上述结构外，还具有一些特殊的部件。如将分泌型IgA连接成双体的，将IgM连接成为五聚体的连接链(joining chain)。它是由浆细胞合成的一条富含半胱氨酸的多肽链，其主要作用是将单体Ig连接成多聚体并使之稳定。

⑦分泌片(secretory piece, SP)。在IgA双体穿越黏膜上皮细胞时，由黏膜上皮细胞合成的一种含糖的肽链。它能以非共价形式与IgA二聚体结合，使其成为分泌型IgA(sIgA)。分泌片的功能是阻止外分泌液中蛋白水解酶对sIgA的水解作用，并能帮助sIgA转运，使其分泌至相应黏膜表面，发挥黏膜的免疫作用。

3.抗体的分类

(1)根据抗原的来源分类。可分为以下几类。

①同种抗体(alloantibody)由同种属动物之间的抗原物质免疫产生的。例如，组织相容性抗原的抗体。

②异种抗体(heteroantibody)由异种属动物之间的抗原物质免疫产生。大多数抗体均属于此种类型。例如，对异种蛋白和细胞的抗体。

③自身抗体(autoantibody)是一种针对自身抗原所产生的抗体。例如，抗自身Ig的抗体。

④异嗜性抗体(heterophile antibody)是由异嗜性抗原产生的抗体。

(2)根据与抗原是否产生可见反应分类。可分为以下几类。

①完全抗体(complete antibody)在特定条件下，抗原与二价抗体或多价抗体相结合后可出现可见的反应。

②不完全抗体(incomplete antibody)抗体分子与抗原的结合部位其中一个是没有活性的，只有一个能与相应抗原结合。没有活性的部位能与颗粒性抗原结合但不产生可见凝集反应。

(3)根据有无抗原刺激分类。可分为以下几类。

①天然抗体(natural antibody)是天然存在于动物体内并且没有明显抗原刺激性的抗体。

②免疫抗体(immune antibody)是人工免疫或自然感染所产生的抗体。

(4)根据免疫球蛋白的理化性质和免疫学性质分类。可分为以下几类。

①IgG是最常见的循环抗体，主要是由脾、淋巴结中的浆细胞合成和分泌的，并以单体的形式存在。在免疫球蛋白各类型中，IgG是血清中含量最多的，大约占人血清球蛋白含量的80%。

②IgA主要存在于唾液、泪液、初乳以及胃肠道、呼吸道、生殖道等黏膜分泌液中，并以单体形式或者二聚体、三聚体、四聚体等多聚体的形式存在。

③IgM是机体初次体液免疫反应最早出现的免疫球蛋白，其亲和性通常较低，但其结合强度非常高。

④IgD由扁桃体、脾等浆细胞产生，会在B淋巴细胞的发育过程中的细胞膜上出现，故可以被认为是B淋巴细胞成熟的标志。IgD易被胰蛋白酶水解，很不稳定。

⑤IgE由呼吸道和消化道黏膜固定层中的浆细胞分泌，主要作用是介导速发型超敏反应。

4.抗体的形成机制

(1)T细胞和B细胞之间的相互作用。在免疫应答中，抗体是由T细胞和B细胞通过各自的抗原特异性受体分子的相互作用而产生的。抗体的产生从接触抗原开始，每一步都是高度特异的，抗原呈递细胞将B细胞作为呈递抗原，对与表面带有抗原特异TCR的T_H2细胞的相互作用起着促进作用。

T_H2细胞在B细胞活化和抗体产生过程中起着十分关键的作用，它是活化B细胞产生抗体的辅助细胞，如图5-8所示。

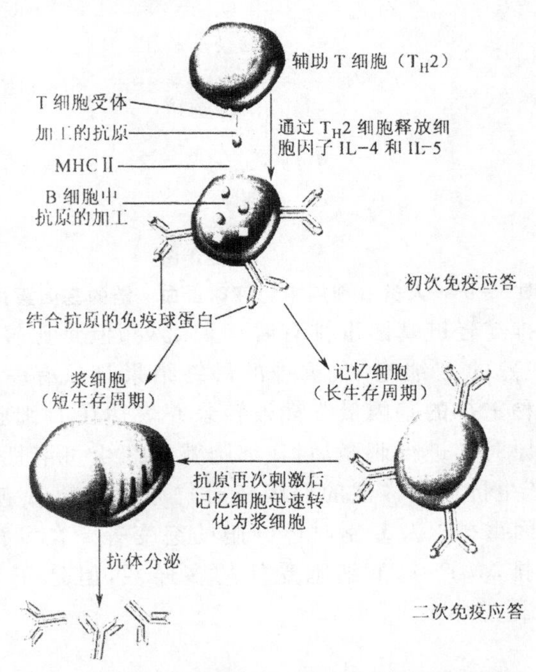

图5-8　T细胞与B细胞在抗体产生中的作用

成熟的B细胞上包裹着一层作为B细胞的抗原受体的抗体，当抗原与B细胞上的抗原受体结合时，B细胞会立即作为APC与T_H2细胞相互作用，而不是产生可溶性抗体。B细胞在与抗原结合后，抗原被吞进胞内并在B细胞中被分解，而分解产生的肽再与 MHC Ⅱ类蛋白相结合，并呈递给带有特异性 TCR 的 T_H2 细胞，以使其产生 IL-4 和 IL-5(interleukin, IL，白细胞介素)，紧接着这些细胞因子对 B 细胞进行次级，使其合成并分泌可溶性抗体。当再次与相同的抗原接触时，记忆细胞就会迅速转变为浆细胞并分泌抗体。

(2)抗体和 TCR 多样性的遗传机制。每一个体都能产生千百万种不同的抗体，而造成抗体多样性的原因在于编码基因的逐级重排。当淋巴细胞在骨髓中发育时，B 细胞中的重链和轻链基因就发生了重排。在成熟的淋巴细胞中，基因片段以形式多样的组合方式互相搭配，基因被重新组装，在这个过程中同样包括已知的体细胞重组。如图 5－9 所示，显示了 κ 轻链重排和表达的模式。

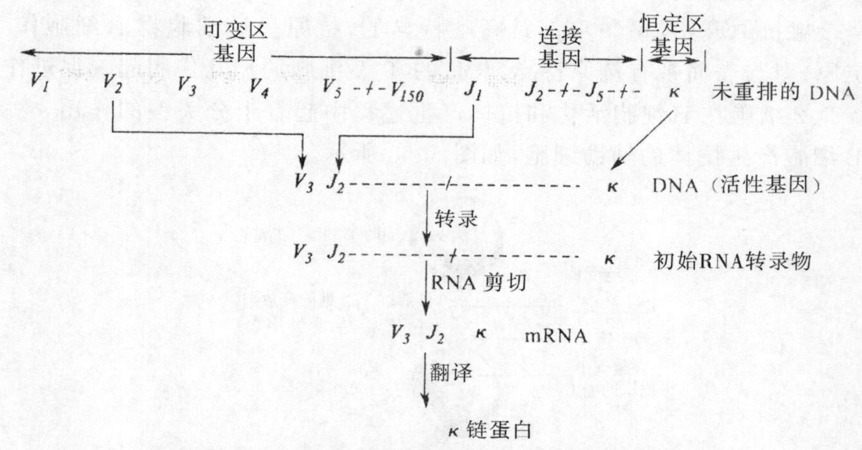

图 5－9 人类 B 细胞中免疫球蛋白 κ 链的基因重排

重链基因重排与轻链基因重排有着相似之处，但是比轻链基因重排更为复杂，在每一个成熟的 B 细胞中，重排的最终结果是只有一个重链基因和一个轻链基因。每种重排的基因最终都被转录并表达在 B 细胞表面，并被作为抗原受体。但抗原对其进行刺激后，B 细胞就可产生可溶性的并且针对该抗原的 Ig。另外，产生抗体多样性的原因还有抗原诱导的 Ig 基因的高频突变、抗原刺激引起基因重排以及复制时体细胞的突变等。在发育期间内，T 细胞也会发生类似重排，并产生 T 细胞受体的多样性，但是 T 细胞无高频突变机制。

第二节 适应性免疫

适应性免疫在抗微生物感染中起关键作用，其效应比先天性免疫强，分为体液免疫(humoral immunity)和细胞免疫(cellular immunity)。在具体的感染中，以何者为主，因不同的病原体而异，由于抗体难以进入细胞之内对细胞内寄生的微生物发挥作用，故体液免疫主要对细胞外生长的细菌起作用，而对细胞内寄生的病原微生物则靠细胞免疫发挥作用。在讲述适应性免疫之前，首先来了解一下适应性免疫应答。

一、适应性免疫应答

适应性免疫应答（adaptive immune response）是指个体出生后应抗原刺激建立起来的针对接触抗原的应答能力。由于这种应答能力并非机体出生时即有，故称为适应性免疫应答、获得性免疫应答或后天免疫应答。

（一）适应性免疫应答的基本过程

适应性免疫应答是抗原诱发机体免疫系统产生的、由多细胞多分子参与的复杂系列反应。这里将这一连续过程人为地分为感应、反应和效应三个阶段。

1.感应阶段

感应阶段也称抗原识别阶段，是抗原出现于机体后，被具有相应抗原受体的T、B细胞特异识别的阶段。感应阶段主要发生抗原的加工递呈、T、B细胞对抗原的特异性识别两个重要事件。

（1）抗原的加工和递呈。进入机体的天然抗原大分子需先经抗原呈递细胞处理递呈方可诱发免疫应答。抗原呈递（antigen presentation）是指抗原呈递细胞将抗原摄取、消化、处理、加工成抗原肽-MHC分子复合物并转运至细胞膜表面供TCR特异识别的全过程，主要包括外源性抗原呈递途径和内源性抗原呈递途径。外源性抗原呈递途径也称溶酶体途径或MHC-Ⅱ类途径，主要涉及对外源性抗原的加工递呈。其递呈过程是：外源性抗原被抗原呈递细胞通过吞噬、吞饮或受体介导的胞吞作用由胞浆膜包裹摄入胞内，称为内体（endosome），内体与胞质溶酶体（1ysosome）融合。抗原在内体-溶酶体的酸性环境中被溶酶体酶降解成适宜与MHC-Ⅱ类分子抗原结合槽结合的免疫显性肽段（长度为13～18个氨基酸残基）。与此同时，在抗原呈递细胞内质网腔中新合成的MHC-II类分子离开内质网腔经高尔基体转运进入内体-溶酶散并以其抗原结合槽与相应外源性免疫显性肽段结合，形成抗原肽·MHC-Ⅱ类分子复合物。加工后的抗原肽·MHC-Ⅱ类分子复合物通过胞内转运和胞吐作用表达于抗原呈递细胞表面，被递呈给$CD4^+$ T细胞识别。内源性抗原呈递途径也称胞质溶胶途径或MHC-Ⅰ类 途径，主要涉及对内源性抗原的加工递呈。内源性抗原首先被胞质中的蛋白酶降解成适宜与MHC-Ⅰ类分子抗原结合槽结合的免疫显性肽段，后者逐渐移向位于内质网腔膜的抗原肽转运体(TAP),通过 TAP 转运进入内质网腔,与内质网腔中新合成的 MHC-Ⅰ类分子结合成抗原肽·MHC-Ⅰ分子复合物,复合物通过高尔基体运送至细胞膜表面,供 $CD8^+$ T 细胞识别。在这两条途径中,两类不同来源的抗原(内源性或外源性)在胞内不同部位(胞质溶胶或溶酶体)中被加工和处理,并分别与 MHC-Ⅰ类分子或 MHC-Ⅱ类分子结合成复合物。胞质溶胶(MHC-Ⅰ类)途径或溶酶体(MHC-Ⅱ类)途径因此得名。

(2)T、B 细胞特异识别抗原。机体内存在着为数众多的、具有不同抗原受体的抗原特异性 T 细胞和 B 细胞,它们能够对进入机体的各种各样抗原做出相应的特异性识别。

2.反应阶段

反应阶段也称活化、增殖和分化阶段,是指 T、B 细胞特异性识别抗原后,在多种细胞间黏附分子、细胞因子等协同作用下被活化、增殖、分化,产生效应物质(效应细胞和抗体分子)的阶段。反应阶段最关键的因素是使识别抗原后的抗原特异性 T、B 细胞进入激活状态,只有进入激活状态的 T、B 细胞才能启动胞内一系列细胞学、生物化学反应,使之增殖分化,产生效应物质。T、B 细胞的激活均需接受两个胞外信号刺激,即淋巴细胞活化的双信号,如图 5－10 所示。

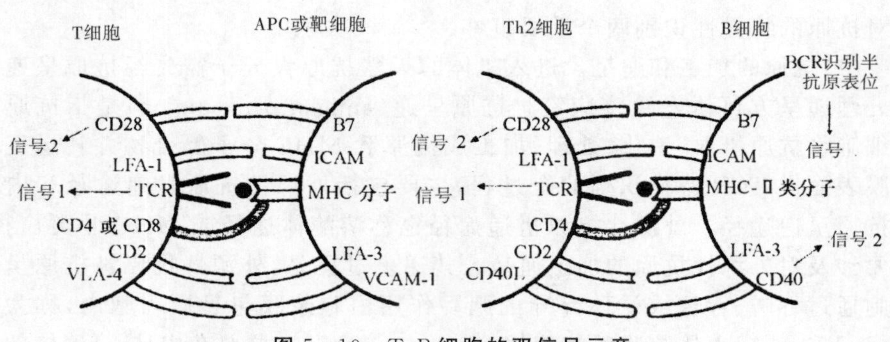

图 5－10 T、B 细胞的双信号示意

图中的第一激活信号主要来自 TCR 或 BCR 对抗原的特异性识别;第二信号又称协同刺激信号(costimulatory signal),是由与 T 或 B 细胞直接相互作用的细胞表面的协同刺激分子所提供,这些协同刺激分子同与之接触的 T 或 B 细胞表达的相应协同刺激分子以配受体方式结合黏附,为 T 或 B 细胞的完全活化提供了重要的协同刺激信号。如识别抗原后的 T、B 细胞缺乏这一信号,不仅不能对该抗原做出反应,反而使之进入耐受状态,甚至促进其凋亡。

双信号刺激导致 TCR 或 BCR 出现适度交联,并在多种膜分子如 CD3、CD4、CD8 或 Igα /Igβ 、CD21 等的参与下,使胞外刺激信号越过细胞膜传入细胞内,诱发一系列胞内酶的磷酸化和去磷酸化,启动胞内多条信号转导途径

(如磷脂酰肌醇途径、丝裂原活化的蛋白激酶途径等),促使转录因子(如NF-κB、NF-AT 等)转位入细胞核开启有关细胞因子基因、细胞因子受体基因、黏附分子基因和原癌基因等,并使之表达产物。激活状态的 T 或 B 细胞在这些基因产物的作用下进入增殖、分化阶段,进而形成免疫效应 T 细胞和浆细胞,后者为抗体产生细胞,迅速合成并分泌抗体。在此过程中,部分接受抗原刺激而活化的抗原特异性淋巴细胞可分化为长寿记忆细胞。记忆细胞再次接触同一抗原,可迅速增殖分化为效应淋巴细胞和浆细胞,产生免疫效应。

3.效应阶段

效应阶段也称抗原性异物被清除阶段(在病理免疫中是组织损伤阶段),是指免疫效应细胞或效应分子发挥效应清除抗原的阶段。

适应性免疫应答是多细胞、多分子参与的复杂反应,虽然其应答的基本过程相似,但因激发免疫应答的抗原种类、数量和进入机体途径的不同,以及机体免疫功能状态、反应性及遗传背景等的差异,免疫应答可表现不同类型。其中,阳性应答也称正应答,是指抗原特异性淋巴细胞识别抗原后发生的有明显效应作用的应答是免疫系统对大多数抗原表现的应答形式,也是机体免遭病原微生物等有害抗原物质侵袭的重要机制。阳性应答依据其发生机制可分为 B 细胞介导的体液免疫和 T 细胞介导的细胞免疫;而依据效应结果又可分为对机体有利的生理性免疫和给机体带来伤害的病理性免疫,但无论生理性免疫还是病理性免疫,它们的发生机制均属体液免疫或细胞免疫。与阳性应答对应的另一类应答形式是阴性应答:也称负应答或免疫耐受。这类应答被认为是免疫应答的一种特殊形式,是指在某些条件下,免疫系统对特定抗原表现出特异性低应答或无应答状态,它的发生与多种因素有关。

(二)B 细胞介导的体液免疫应答

人类 B 细胞来源于多能造血干细胞,于骨髓中发育成熟。成熟的 B 细胞居于脾脏和淋巴结的生发中心及黏膜相关淋巴组织,并部分参与淋巴细胞再循环。当机体遭遇抗原侵袭时,B 细胞通过 SmIg 与相应抗原特异结合,在抗原的刺激下活化分为浆细胞,大量合成并分泌抗体。由 B 细胞分泌抗体介质的免疫应答称为体液免疫(humoral immunity,HI)。大多数 B 细胞的免疫反应必须有 T 细胞的帮助。

1.T 细胞和 B 细胞之间的协同作用

T 细胞和 B 细胞之间具有双向调节作用:B 细胞呈递抗原给 T 细胞;B 细胞从 T 细胞接收信号而分裂及分化。B 细胞表面的 B7-1、B7-2 与 CD28 的作用,可使 T-细胞的 IL-2 及其他细胞因子的 mRNA 稳定,从而延长释放活化因子的信号。T 细胞表面的 CD5 与 B 细胞的 CD72 结合，加强了两细胞的相互作用。CD40 是其中最重要的分子，T 细胞活化后表达 CD40 的受体，与 B 细胞表达的 CD40 结合，使静止的 B 细胞进入细胞周期，并对 T-dep 抗原反应。T 细胞活化后释放的 IL-4 也作用于 B 细胞。CD40 与 IL-4 的协同作用导致克隆扩增，T 细胞产生的 IL-5 和 IL-6 则与浆细胞分化有关。而 B 细胞释放的 IL-1 及 IL-6 可增强 T 细胞表达 IL-2 受体。

T 细胞分泌的因子对 B 细胞的活化具有重要的意义。T 细胞分泌的 IL-2 可诱导 B 细胞增生，分泌的 IL-4 作用于 B 细胞早期的活化与增生，分泌的 IL-5 在小鼠具有很强的活化 B 细胞作用，分泌的 IL-6 是 B 细胞分化的信号。此外，T 细胞分泌的 TNFα 和 TNFβ 对 B 细胞的生长也起作用。

2.T 细胞依赖性抗原与非 T 细胞依赖性抗原

机体对大多数抗原的反应需要 T 细胞与 B 细胞的共同识别抗原，这种抗原被称为 T 细胞依赖性抗原（T-dep）或胸腺依赖抗原（thymus-dependent antigen，TD antigen）。还有一小部分抗原可活化 B 细胞而不需要 T 细胞，这类抗原被称为非 T 细胞依赖性抗原（T-ind），或非胸腺依赖抗原（thymus-independent antigen，TI antigen）。这类抗原为一个大的聚合体，含有抗原决定簇的重复序列。在低浓度时，它只能活化对自己特异的 B 细胞。而在高浓度时，它可活化与其他抗原起反应的 B 细胞（该现象称为多克隆 B 细胞活化）。

对 T-ind 抗原反应的初级抗体要弱于对 T-dep 抗原的反应，这些抗体产生的高峰较早，而且大部分是 IgM。抗体对 T-dep 抗原和 T-ind 抗原的次级反应差别更大，对 T-dep 抗原的抗体为大量的 IgG，而对 T-ind 抗原仍为少量的 IgM，如图 5－11 所示。

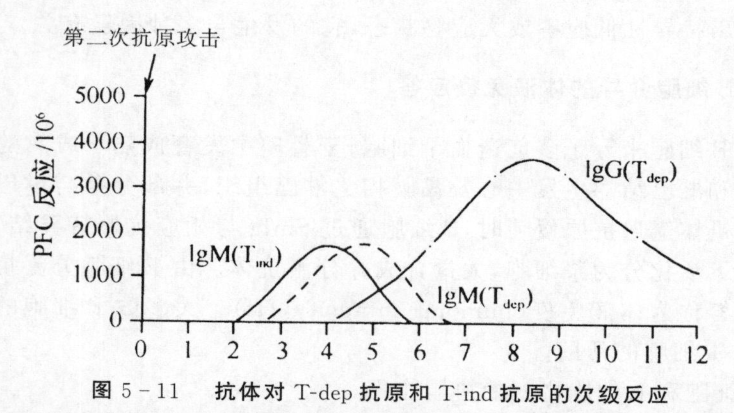

图 5－11　抗体对 T-dep 抗原和 T-ind 抗原的次级反应

可见 T-ind 抗原不能产生成熟的免疫反应，没有转型到 IgG，亲和力低，免疫记忆也低。这很可能是它多聚体的结构可与 B 细胞受体产生交叉反应，而且不易被降解。一些细菌就产生 T-ind 抗原，如内毒素、右旋糖酐。由于它诱发的免疫反应弱，所以更易于在宿主体内生存。

总而言之，在抗原进入体内后首先被抗原呈递细胞加工，将高度免疫原性抗原呈递给 T 细胞和 B 细胞。B 细胞也呈递抗原给 T 细胞，并接受来自 T 细胞的信号，分化成抗体形成细胞-浆细胞。B 细胞对 T-dep 抗原的反应必须有如下两个步骤。

①抗原与 B 细胞的 Ig 受体作用。

②从 TH 细胞来的刺激信号。

T 细胞激活 B 细胞的初始步骤与 TH-1 细胞激活巨噬细胞很类似。但活化的巨噬细胞能直接杀灭细菌，而活化的 B 细胞必须通过克隆增殖，再进入抗体形成细胞，分泌抗体杀灭细菌。

3.淋巴细胞与抗原呈递细胞的活化

免疫反应中的，T 细胞、B 细胞及抗原呈递细胞的活化发生于免疫系统的不同部位和不同时期。

(1)抗原呈递细胞活化。免疫原可以快速地诱发 APC 活化，无论是细菌还是疫苗。但是，大多数 APC 的活化是 T 细胞产生的细胞因子，最熟知的是 IFNγ 、GM-CSF 和 TNFa。当 APC 活化后，它表达更多的 MHC 分子，更多的 Fc 受体和共刺激因子、ICAM-1、CD11 a/b/c，细胞因子 IL-1、IL-6、TNF 和酶。

(2)B 淋巴细胞活化后产生两种变化途径：一种是细胞增生和分化成效应细胞。另一种是分化到终末阶段，浆细胞，此时它失去了细胞表面分子 MHC，也不能再对调控信号反应，也不再增生。

(3)T 细胞的 TCR 可以传递信号到细胞内，与之有关的分子为 CD3 的 $\gamma\delta\epsilon$ 及 $\zeta\eta$ 链。还有酶 p561ck，它是 CD4 及 CD8 的细胞内片段。

尽管到目前为止究竟多少信号有效还并不十分清楚。但是对 T 细胞来说，只有一个 TCR 接到信号是不够的。信号的多少取决于是否有其他淋巴细胞得到信号，以及 T 细胞的类型和活化状态。

T 细胞和 B 细胞的活化还曾用有丝分裂原，如 PHA 及 ConA 来进行研究。它们都能非特异性地活化 T 细胞。表明 T 细胞的活化与 TCR 及 CD2 分子有关。超抗原是另外一种可活化 T 细胞的分子。大多数是细菌来源，包括葡萄球菌内毒素、中毒性休克毒素、剥脱性皮炎毒素和一些病毒。超抗原与 MHC-Ⅱ类分子结合后可被 TCR 识别，与 MHC-Ⅱ/抗原复合物不同，它们与 TCR 结合的位点在 Vβ 链。

共刺激信号是活化的必需。无论是 T 细胞或 B 细胞膜上的免疫球蛋白，没有共刺激因子的作用都是不能活化的。没有共刺激因子可能导致免疫无能或免疫耐受。这些因子包括细胞因子或黏附分子，黏附分子不仅是起细胞黏附的作用，而且其细胞内片段有信号传导作用。

（三）T 细胞介导的细胞免疫应答

初始 $CD4^+$ T 细胞和 $CD8^+$ T 细胞特异识别 TD 抗原后增殖分化为效应 Th1 细胞和效应 CTL 发挥免疫效应清除抗原的过程称为细胞免疫应答（cellular immunoresponse）。由于该类应答的效应物质是被抗原激活的效应 T 细胞（Th1 与 CTL）或为致敏 T 细胞，因此称其为细胞介导的免疫（cell-mediated immune）。

1.$CD4^+$ T 细胞介导的细胞免疫应答过程

（1）$CD4^+$ T 细胞对抗原的识别。TD 抗原进入机体后首先被抗原呈递细胞预处理，以抗原肽・MHC-Ⅱ类分子复合物的形式表达在抗原呈递细胞表面。免疫系统中具有相应 TCR-CD3 复合体的初始 $CD4^+$ T 细胞特异识别抗原呈递细胞表面的抗原肽・MHC-Ⅱ类分子复合物并与之结合，其中 TCRα/β 可变区的 CDR1 和 CDR2 结合 MHC-Ⅱ分子的多态区和外源性抗原肽段的两端，CDR3 结合位于抗原肽段中央的 T 细胞表位，实现了 TCR 对复合抗原的双识别并显示了 $CD4^+$ T 细胞与抗原呈递细胞间的相互作用受 MHC-Ⅱ类分子限制。此时，表达于 $CD4^+$ T 细胞表面的 CD4 分子与抗原呈递细胞表面的 MHC-Ⅱ类分子 Ig 样区结合，初始 $CD4^+$ T 细胞获得了使之活化的第一信号，并由 CD3 传入细胞内。

（2）$CD4^+$ T 细胞增殖分化。初始 $CD4^+$ T 细胞与抗原呈递细胞的特异性相互作用，促进了抗原呈递细胞表面 B7、VCAM-1、ICAM-1 和 LFA-3 等黏附分子与 $CD4^+$ T 细胞表面的 CD28、VLA-4、LFA-1 和 CD2（LFA-2）等的稳定对应黏附，从而为 T 细胞的活化提供了第二信号。其中尤以 CD28 与 B7 的相互作用在 T 细胞活化中最为重要。

接受双信号刺激的初始 $CD4^+$ T 细胞，启动活化信号转导通路，引起多种细胞因子及其受体等基因转录并表达基因产物。在有关基因产物，特别是细胞因子的自分泌作用下，抗原特异的 $CD4^+$ T 细胞进入克隆扩增及分化阶段，由初始 $CD4^+$ T 细胞经 Th0 细胞分化为效应 Th1 细胞，其中 IL-12、IFN-γ 等细胞因子在促进 Th1 细胞的分化形成过程中发挥重要诱导作用。此外，部分活化的 $CD4^+$ T 细胞还可分化为长寿记忆 T 细胞，参与再次免疫应答。

需要说明的是：活化 T 细胞表面可表达膜分子 CTLA-4（CD152），其配基也是 B7 分子，但与 CD28 分子的作用相反，CTLA-4 与配基 B7 分子结合后可向 T 细胞发出抑制信号，使活化 T 细胞及其子代细胞对抗原刺激的敏感性降低，从而限制 T 细胞的应答强度。这一机制在调节 T 细胞免疫应答中发挥作用。

（3）Th1 细胞的效应功能。抗原特异的 $CD4^+$ T 细胞在外周免疫器官增殖分化为 Th1 后，随血液、淋巴液到达抗原所在部位。在此处，Th1 细胞接触相应抗原迅速释放 IL-2、IL-3、GM-CSF、IFN-γ、TNF-β、趋化因子等多种细胞因子发挥免疫效应。其效应作用：①直接诱导靶细胞凋亡，如 TNF-β 有此效应。②集聚并活化单核-巨噬细胞和 NK 细胞等，使之成为最终效应细胞，发挥清除抗原作用。其中，IL-3、GM-CSF 及 IL-2 能通过刺激骨髓多种未成熟前体细胞分化，促进单核细胞、粒细胞分化成熟，诱导 T 淋巴细胞增殖等作用扩大免疫细胞数量；单核细胞趋化蛋白-1（MCP-1）等趋化性细胞因子可将单核-巨噬细胞、淋巴细胞等趋化集聚在抗原所在部位；IFN-γ、IL-2 可显著增强集聚于抗原局部的单核-巨噬细胞、NK 细胞的活性，进而吞噬杀伤病原体等抗原异物，如图 5－12 所示，特别是对胞内寄生物的清除，因为只有活化的单核-巨噬细胞才能有效地消化并杀伤胞内寄生物。③扩大免疫队伍，放大免疫效应，如 IL-2、IL-3、GM-CSF 可促进单核-巨噬细胞、淋巴细胞数量增加；IFN-γ 尚可诱导单核-巨噬细胞高表达 MHC-Ⅱ类抗原，增强其抗原呈递能力；IL-2 和 IFN-γ 能协同刺激 CTL 细胞的增殖分化等。

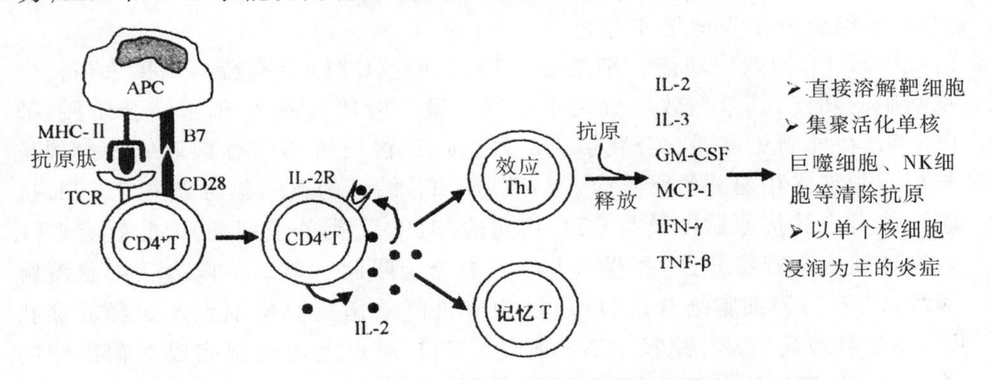

图 5－12　CD4$^+$ T 细胞介导的免疫应答示意

由上所知，效应 Th1 细胞在释放细胞因子发挥免疫效应清除抗原的过程中，大量活化的单核-巨噬细胞和淋巴细胞被募集于抗原所在部位，造成抗原所在局部以单个核细胞浸润为主的炎症现象，此为迟发型超敏反应（delayed type hypersensitivity，DTH）的典型组织病理学改变。因此，由 Th1 介导的细胞免疫应答常与局部组织损伤伴随发生。一般而言，如果应答强度适中，在有效清除抗原的同时，组织损伤轻微可视为生理性免疫；如果免疫应答过于强烈或在抗原异物持续存在的情况下，往往致局部组织出现明显炎症及损伤，并因此表现临床症状，即为迟发型超敏反应或称Ⅳ型超敏反应，故 Th1 细胞也被称为迟发型超敏反应性 T 细胞（TDTH）。

2.CD8$^+$ 细胞介导的细胞免疫应答

（1）CD8$^+$ T 细胞对抗原的识别。初始 CD8$^+$ T 细胞（或称 CTL 前体）对抗原的识别与$CD4^+$ T细胞相似。不同点在于$CD8^+$ T细胞的TCR-CD3复合体一般不识别专职抗原呈递细胞表面的抗原肽·MHC-Ⅱ类分子复合物，而是识别表达在病毒感染细胞或肿瘤细胞等靶细胞表面的抗原肽·MHC-Ⅰ类分子复合物获取使其活化的第一信号，显示其识别抗原受MHC-Ⅱ类分子限制的特性；在特异性信号获取过程中发挥辅助作用的受体是表达于$CD8^+$ T细胞表面的CD8而不是CD4分子，CD8分子通过与MHC-Ⅰ类分子的Ig样区（$\alpha 3$功能区）结合，以类似于上述CIM分子对$CD4^+$ T细胞的辅助机制行使其辅助受体的功能。

（2）$CD8^+$ T细胞的增殖分化。初始$CD8^+$ T细胞的活化需要双信号。$CD8^+$ T细胞的TCR特异性双识别靶细胞表面的抗原肽·MHC-Ⅰ类分子复合物产生第一活化信号，$CD8^+$ T细胞与靶细胞表面多对协同刺激分子的对应黏附提供第二信号，其中尤以CD28与B7的相互作用最为重要。经双信号刺激的$CD8^+$ T细胞同样经过信号转导、基因转录、表达基因产物等一系列复杂事件，进入增殖分化阶段，最终使CTL前体增殖分化为效应CTL，部分$CD8^+$ T细胞分化为记忆T细胞。

（3）CTL的效应功能。细胞毒T淋巴细胞（CTL）具有特异直接杀伤抗原靶细胞的功能，其杀伤效应分两个阶段。第一阶段为效-靶细胞结合阶段：效应CTL在外周免疫器官分化形成后，随血液、淋巴液移向感染灶或肿瘤部位与相应靶细胞相遇并紧密结合。与效应CTL结合的靶细胞需提供与CTL抗原受体对应的抗原肽以及与CTL相同的MHC-Ⅰ类分子型别，因此效应CTL杀伤靶细胞具有特异性，并受MHC-Ⅰ类分子限制。第二阶段为靶细胞溶解阶段：CTL与靶细胞结合后，可通过相应机制杀伤抗原靶细胞。如释放穿孔素、释放颗粒酶、FasL途径、TNF途径。CTL通过上述机制完成对靶细胞的杀伤后，效-靶细胞分离，CTL继续寻找下一个靶细胞行使下一轮杀伤靶细胞效应。一个CTL可连续杀伤多个靶细胞。

（四）不依赖T细胞的免疫应答

对于微生物的免疫反应也可以不通过T细胞，如巨噬细胞、中性白细胞的作用。巨噬细胞在免疫反应过程中的各个阶段均起作用。①在T细胞尚未发挥作用时就具有保护作用。②它加工和呈递抗原而激活T细胞。③它在细胞介导的效应期又参与了杀伤肿瘤、病原体和炎症反应。

1.巨噬细胞活化后的功能

巨噬细胞活化后的功能是多种多样的，如，IFNγ活化的巨噬细胞一方面可杀伤病原体，而另一方面可促进结核杆菌的生长，对于这种复杂的现象可做如下解释。

(1)活化的巨噬细胞表达不同的效应机制。

(2)巨噬细胞是一个混合的细胞群,就好像它可表达不同的 MHC,这是在发育过程中和微环境不同造成的。

(3)它表现的功能不仅是巨噬细胞自己,也通过其他细胞因子、内毒素及各种介质的作用。

一些因子常有不同的或协同的作用,如单一因子不起作用,而加上另一因子就可发生作用。如 IFNγ 可激活 NO 的形成,其后 TNFα 可刺激 NO 的释放。

2.巨噬细胞的活化过程

巨噬细胞的活化过程是分阶段的,并需要一系列的刺激,包括细胞因子及各种介质,如图 5－13 所示。

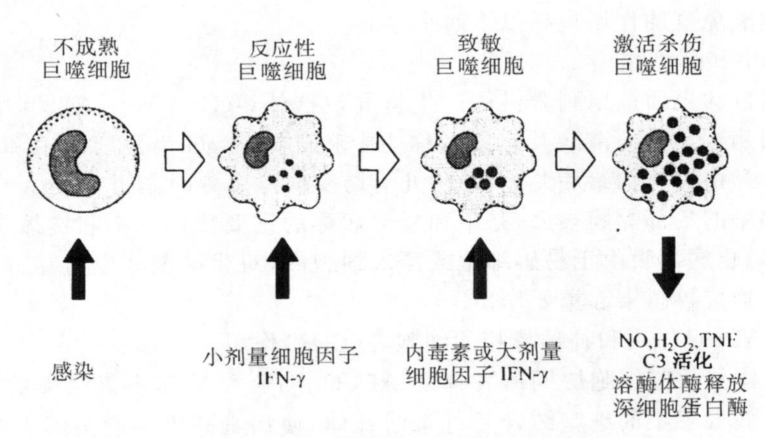

图 5－13　巨噬细胞的活化过程

巨噬细胞的活化与维生素 D3(calcitriol)的关系:当巨噬细胞在 IFNγ 的作用下,它表达羟基化酶-1(1-hydroxylase),可使血中的维生素 D_3(25-hydroxy-cholecaliferol)活化,巨噬细胞有它的受体,形成自我反馈或自我分泌,可进一步活化巨噬细胞,同时对 Th1 有负反馈作用,当清除寄生物失败时,使 Th1 反应移向 Th2,并使细胞介导的反应变为慢性;在类肉瘤及结核病时产生的大量维生素 D_3 可从巨噬细胞活化区进入血液循环,产生高维生素 D_3 血症。

3.巨噬细胞的正负调节

活化的巨噬细胞也可去活化(deactivated)。前列腺素有此效应。最近,从肿瘤细胞中,提取出一种巨噬细胞去活化因子(macrophage deactivating factor,MDF),也有去活化作用。通过抑制氧反应中间产物 ROI(reactive oxygen intermediate)及 NO。此外,去钙素相关基因(calcitonin gene related peptide,CGRP)、IL-4 及 TGFβ 等也有同样作用。

4.肉芽肿的形成

细胞介导的免疫反应不能清除病原体或其抗原，于是T细胞继续聚集并释放淋巴因子，导致肉芽肿形成。此时，巨噬细胞内有活存的微生物，形态特点是出现由巨噬细胞演变的上皮样细胞和多核巨细胞，它们已经静止且功能障碍。其中的T细胞则为$CD4^+$细胞在中央，$CD8^+$细胞在外周。可能Th细胞在肉芽肿形成中起主要作用。

二、体液免疫的抗感染作用

体液免疫的抗感染作用主要是通过抗体来实现的。抗体在动物体内可发挥中和作用、对病原体生长有抑制作用、局部黏膜免疫作用、免疫溶解作用、免疫调理作用和抗体依赖性细胞介导的细胞毒作用。

体液免疫的作用包括以下两个方面。

1.中和病毒作用

病毒的表面抗原刺激机体产生特异性抗体（IgG、IgM、IgA），其中有些抗体能与病毒结合而清除其感染者称为中和抗体。IgG为主要的中和抗体，能通过胎盘由母体输给胎儿，对新生儿有防御病毒感染的作用。SIgA产生于受病毒感染的局部黏膜表面，是中和局部病毒的重要抗体。中和抗体与病毒结合，可阻止病毒吸附于易感细胞或穿入细胞内，对于抑制病毒血症、限制病毒扩散及抵抗再感染起重要作用。

2.ADCC作用和补体依赖的细胞毒（CDC）作用

抗体与效应细胞协同所发挥的ADCC作用，可破坏病毒感染的靶细胞。抗体与病毒感染的细胞结合后可激活补体，使病毒感染细胞溶解。ADCC作用所需要的抗体量比CDC所需的抗体量少，因而是病毒感染初期的重要防御机制。中和抗体与病毒表面抗原结合，阻止其吸附于敏感细胞；中和作用是机体灭活游离病毒的主要方式。病毒表面抗原与相应的抗体结合后易被吞噬细胞吞噬清除；激活补体，导致有囊膜的病毒裂解；通过ADCC作用或通过激活补体，使感染细胞溶解，如图5－14所示。

①易被吞噬细胞吞噬清除

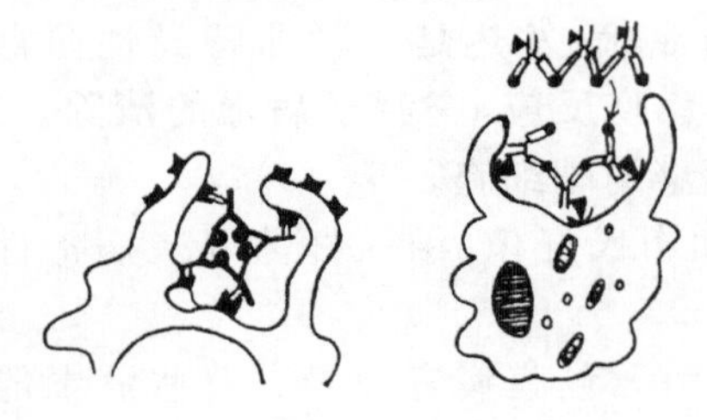

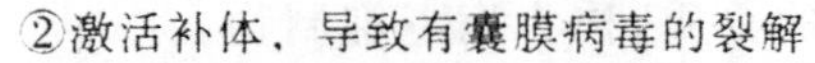

③通过ADCC或激活补体，使感染细胞溶解

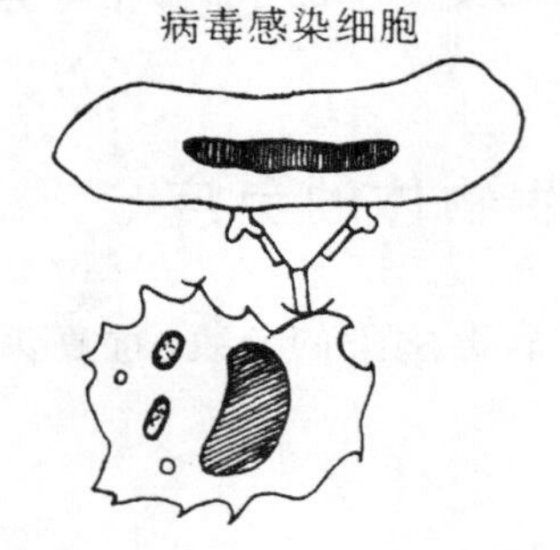

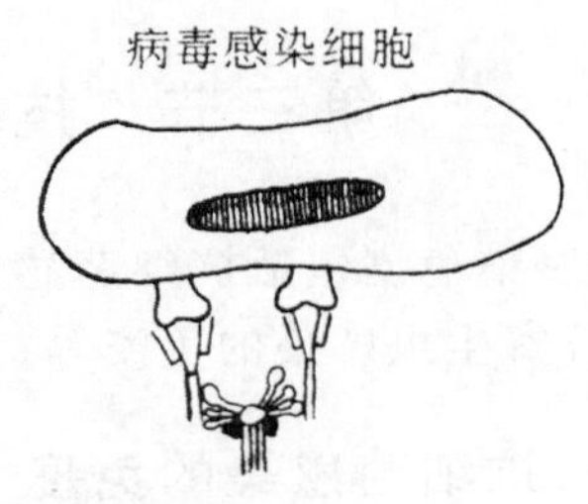

图 5－14　抗体介导的抗病毒作用方式

三、细胞免疫的抗感染作用

参与特异性细胞免疫的效应 T 细胞主要是细胞毒性 T 细胞（CTL）和迟发型变态反应 T 细胞（TDTH）。CTL 可直接杀伤被微生物（病毒、胞内菌）感染的靶细胞。TDTH 细胞激活后，能释放多种细胞因子，使巨噬细胞被吸引、聚集、激活，引起迟发型变态反应，最终导致细胞内寄生菌的清除。

抗病毒的细胞免疫：参与抗病毒细胞免疫的效应细胞主要是 TC 细胞和 TD 细胞。病毒特异的 TC 细胞必须与靶细胞接触才能发生杀伤作用。TC 细胞分泌两种分子：一种为穿孔素，使靶细胞膜形成孔道，致胶体渗透，杀死感染的靶细胞；另一种为颗粒蛋白酶，能降解靶细胞的细胞核。TC 细胞的杀伤效率高，可连续杀伤多个细胞。病毒特异的 TC 细胞有 CIN^{+} 和 $CD8^{+}$ 两种表型。$CD8^{+}$ TC 细胞受 MHC^{-} I 类分子限制，是发挥细胞毒作用的主要细胞。病毒特异性 TD 细胞，能释放多种淋巴因子。

抗病毒和抗细菌的非特异性免疫有许多相同之处，其特点是：巨噬细胞对阻止病毒感染和促进感染的恢复具有重要作用；血流中的单核细胞也能吞噬和清除病毒，中性粒细胞只能吞噬病毒，不能将其消灭，如果被吞噬的病毒不能消灭则可将病毒带到全身，引起播散。正常人血清中含有能抑制病毒感染的物质，称为病毒抑制物。

发热是多种病毒感染后普遍存在的症状，发热是一种非特异性防御功能，可抑制病毒增殖，并能全面增强机体免疫反应，有利于病毒的清除。NK细胞不需抗体参与，即可直接破坏病毒感染的靶细胞。

特异性细胞免疫对慢性细菌感染（如布氏杆菌、结核杆菌等）、病毒性感染及寄生虫病均有重要防御作用。

抗病毒的特异性免疫因有包膜病毒和无包膜病毒而异。有些病毒能迅速引起细胞破坏，释放病毒颗粒，称为细胞破坏型感染，有些病毒感染不引起细胞破坏称为细胞非破坏型感染，根据病毒感染类型的不同，在特异性体液免疫和细胞免疫的侧重性也不相同。

第三节　抗各类病原生物体的免疫

抗感染免疫包括抗细菌感染的免疫、抗病毒感染的免疫、抗真菌感染的免疫、抗寄生虫感染的免疫等。

一、抗细菌感染的免疫

由于细菌种类较多，生物学特性和致病特点各异，因此机体抵抗各类病原菌感染的免疫学机制虽有其共性，亦各有其特点。

（一）细菌感染的致病机制

细菌感染是致病菌或条件致病菌侵入血液循环中生长繁殖，产生毒素和其他代谢产物所引起的急性全身性感染，临床上以寒战、高热、皮疹、关节痛及肝、脾肿大为特征，部分可有感染性休克和迁徙性病灶。病原微生物自伤口或体内感染病灶侵入血液引起的急性全身性感染。临床上部分患者还可出现烦躁、四肢厥冷及发绀、脉细速、呼吸增快、血压下降等。尤其是患有慢性病或免疫功能低下的人或者高等动物、治疗不及时及有并发症者，可发展为败血症或者脓毒血症。

（二）机体的非特异性免疫机制

机体防御病原菌感染的方式有一定的共同之处，但因不同病原菌的感染特点及致病因素各异，如有胞外菌感染和胞内菌感染，机体免疫系统还必须以不同的方式发挥抗感染作用。

1.天然的屏障结构及作用

(1)皮肤和黏膜屏障。人体的皮肤及与外界相通腔道的黏膜层是抗感染的第一道防线，可通过多种方式发挥作用。①机械阻挡，皮肤由多层扁平细胞组成，完整的皮肤能阻挡病原菌的侵入。②分泌杀菌物质，皮肤和黏膜可分泌许多种具有抗菌作用的化学物质。③正常菌群的拮抗，正常菌群与机体之间保持动态性平衡，对病原菌有抑制作用。

(2)血脑屏障。其结构致密，能阻挡病原微生物及其毒性产物进入脑组织或脑脊液，从而保护中枢神经系统。

(3)血胎屏障。由母体子宫内膜的基蜕膜和胎儿的绒毛膜滋养层细胞组成。可防止母体的病原微生物进入胎儿体内。妊娠 3 个月内，此屏障尚未完善，在正常情况下，母体感染时的病原微生物及其有害产物不易通过胎盘屏障进入胎儿。若母体中的病原微生物经胎盘进入胎儿体内，则可致胎儿畸形、流产或死胎。

2. 吞噬细胞(phagocyte)

分为大吞噬细胞和小吞噬细胞两种。大吞噬细胞包括血液中的单核细胞和组织中的巨噬细胞，两者组成单核吞噬细胞系统(mononucler phagocyte system)。吞噬和杀菌过程一般可分为三个连续的阶段，如图 5 - 15 所示。

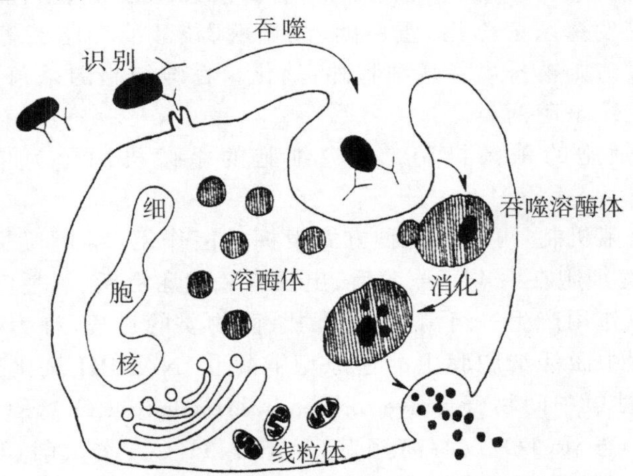

图 5 - 15　吞噬和杀菌过程三阶段

(1)识别、结合趋化与黏附。吞噬细胞在发挥其功能时，首先黏附于血管内皮细胞，并穿过细胞间隙到达血管外，由趋化因子的作用使其做定向运动，到达病原体所在部位。细菌产物及细菌刺激宿主细胞产生的趋化因子(chemokine)，如细菌的内毒素、多种细胞(吞噬细胞、内皮细胞、成纤维细胞等)产生的白细胞介素-8(interleukin-8，IL-8)、中性粒细胞激活蛋白-2(neutrophil activating protein-2，NAP-2)及巨噬细胞炎性蛋白(macrophage inflammatory protein，MIP)等，吸引中性粒细胞和单核吞噬细胞至感染部位。在吞噬细胞表面具有多种能直接或间接识别病原微生物的受体，可识别和结合病原微生物。

直接识别受体如甘露糖受体（mannose-binding receptor，MBR），能与细菌表面的甘露糖基结合，借此对病原微生物进行相对特异的识别。间接识别受体如吞噬细胞表面表达的CD14分子，可与结合革兰氏阴性菌脂多糖（1ipopolysaccharide，LPS）的血清中的脂多糖结合蛋白（ljpopolysaccharide binding protein，LBP）结合，以及吞噬细胞表面的C3b、iC3b和IgG Fc受体，可与结合病原微生物的C3b、iC3b和IgG分子结合，此种方式更有利于吞噬细胞捕获病原微生物。

（2）调理与吞噬。体液中的某些蛋白质覆盖于细菌表面有利于细胞的吞噬，此称为调理作用。具有调理作用的物质包括抗体IgGl、IgG2和补体C3。经调理的病原菌易被吞噬细胞吞噬识别，即启动吞噬过程。随后，吞噬细胞接触病原菌部位的细胞膜内陷与溶酶体融合，伸出伪足将细菌包裹并摄入细胞质内，形成吞噬体（phagosome）。

（3）杀菌和消化。吞噬细胞内的溶酶体（lysosome）与吞噬体融合，形成吞噬溶酶体（phagolysome）。在吞噬溶酶体中，溶酶体内的溶菌酶（lysozyme）、髓过氧化物酶（myeloperoxidase，MPO）、防御素（defensin）、活性氧中介物和活性氮中介物等发挥杀菌作用；蛋白酶、多糖酶、核酸酶和脂酶等起降解作用；不能降解的残渣则被排出吞噬细胞外，消化。吞噬细胞的杀菌因素分氧化性杀菌和非氧化性杀菌两类。

（4）吞噬细胞的杀菌机制。吞噬细胞的杀菌机制分为依氧和非依氧两类。

①依氧杀菌机制：可通过三种方式发挥杀菌作用。a.呼吸爆发（respiratory burst），吞噬细胞在吞噬病原菌后，出现有氧代谢活跃、氧耗急剧增加，通过氧的部分还原作用产生一组高反应性的杀菌物质的过程，称为呼吸爆发。在呼吸爆发过程中激活细胞膜上的还原型辅酶Ⅱ（NADPH氧化酶），使分子氧活化，生成活性氧中间物（reactive oxygen intermediate，ROI），ROI包括超氧阴离子（O_2^-）、单态氧（$1O_2$）、游离羟基（OH^-）、H_2O_2、次氯酸（HOCl）和氯胺（NH_2Cl）等。这些物质具有强氧化作用或细胞毒作用，可有效地杀伤病原微生物。b.过氧化氢-髓过氧化物酶-卤化物杀菌系统，中性粒细胞和单核细胞含有MPO，作用于H_2O_2和氯化物，使菌体蛋白卤素化而死亡。但组织中的巨噬细胞无MPO，不能通过此机制杀菌。c.一氧化氮（nitric oxide，NO）系统，吞噬细胞活化后可产生诱导型一氧化氮合成酶（inducible NO synthase，iNOS）。iNOS可催化L-精氨酸与氧分子反应，生成瓜氨酸和NO。NO与O_2^-结合后再进一步氧化成NO^{2-}和NO^{3-}。NO、NO^{2-}和NO^{3-}等共同构成具有杀菌活性的活性氮中介物（reactive nitrogen intermediate，RNI）。

②非依氧杀菌机制：是通过吞噬溶酶体内的酸性产物和吞噬细胞颗粒释

放出的某些杀菌物质，在无氧条件下，发挥杀菌作用。吞噬溶酶体形成后，糖酵解作用增强，当乳酸累积使 pH 值降至 4.0 以下时，病原菌难以存活。从颗粒中释放出的杀菌物质主要有溶菌酶、防御素、乳铁蛋白和弹性蛋白酶等。活性氧和活性氮对嗜中性粒细胞和巨噬细胞的杀菌作用非常重要。嗜中性粒细胞在吞噬病原微生物时，氧的消耗骤增，瞬时生成大量的活性氧，对病原体进行迅速而有效地杀伤，继而协同溶酶体酶等因素杀灭和消化病原微生物。在抗感染过程中，IFN-α 及 IFN-γ 增强机体抗感染的能力是通过单核细胞产生活性氧，发挥对细胞内寄居病原菌的杀灭作用。实验表明，IFN-α 或 IFN-γ 本身无直接杀灭病原菌作用，病原体即便被吞噬后，若巨噬细胞不生成足够的活性氧，亦不显示杀伤作用。单核细胞增多性李氏杆菌及鼠伤寒沙门菌之所以能在巨噬细胞中生长繁殖，与它们抑制巨噬细胞产生活性氧有关。IFN-α 或 IFN-γ 可去除抑制/促进活性氧产生。

(5)吞噬作用的后果。病原菌被吞噬细胞吞噬后的结果，因细菌种类、毒力和机体免疫力不同，有完全吞噬和不完全吞噬两种。①完全吞噬是病原菌被吞噬后被杀死、破坏。通常化脓性球菌被吞噬后，一般于 5～10min 死亡，30～60min 被破坏。②不完全吞噬是病原菌虽被吞噬，但不能被杀死。如结核分枝杆菌、布鲁菌、伤寒沙门菌等胞内寄生菌，在免疫力低下的机体中则出现不完全吞噬。不完全吞噬可使病原菌在吞噬细胞中受到保护，免受体液中的非特异性抗菌物质、抗体及抗菌药物的作用。有的甚至能在吞噬细胞内生长繁殖，导致吞噬细胞死亡，或可通过游走的吞噬细胞经淋巴液或血液扩散到机体其他部位，引起病变。

3.组织和体液中的抗微生物物质

正常人体的组织和体液中有多种抗菌物质。一般在体内这些物质的直接作用不大，常是配合其他杀菌因素发挥作用。机体抗菌的抵抗力主要与病菌的种属特异性和体内一些非特异性免疫因子有关。

(1)控制天然抵抗力的遗传基因。不同种属动物对病原菌的易感性有明显差异，如鸡不感染流产布氏杆菌；人和豚鼠对白喉毒素敏感，而大白鼠却高度抵抗。在同一动物种属中，易感性可能有明显的品系差异和遗传差异。在自然条件下，疾病只是作用于动物群体的一种选择压力。疾病在动物群体中的传播，可能一开始就消灭了所有的易感动物，而留下有抵抗力的动物进行繁殖，对小鼠的研究表明，小鼠对鼠沙门菌的天然抗性由 *NRAMP* Ⅰ单一基因控制。进一步研究表明，该基因也存在于人、绵养、野牛、红鹿和牛中。*NRAMP* Ⅰ基因编码一种疏水性很强的穿膜蛋白 *NRAMP* Ⅰ，但仅在巨噬细胞中表达。*NRAMP* Ⅰ基因似乎影响牛对流产布氏杆菌感染的抗性。对流产布氏杆菌有抗性的牛与易感牛相比，表达较多的 *NRAMP* Ⅰ和氧化氮合成酶，一氧化氮增多，同时出现较多的吞噬体-溶酶体融合，其原因与 *NRAMP* Ⅰ基因中单一核苷酸的替换有关。*NRAMP* Ⅰ蛋白的功能尚不清楚，可能在激活巨噬细胞的早期过程中发挥作用。*NRAMP* Ⅰ基因缺失的小鼠比正常小鼠产生较少的一氧化氮，暗示 *NRAMP* Ⅰ蛋白参与一氧化氮合成信号的调节。所以利用适当的育种方法，可以育成对特定疾病有高度抵抗力或有高度易感性的动物品系。

(2)非特异性免疫分子。在正常体液和组织中存在有多种具有杀伤或抑制病原菌作用的可溶性分子，主要的有以下几种。

①补体(complement)：是最为重要的非特异性免疫分子。补体系统的三条激活途径均参与对病原菌的识别和攻击。a.甘露糖结合凝集素(mannan-binding lectin，MBL)途径，在病原菌感染早期诱导机体产生的 MBL 可与细菌的甘露糖残基结合，由此导致补体激活；b.旁路激活途径(alternative pathway)，通过由病原菌提供的接触表面，从 C3 开始激活；c.经典途径(classical pathway)，抗体与病原菌结合成复合物而激活补体。三条补体激活途径均可形成膜攻击复合物(membrane attack complex，MAC)，导致细菌溶解。由于 MBL 途径和旁路途径在特异性抗体产生之前即可发挥杀菌作用，因此在感染早期发挥重要的天然免疫作用。

②溶菌酶(lysozyme)：主要来源于吞噬细胞，广泛存在于血清、唾液、泪液、尿液、乳汁和肠液等体液中。通过作用于革兰氏阳性菌胞壁肽聚糖而使细菌溶解。革兰氏阴性菌的肽聚糖外因尚有脂蛋白等包绕，故对溶菌酶不敏感。

③急性期蛋白(acute phase protein)：是一组血清蛋白，当细菌感染后，在细菌脂多糖及巨噬细胞产生的 IL-6 的刺激下，由肝细胞迅速合成。急性期蛋白包括脂多糖结合蛋白(LPS-binding protein，LBP)、甘露糖结合凝集素(monnital-binding lectin，MBL)、C 反应蛋白(C reactive protein，CRP)等。它们均能与细菌表面特有的多糖等物质结合，由此激活补体或辅助吞噬细胞识别入侵的病原菌。如 CRP(因早期发现它能与肺炎链球菌 C 多糖结合而得名)可与细菌表面多糖及磷脂胆碱结合。

④激素：甲状腺素、小剂量的类固醇及雌激素能刺激免疫应答，而大剂量的类固醇、睾酮和孕酮则抑制免疫应答。因此，通常雌性动物较雄性动物有更强的抗感染倾向。处于应激状态的动物，类固醇产生增多，使动物处于免疫抑制状态而易于患病。例如，在不适宜条件下进行长时间运输的牛易患病毒性感染，并继发以巴氏杆菌感染为特征的肺炎，即是由于应激导致免疫抑制所致。

⑤化学因素：游离脂肪酸在某些条件下也可以抑制细菌生长。一般来

说,不饱和脂肪酸如油酸往往是革兰氏阳性细菌的杀菌剂,而饱和脂肪酸则是杀真菌剂。从哺乳动物的细胞和组织中,已分离出一些具有抗菌活性的富含赖氨酸和精氨酸的肽和蛋白质,它们一般是噬中性白细胞或血小板所释放蛋白水解酶消化蛋白质的产物,如β-溶素这种有效的抗炭疽杆菌和梭状芽孢杆菌的多肽,就是由血小板与免疫复合物相互作用后,再由血小板释放出来的产物。

(3)营养因素(维生素和氨基酸)。动物营养状况与机体抗菌抵抗力密切相关。苏氨酸对猪 IgG 合成具有重要作用。精氨酸在活化巨噬细胞和抑制肿瘤细胞生长中有重要作用。蛋氨酸和半胱氨酸缺乏可抑制体液免疫功能,但过量的苯丙氨酸和过量的其他必需氨基酸也会抑制抗体的合成。

抗细菌感染的早期天然免疫应答是由天然免疫各因素共同参与下完成的,起到杀灭细菌、诱导炎症反应及启动特异性免疫应答的作用。炎症反应主要是由巨噬细胞产生和释放的大量细胞因子(如 IL-1、IL-6、IL-8 和肿瘤坏死因子等)引起。炎症反应可增强抗感染免疫能力,促进对病原菌的清除。

(三)抗细菌的特异性免疫

机体经病原微生物抗原作用后,可产生特异性体液免疫和细胞免疫,抗体主要作用于细胞外生长的细菌,对胞内菌的感染要靠细胞免疫发挥作用。

1.体液免疫

胞外菌感染的致病机制,主要是引起感染部位的组织破坏(炎症)和产生毒素。因此抗胞外菌感染的免疫应答在于排除细菌及中和其毒素。抗细胞外细菌感染以体液免疫为主。

抗细胞外细菌感染的作用表现在以下几方面:

(1)抑制细菌的吸附。病原菌对黏膜上皮细胞的吸附是感染的先决条件。这种吸附作用可被正常菌群阻挡,也可由某些局部因素如糖蛋白或酸碱度等抑制,尤其是分布在黏膜表面的 SIgA 对阻止病原菌的吸附具有更明显的作用。

(2)调理吞噬作用。此类抗感染免疫主要针对化脓性细菌感染。对胞外菌的防御机制如图 5-16 所示。

对于以产生内毒素为主要致病物质的革兰氏阴性细菌感染,因内毒素抗原性较弱,机体主要通过补体、吞噬细胞、抗体介导的免疫应答将其清除。在肠道感染病原菌的免疫中,局部分泌型 IgA 抗体的黏膜免疫作用有重要功能。

中性粒细胞是杀灭和清除胞外菌的主要力量,抗体和补体具有免疫调理作用,能显著增强吞噬细胞的吞噬效应,对化脓性细菌的清除尤为重要。

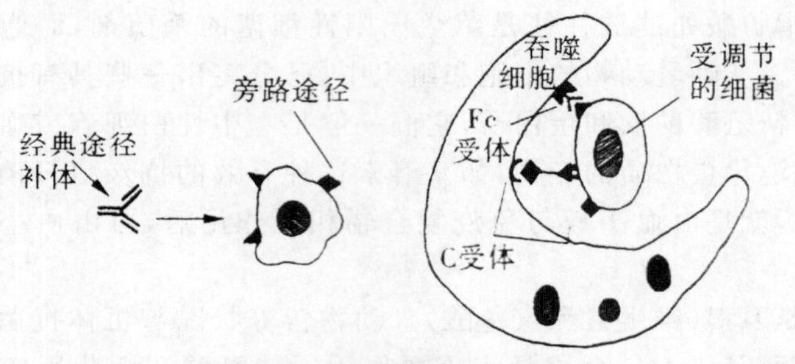

图 5-16 对胞外菌的防御机制

(3)溶菌杀菌作用。细菌与特异性抗体(IgG 或 IgM)结合后,能激活补体的经典途径,最终导致细菌的损伤或溶解死亡。

(4)中和毒素作用。由细菌外毒素或由类毒素刺激机体产生的抗毒素,主要为 IgG 类,可与相应毒素结合,中和其毒性,能阻止外毒素与易感细胞上的特异性受体结合,使外毒素不表现毒性作用。抗毒素与外毒素结合形成的免疫复合物随血液循环最终被吞噬细胞吞噬。

2.细胞免疫

病原菌侵入机体后主要停留在宿主细胞内者,称为胞内菌感染。例如,结核杆菌、麻风杆菌、布氏杆菌、沙门菌、李斯特菌、军团菌等,这些细菌可抵抗吞噬细胞的杀菌作用,宿主对胞内菌主要靠细胞免疫发挥防御功能。参与细胞免疫的 T 细胞主要是 TD($CD4^+$)细胞和 TC($CD8^+$)细胞。此外,分布在黏膜、皮下组织和小肠绒毛上皮间数量众多的淋巴细胞称为上皮细胞间淋巴细胞,IEL 中 95%为 T 细胞。在特定条件下感染机体发生的特异性免疫应答亦可造成免疫性病理损伤。

(1)抗细胞外细菌感染免疫(抗毒素性免疫)。对以外毒素为主要致病因素的细菌感染,机体主要依靠抗毒素中和外毒素发挥保护作用。抗菌性抗体(IgG、IgM)与病原菌结合,在补体参与下,可引起细菌的损伤或溶解。

(2)抗细胞内细菌感染免疫。抗细胞内细菌感染以细胞免疫为主。对胞内菌的防御机制如图 5-17 所示。

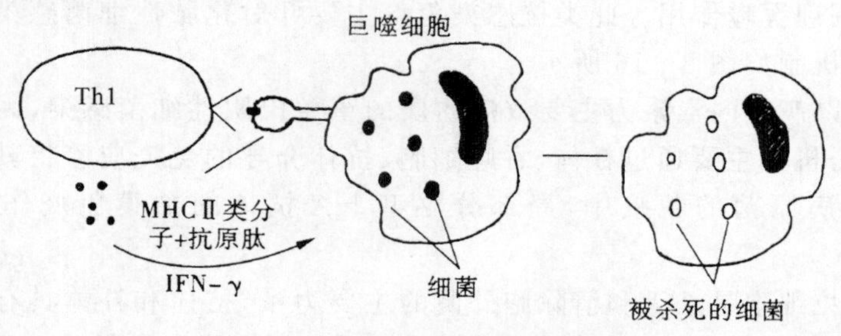

图 5-17 对胞内菌的防御机制

细菌表面抗原和IgG、IgM结合，以经典途径活化补体或由分泌型IgA或聚合的血清IgA以替代途径活化补体，引起细胞膜损伤，最终发生溶菌，如图5-18所示。

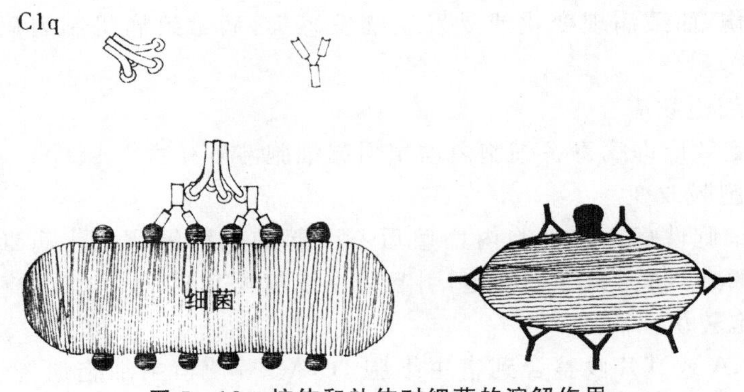

图5-18　抗体和补体对细菌的溶解作用

二、抗病毒感染的免疫

（一）病毒感染

病毒感染是一个极其复杂和不断发展变化的生物学和病理学过程，而目前关于机体病毒感染的所谓各种类型，则都是从某个侧面或某个角度加以描述，当然不能全面反映事物的本来面目。例如，按照病程长短而区分的急性型、亚急性型和慢性型；按照感染症状的明显程度而区分的显性感染和隐性感染；按照感染过程、症状和病理变化的主要发生部位而区分的局部感染和全身感染等。之所以这样区分，只是为了理解、记忆或工作上的方便。而且应当指出，它们之间彼此还有交叉和重叠，如全身感染中就有显性感染和隐性感染之分，同一种病毒感染有时引起显性感染，有时却引起隐性感染等。①

人畜体内是否也有正常菌谱那样的正常病毒谱？这是一个很有意义和需要探讨的问题。可以肯定，人及动物体内的带毒现象是普遍存在的，例如经常能从健康人畜体内发现或分离到诸如呼肠孤病毒、疱疹病毒、腺病毒及小RNA病毒和冠状病毒等多种病毒。但是应当指出，与人畜体内的正常菌谱不同，机体内这些病毒的存在，即使可能没有严重的危害，也绝不会给机体带来任何好处。

---

①隐性感染包括一切不引起临床症状的病毒感染。可能是病毒不能最后侵犯或到达靶器官，因而不呈现或极少呈现临床症状

（二）病毒感染的致病机制

病毒感染可对宿主组织和器官造成直接损伤从而致病，但也可能并无组织器官损伤，而致病理变化或易发生继发感染，病毒致病机制因病毒种类不同而异。

1. 杀细胞效应

杀细胞效应即病毒在细胞内增殖引起细胞溶解死亡①。

2. 细胞膜改变

非溶细胞性病毒在细胞内增殖后不引起细胞溶解死亡。病毒成熟后以出芽方式释出，再感染邻近细胞，引起宿主细胞膜改变。

3.细胞转化

毒DNA或其片段整合到宿主细胞DNA中，使宿主细胞遗传性状改变，细胞发生恶性转化，成为肿瘤细胞。如肿瘤病毒的某些基因或其产物可启动细胞原癌基因成为癌基因而致细胞恶变。

4.持续性感染

有些病毒能长期持续存在于动物体内而不显示临床症状，同时机体免疫系统也不能将其清除。当这些被感染的畜禽被引入易感群，便会引起疫病的暴发。持续性感染可以再次激活，引起宿主疾病复发，并能引起免疫性疾病，还与肿瘤的形成有关。

5.病毒抗原变异

有些病毒（如流感病毒）通过其抗原改变，可逃避机体免疫系统对它的攻击。流感病毒表面的血凝素和神经氨酸酶均为良好抗原，能刺激机体产生免疫保护作用。

（三）抗病毒抵抗力的机制

机体抗病毒免疫包括非特异性的天然免疫和特异性的获得性免疫。天然免疫在病毒感染早期起限制病毒迅速繁殖及扩散的作用，但并不能将病毒从体内彻底清除。获得性免疫在抗病毒感染过程中发挥更重要的作用，是最终清除病毒的主要因素。在病毒感染初期，机体主要通过细胞因子（如TNF-α、IL-12、IFN）和NK细胞行使抗病毒作用。

机体天然免疫中的屏障结构、吞噬细胞和补体等非特异性免疫机制在抗

---

①病毒增殖时，其mRNA与胞质核蛋白体结合，利用细胞内物质合成病毒蛋白，从而干扰细胞蛋白的合成，抑制核酸代谢，导致细胞死亡，也可引起细胞溶酶体膜功能改变，释放溶酶体酶，促进细胞溶解

病毒感染中均起作用，但起主要作用的是干扰素（interferon，IFN）和自然杀伤细胞（natural killer cell，NK）。

1.干扰素（interferon，IFN）

干扰素是小分子量的糖蛋白，4℃可保存较长时间，－20℃可长期保存活性，50℃被灭活，可被蛋白酶破坏①。

（1）IFN 的诱生及分类。干扰素的诱生是宿主细胞在病毒或诱生剂刺激下，编码 IFN 被激活而表达产生。病毒及其他细胞内繁殖的微生物、细菌内毒素、原虫及人工合成的双链 RNA 等均可诱导细胞产生干扰素，其中以病毒和人工合成的双链 RNA 诱生能力最强。例如，给牛静脉注射牛疱疹病毒，血清中干扰素水平在 2d 后即达到高峰，7d 之后仍能检出，而抗体在病毒感染后 5～6d 才能在血清中检出。受干扰素诱生剂作用的巨噬细胞、淋巴细胞及体细胞均可产生干扰素。由人类细胞诱生的干扰素根据其抗原性不同分为 IFN-α、IFN-β、IFN-γ 三种。每种又根据其氨基酸序列的不同再分为若干亚型。IFN-α 主要由人白细胞产生，IFN-β 主要由人成纤维细胞产生，IFN-γ 由 T 细胞产生。前两者的抗病毒作用强于免疫调节和抑制肿瘤作用，后者的免疫调节和抑制肿瘤作用强于抗病毒作用。IFN-α 和 INF-β 理化性状比较稳定，56℃ 30min 及 pH＝2 不被破坏，而 IFN-γ 在上述两因素中则不稳定。

（2）IFN 生物学活性。干扰素具有广谱抗病毒活性，其作用特点是只能抑制病毒，而不能杀灭病毒；作用具有相对的种属特异性，一般在同种细胞中的活性大于异种细胞，即某一种属细胞产生的干扰素，只作用于相同种属的其他细胞，使其获得免疫力。例如，猪干扰素只对猪具有保护作用，对其他动物则无活性，对不同病毒的作用效果不同。虽 IFN 对多种 DNA 和 RNA 病毒都有作用，但病毒的敏感性有差别，如 RNA 病毒的披膜病毒、DNA 病毒的痘苗病毒很敏感，而 DNA 病毒的单纯疱疹病毒则不甚敏感。干扰素除具有抑制病毒作用外，还有免疫调节和抗肿瘤作用。

（3）IFN 抗病毒作用机制。包括干扰素诱生机制和干扰素抗病毒机制。干扰素首先作用于邻近未受感染的细胞膜上的干扰素受体系统；IFN 与受体结合后，产生一种特殊的因子，使抗病毒蛋白（AVP）基因解除抑制，转录并翻译出 AVP，主要是蛋白激酶、2’-5’A 合成酶、磷酸二酯酶，这些酶与发挥抗病毒活性有密切关系，如图 5－19 所示。

①IFN 是由病毒或其他 IFN 诱导剂诱导人或动物细胞产生的一类糖蛋白，它具有抗病毒、抑制肿瘤及免疫调节等多种生物活性

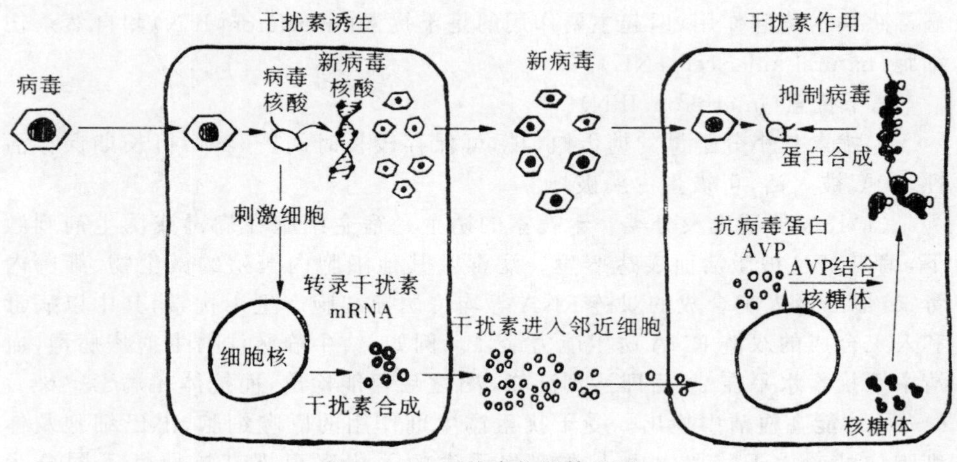

图 5－19　干扰素作用的机制

干扰素诱导产生的抗病毒蛋白主要有：2'-5'腺嘌呤核苷合成酶（2-5A 合成酶）和蛋白激酶等。这些酶通过降解 mRNA、抑制多肽链的延伸等阻断病毒蛋白的合成。①2-5A 合成酶：是一种依赖双链 RNA（dsRNA）的酶，被激活后使 ATP 多聚化，形成 2-5A，2-5A 再激活 RNA 酶 L 或 F，活化的 RNA 酶则可切断病毒 mRNA。②蛋白激酶：也是依赖 dsRNA 的酶，它可磷酸化蛋白合成起始因子的 α 亚基（eIF-2a），从而抑制病毒蛋白质的合成，如图 5－20 所示。

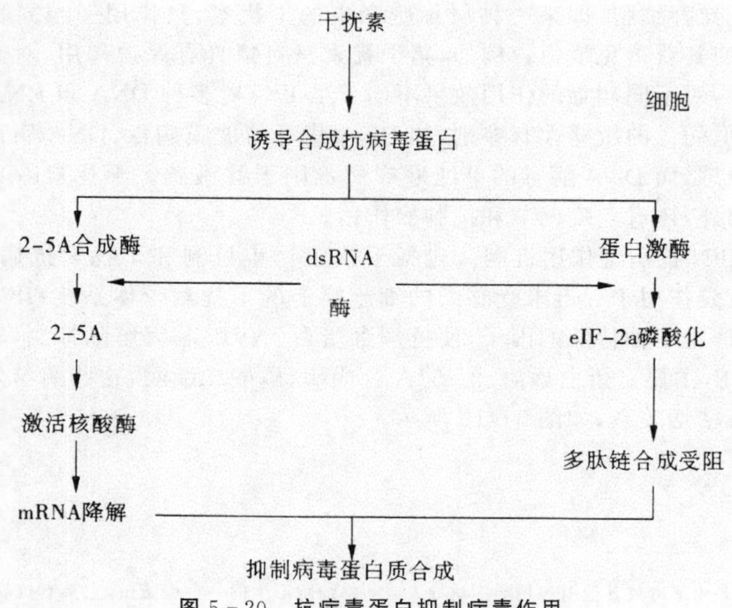

图 5－20　抗病毒蛋白抑制病毒作用

2.自然杀伤细胞(natural killer cell,NK)

NK细胞是存在于人外周血和淋巴组织中的一类淋巴细胞,具有杀伤病毒感染的靶细胞和肿瘤细胞的作用。NK细胞没有特异性抗原识别受体,其杀伤作用不受MHC限制,也不依赖于特异性抗体。病毒感染早期产生的IFN可诱导NK细胞活化。病毒感染细胞后,细胞膜上出现可被NK细胞识别的靶物质,具体识别机制尚未阐明。NK细胞与靶细胞作用后,一般在体内4h即可出现杀伤效应。

NK细胞对靶细胞的杀伤与其释放的细胞毒性物质及细胞因子有关。①穿孔素:可溶解病毒感染细胞;②丝氨酸酯酶:从穿孔素在靶细胞上形成的孔洞进入细胞,通过激活核酸内切酶,使细胞DNA断裂,引起细胞凋亡;③肿瘤坏死因子(TNF-α和TNF-β):改变靶细胞溶酶体的稳定性,使多种水解酶外漏,导致细胞死亡。

NK细胞的杀伤作用MHCI类分子的可表达抑制。目前认为病毒感染早期产生的IFN可以活化NK细胞,提高NK细胞的杀伤作用,以后由于IFN使靶细胞表面的MHCI类分子表达,从而使靶细胞对NK细胞的杀伤敏感性降低。而靶细胞上MHCI类分子的表达则有利于CTL杀伤作用的发挥。因此决定了病毒感染的早期以NK细胞的杀伤作用为主,感染后3d时达高峰,当CTL开始发挥作用时,NK细胞的作用逐渐降低。NK细胞的作用迅速,但其作用强度不如CTL。

抗病毒和抗细菌的非特异性免疫有许多相同之处,其特点是:巨噬细胞对阻止病毒感染和促进感染的恢复具有重要作用。血流中的单核细胞也能吞噬和清除病毒,中性粒细胞只能吞噬病毒,不能将其消灭,如果被吞噬的病毒不能消灭则可将病毒带到全身,引起扩散。正常人和高等动物的血清中含有能抑制病毒感染的物质,称为病毒抑制物。发热是多种病毒感染后普遍存在的症状,发热是一种非特异性防御功能,可抑制病毒增殖,并能全面增强机体免疫反应,有利病毒的清除。

(四)抗病毒的特异性免疫

抗病毒的特异性免疫包括:以中和抗体为主的体液免疫和以巨噬细胞、T细胞为中心的细胞介导免疫。有些病毒能迅速引起细胞破坏,释放病毒颗粒,称为细胞破坏型感染,有些病毒感染不引起细胞破坏称为细胞非破坏型感染,根据病毒感染类型的不同,在特异性体液免疫和细胞免疫的侧重性也不相同。

1.抗病毒的体液免疫

由于病毒在细胞内复制的特点,决定了体液免疫在抗病毒感染中的作用有限，主要作用于细胞外游离的病毒。抗体是病毒体液免疫的主要因素，机体在病毒感染后，能产生针对病毒多种抗原成分的特异性抗体，在机体抗病毒感染免疫中起重要作用的主要是 IgG、IgM 和 IgA。分泌型 IgA 可防止病毒的局部入侵，IgG、IgM 可阻断已入侵的病毒通过血液循环扩散。一般经黏膜感染并在黏膜上皮细胞中复制的病毒在黏膜局部可诱生 IgA 抗体。抗体对细胞外游离的病毒和病毒感染细胞可通过不同方式发挥作用。其抗病毒机制主要是中和病毒和调理作用。

体液免疫的功能特点：①中和作用。②促进病毒被吞噬。吞噬细胞是吞噬作用的基础。吞噬细胞主要分为两大类：一类是小吞噬细胞如图 5－21 所示，另一类是大吞噬细胞，如图 5－22 所示。

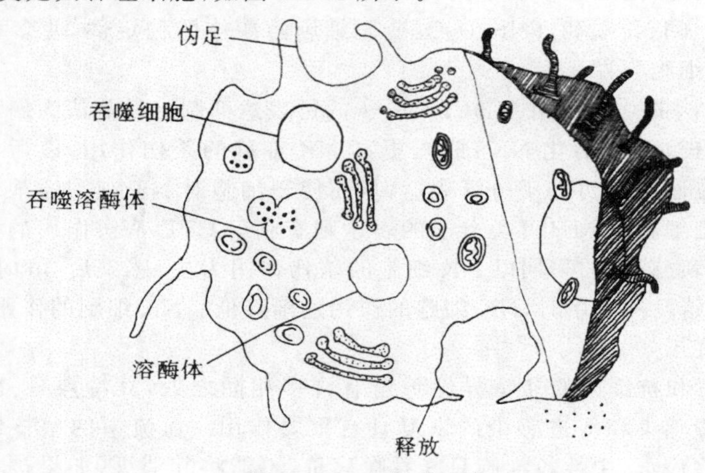

图 5－21　小吞噬细胞

图 5－22　大吞噬细胞

ADCC 作用和补体依赖的细胞毒(CDC)作用:抗体与效应细胞协同所发挥的 ADCC 作用,可破坏病毒感染的靶细胞。抗体与病毒感染的细胞结合后可激活补体,使病毒感染细胞溶解。ADCC 作用所需要的抗体量比 CDC 所需的抗体量少,因而是病毒感染初期的重要防御机制。

2.抗病毒的细胞免疫

病毒一旦进入宿主细胞后,抗体则不能直接发挥抗病毒作用,它们主要在病毒感染的局部发挥作用。对细胞内病毒的清除,主要依赖于 CTL 和 Th 细胞释放的细胞因子。

(1)CTL 的作用。CTL 一般出现于病毒感染早期,其效应迟于 NK 细胞,早于 K 细胞;免疫的效应细胞主要是 TC 细胞和 TD 细胞毒抗原诱生的 CTL,一般于 7d 左右开始发挥杀伤作用。CTL 与病毒感染细胞的结合,除通过 TCR 特异性识别和结合病毒抗原肽-MHC 分子复合物外,还需要一些附加因子的参加。CTL 活化后,可释放穿孔素和颗粒酶①。当病毒仅在靶细胞中复制,尚未装配成完整病毒体之前,CTL 已可识别并杀伤表面表达有病毒抗原的靶细胞。

(2)Th 细胞的作用。在抗病毒免疫中,活化的 Th 可释放多种细胞因子刺激 B 细胞增殖分化及活化 CTL 和巨噬细胞。近年发现在受微生物感染或处于超敏反应的个体所获得的 T 细胞克隆中,有些克隆主要分泌 IFN-γ,而有些克隆只分泌 IL-4 和 IL-5,这提示在人体也有 Th1 和 Th2 细胞亚群。在病毒感染中发现,当机体的 T 细胞由 Th1 为主转向以 Th2 细胞为主时,疾病则进展,因 Th1 细胞功能降低可影响 CTL 效应的发挥。

(3)抗病毒的免疫效应细胞。参与抗病毒细胞免疫的效应细胞主要是 TC 细胞和 TD 细胞。病毒特异的 TC 细胞必须与靶细胞接触才能发生杀伤作用。TC 细胞分泌两种分子。①穿孔素,使靶细胞膜形成孔道,致胶体渗透,杀死感染的靶细胞;②颗粒蛋白酶,能降解靶细胞的细胞核。TC 细胞的杀伤效率高,可连续杀伤多个细胞。病毒特异的 TC 细胞有 $CD4^+$ 和 $CD8^+$ 两种表型 c $CD8^+$ TC 细胞受 MHC^- I 类分子限制,是发挥细胞毒作用的主要细胞。病毒特异性 TD 细胞,能释放多种淋巴因子。

活化的 T 细胞诱导邻近正常细胞建立抗病毒状态如图 5-23 所示。

---

①穿孔素的作用类似 C9,使靶细胞出现许多小孔而致细胞裂解。颗粒酶是一类丝氨酸酯酶,可激活靶细胞内的一些酶,使 DNA 降解,引起细胞凋亡

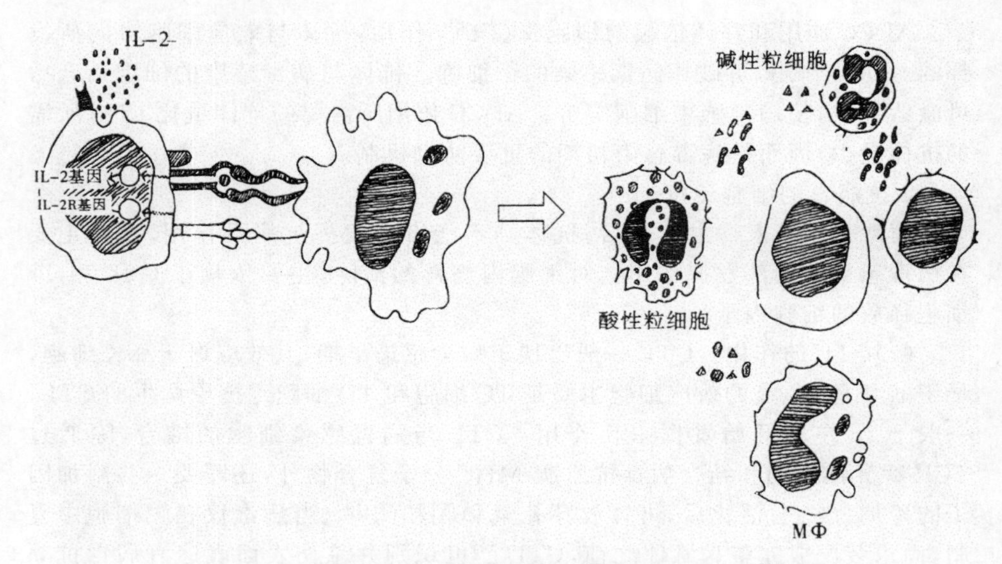

图 5-23　活化的 T 细胞诱导邻近正常细胞建立抗病毒状态

(4)细胞免疫抗病毒的原理。因中和抗体不能进入受感染的细胞,细胞内病毒的消灭依靠细胞免疫,细胞免疫在病毒性疾病的康复中起着极为重要的作用。

三、抗真菌感染的免疫

机体对真菌的防御功能包括天然免疫和获得性免疫,但目前对抗真菌免疫机制了解有限。一般而言,天然免疫在阻止真菌病的发生上起作用,获得性免疫中的细胞免疫对真菌病的恢复起一定作用。但通常真菌感染后,机体不能获得牢固和持久的免疫力。

真菌感染后,可遭受机体非特异性和特异性免疫力的防御。

1.非特异性天然免疫作用

皮肤黏膜屏障在防御真菌感染中发挥最主要的作用。完整的正常皮肤黏膜能防止真菌侵入。皮肤的皮脂腺分泌的饱和与不饱和的脂肪酸均具有杀菌作用,儿童头皮皮脂腺分泌的脂肪酸量少,故易患头癣;成人足汗较多及趾间和足底缺乏皮脂腺,故易患足癣。消化道和阴道内的正常菌群也能抑制某些真菌的生长,包括抑制假丝酵母菌等。体液中存在有一些天然具有抗真菌作用的可溶性物质,如吞噬细胞促进因子(tuftsin),亦称促癣吞噬肽,它结合到中性粒细胞外膜上,可提高中性粒细胞的吞噬和杀菌活性,并有促趋化作用。血浆中的转铁蛋白(transferrin),可扩散至皮肤角质层,具有抑制真菌生长的作用。真菌一旦进入体内后,可经旁路途径激活补体,吸引嗜中性粒细胞至感染部位，对入侵真菌行使吞噬作用；巨噬细胞常见于真菌侵入处，但因其缺乏 MPO，故虽能吞噬真菌，但不能杀灭。巨噬细胞浸润明显后，逐渐形成肉芽肿。小的真菌片段或孢子可由巨噬细胞或 NK 细胞吞噬杀灭。许多真菌细胞壁内所含的甘露聚糖可通过激发髓过氧化物酶（MPO）介导的杀菌系统杀灭真菌。脂肪酸有抗真菌的作用；阴道分泌的酸性分泌物也有抑制真菌的作用。

2.特异性免疫作用

真菌在深部感染中，由于真菌抗原的刺激，可以产生特异性抗体及细胞免疫予以对抗，其中以细胞免疫力较为重要。致敏淋巴细胞遇到真菌时，可以释放细胞因子，招引吞噬细胞和加强吞噬细胞消灭真菌，产生迟发型变态反应。但因真菌胞壁厚，即使抗体及补体与其作用后，也不能将它们完全灭杀。尚无抗体能在防止或遏制真菌感染中起作用的确切证据。例如，阴道白假丝酵母菌病患者的血液和分泌物中尽管 IgA 增高，但并不能抑制白假丝酵母菌，说明抗体无重要保护作用。细胞免疫对真菌感染发挥重要作用。临床上已清楚地表明，细胞免疫低下易发生真菌感染，如恶性肿瘤、艾滋病患者及长期应用免疫抑制剂导致细胞免疫功能降低者，均易发生真菌感染。真菌抗原刺激的特异性 $CD4^+$ T 细胞可释放多种细胞因子，如 IFN-γ 和 IL-2 等，它们能激活淋巴细胞、巨噬细胞和 NK 细胞等，参与对真菌的杀伤。真菌感染常引起迟发型超敏反应，临床上常见的癣菌疹就是真菌感染引起的迟发型超敏反应。一般认为真菌感染的恢复主要靠细胞免疫的作用。

总之，对真菌免疫的了解，较之对细菌和病毒免疫还相差甚远，对它的免疫机制只是略知大概。

第六章 动物的疫苗与免疫预防

机体对病原微生物的免疫力分为先天性和获得性免疫两种。免疫预防是疫病控制实践中面临的主要问题,主要通过人工被动及主动免疫方式为动物提供免疫保护,人工主动免疫通过接种疫苗来实现。

第一节 主动免疫与被动免疫

控制动物传染性疾病的一种重要手段就是疫苗免疫接种。尤其动物种系除了经长期进化形成了天然防御能力外,个体动物还受到外界因素的影响获得了对某些疾病的特异性抵抗力。免疫预防就是通过应用疫苗免疫的方法使动物具有针对某种传染病的特异性抵抗力,以达到控制疾病的目的。机体获得特异性免疫力有多种途径,主要分两大类型,即天然获得性免疫和人工获得性免疫。

一、主动免疫

主动免疫(active immunity)是指动物直接受病原微生物及其产物刺激后,由动物机体产生的免疫。主动免疫对随后的感染有高度抵抗的能力。可通过病原体本身或通过免疫接种(使用已杀死的或弱化的疫苗或类毒素)产生。免疫须经几天,几个星期或更长时间才出现,但由于产生免疫记忆细胞,主动免疫能长久甚至终生保持,且通过注射所需抗原很容易被再度活化。主动免疫按照抗原进入机体的途径分为天然主动免疫和人工主动免疫。

(一)天然主动免疫

动物在感染某种病原微生物耐过后产生的对该病原体再次侵入的不感染状态称为天然主动免疫。自然环境中存在着多种致病微生物,这些致病微生物可通过呼吸道、消化道、皮肤或黏膜侵入动物机体,在体内不断增殖,与此同时刺激动物机体的免疫系统产生免疫应答。如果机体的免疫系统不能将其识别和清除,病原体就会繁殖得越来越多,达到一定数量后将会给机体造成严重损害,甚至导致死亡。如果机体免疫系统能将其彻底清除,动物即可耐过发病过程而康复。耐过发病的动物对该病原体的再次入侵具有坚强的特异性抵抗力,但对另一种病原体,甚至同种不同血清型的病原体则没有抵抗力或仅有部分抵抗力。机体这种特异性免疫力是自身免疫系统对异物刺激产生免疫应答的结果。

（二）人工主动免疫

人工主动免疫是指人工给机体注射抗原物质，使机体免疫系统因抗原刺激而发生类似于隐性感染时所发生的免疫应答过程，产生针对该抗原的抗体、致敏淋巴细胞，从而获得特异性免疫力。

下面介绍一些用于人工主动免疫的生物制品。

1.疫苗

疫苗（vaccine）是指由病毒制备的生物制品。由细菌菌体、螺旋体等成分制备的生物制品称为菌苗。从广义上来说，菌苗也包括在疫苗之内。按制备和使用的特点，可以将疫苗分为以下几种类型。

（1）活疫苗。用无毒的或充分减毒的病原微生物制备的制剂称为活疫苗。传统的制备方法是将病原微生物在培养基或动物细胞中反复传代，使其减少毒性，并最终失去毒力，但时期免疫原性保留。例如，用脊髓灰质炎病毒在猴肾细胞中反复传代后制备成活疫苗。活疫苗接种与隐性感染或轻症感染类似，疫苗在机体内可生长繁殖，并对机体进行刺激产生相应抗体。该种疫苗无毒或减毒，具有良好的抗原性。例如，麻疹疫苗、牛痘苗等。活疫苗一般只需接种一次，而且用量小，免疫效果良好，并且持久，可长达3～5年。但其也有一定的不足之处，即活疫苗的对制备与鉴定的要求非常严格，很难在使用过程中保存，因此，活疫苗一般都被制备成冻干制剂，冷藏保存，以使其保存期限延长。活疫苗有一定的危险性，可能会在体内回复突变，但一般在实践中很罕见。对于孕妇和免疫缺陷者来说，是不适宜接种该种疫苗的。

（2）死疫苗。通过选用病原微生物，并在人工培养后，收集病原微生物并用理化方法灭活制备而成的制剂是死疫苗。死疫苗具有以下优点：比较稳定、容易保存，易于制备，而且使用安全。其不足是无法在体内繁殖，因此接种的剂量大、次数多，容易引起比较大的不良反应。由于灭活的死疫苗不能进入宿主细胞，难以通过内源性抗原加工递呈诱导出$CD8^+$的CTL，因此细胞免疫能力较弱，没有活疫苗的免疫效果好。死疫苗一般有伤寒、百日咳、流行性乙型脑炎、霍乱、副伤寒、钩端螺旋体、狂犬病疫苗和斑疹伤寒等。

（3）自身菌苗。自身菌苗是从患者自身病灶中分离的病原菌制成的死菌苗。可以对有些反复发作并久经抗生素治疗无效的慢性细菌性感染进行治疗。例如，大肠杆菌引起的慢性肾炎，葡萄球菌引起的慢性化脓性感染等。

2.新型疫苗

（1）DNA疫苗。DNA疫苗最先是在1990年被Wolff等发现，它是一种能诱导机体产生高水平免疫应答的新型疫苗。它有许多优点是传统疫苗所没有的,它能激发机体产生高效持久的体液和细胞免疫,制备过程简单,纯度高,而且由于进入机体后,既不会插入染色体,也不会复制DNA,安全性比较高。在许多感染性疾病的防治和肿瘤治疗的研究中已经广泛应用到DNA疫苗,目前进入临床实验的有人类免疫缺陷病毒(HIV)、乙型肝炎病毒(HBV)、轮状病毒及疟疾等。

(2)基因工程疫苗。基因工程疫苗按制备方法的不同大致可以分为四种类型。

①重组载体疫苗。它是将编码病原体的有效抗原的基因插入载体(减毒的病毒或细菌疫苗株)基因组中,接种后随着疫苗株在体内增殖,表达出大量所需的抗原。如果载体被插入多种病原体的有关基因,则多种保护性抗原得以表达,成为多价疫苗。痘病毒是目前使用最广的载体,将流感病毒血凝素、乙型肝炎表面抗原、单纯疱疹病毒的基因插入痘病毒基因组中,使它们在痘病毒中得以表达,进而获得相应的多价基因工程疫苗。

②重组抗原疫苗。它是利用DNA重组技术制备的只含有保护性抗原的纯化疫苗。首先,要将病原体编码有效抗原的基因片段选定,其次,选定的基因片段引入能连续传代的哺乳动物细胞或细菌、酵母菌基因组内,使这些细菌或细胞大量繁殖,增加目的基因的产物。最后,将所需的抗原从细菌或细胞培养物中收集、提取、纯化。

③转基因植物疫苗。采用转基因的方法,在可食用植物细胞的基因组中导入编码有效抗原的基因,在可食用植物中可使有效抗原得以表达和积累,人和动物通过摄食达到免疫接种的目的。常用的转基因植物有马铃薯、番茄、香蕉等。在动物试验中用马铃薯表达乙型肝炎病毒表面抗原已获得成功。转基因植物疫苗的优点有:易被儿童接受、口服、价格低廉等。但目前尚处于初期研制阶段,不稳定。

(3)亚单位疫苗。亚单位疫苗是指将病原微生物某种抗原成分提取出来制成疫苗,可特异性地防治某种疾病。目前成功研制出的亚单位疫苗有流感亚单位疫苗,它是用化学试剂裂解流感病毒,提取其有效抗原成分(血凝素与神经氨酸酶)制成的,它既不含与免疫无关的蛋白质,也不含病毒核酸。

3.类毒素

细菌在经过0.3%~0.4%甲醛处理后,会使其外毒素失去毒性,使其保留其免疫原性而制成的生物制品称为类毒素。类毒素接种后能诱导机体产生抗毒素。将氢氧化铝加入经过纯化的类毒素中,可以制成精制类毒素。其中吸附剂氢氧化铝可使体内吸收毒素的速率延缓。能较长时间刺激机体产生相应的抗体(抗毒素),使免疫效果增强。白喉类毒素和破伤风类毒素都是常用的类毒素。类毒素还能与死疫苗制成混合制剂，如白、百、破三联疫苗即由白喉类毒素、百日咳菌苗、破伤风类毒素混合制成。

二、被动免疫

被动免疫(passive immunity)是机体被动接受抗体、致敏淋巴细胞或其产物所获得的特异性免疫能力。它与主动产生的主动免疫不同，其特点是效应快，无须经过潜伏期，一经注入，立即可获得免疫力。但维持时间短。按照获得方式的不同，被动免疫可分为天然被动免疫和人工被动免疫。

(一)天然被动免疫

新生动物通过母体胎盘、初乳或卵黄从母体获得某种特异性抗体，从而获得对某种病原体的免疫力称为天然被动免疫。天然被动免疫是免疫防治中非常重要的内容之一，在临床上应用广泛。由于动物在生长发育的早期免疫系统还不够健全，对病原体感染的抵抗力较弱，因此可通过获取母源抗体增强免疫力，以保证早期的生长发育。

不同动物母源抗体的传递方式不同。就哺乳动物而言，母源抗体从母体到达胎儿的途径，取决于胎盘屏障结构的组成。反刍兽的胎盘呈结缔组织绒毛膜型，胎儿与母体之间组织层次为五层，而马、驴和猪的胎盘则为上皮绒毛膜型，胎儿与母体之间的组织层次为六层，具有这两种胎盘的动物，免疫球蛋白分子通过胎盘的通路全被阻断，母源抗体必须从初乳获得。犬和猫的胎盘是内皮绒毛膜型的，胎儿与母体之间组织层次为四层，这些动物能从母体获得少量 IgG，大量抗体也来自初乳。人和其他灵长类动物的胎盘是血绒毛膜型的，母体血液可以直接和滋养层接触，母体和胎儿之间的组织层次是三层。这种类型的胎盘容许母体的 IgGl、IgG3、IgG4 通过，进入胎儿的血液循环，故新生婴儿具有与其母体基本相同水平的循环 IgG，但 IgG2、IgM、IgA 和 IgE 不能通过胎盘。由于 IgG 的这种转移，可以保护婴儿不患败血性传染。

禽类的抗体可以经卵传给下一代。产蛋前一周，母鸡的抗体通过卵泡膜进入卵黄，因此，产卵时抗体进入卵黄内。鸡卵孵化的第 4 天，抗体转移到卵白内，12～14d 抗体在鸡胎中出现。出壳后的 3～5d 内，继续从残余的卵黄中吸收剩余的抗体，因此母源抗体滴度的高峰在出壳后的第 3 天左右。

(二)人工被动免疫

人工被动免疫一般在免疫接种后 1～4 周才能出现，免疫力出现缓慢，免疫力维持时间较长，短至半年，长则数年。免疫血清可用同种动物或异种动物制备，用同种动物制备的血清称为同种血清，而用异种动物制备的血清称为异种血清。人工被动免疫的特点是产生作用快,输入后立即发生作用。但由于该免疫力非自身免疫系统产生,易被清除,故免疫作用维持时间较短,一般只有2～3周。主要用于治疗和应急预防。目前,常用于人工被动免疫的生物制品主要有免疫血清、免疫球蛋白、精制免疫球蛋白、高免卵黄、细胞因子、单克隆抗体等。

第二节　人工免疫系统

一、人工免疫系统的产生与发展

对于AIS目前有几种不同的定义。Starlab的定义为:“AIS是一种数据处理、归类、表示和推理策略,该模型的依据是一种似是而非的生物范式,即人体免疫系统”。Dasgupta给出的定义为:“AIS由生物免疫系统启发而来的智能策略所组成,主要用于信息处理和问题求解”。Timmis给出的定义为:“AIS是一种由理论生物学启发而来的计算范式,它借鉴了一些免疫系统的功能、原理和模型并用于复杂问题的解决”。从以上三种定义可以看出出发角度的不同,Starlab仅从数据处理的角度对AIS进行了定义,而后两者则着眼于生物隐喻机制的应用,强调了AIS的免疫学机理,因而更为贴切。

20世纪70年代,免疫学家Jerne提出了免疫系统的网络学说,开创了独特型网络理论,并给出了免疫网络结构及其数学模型,奠定了用整体的、联系的观点来解释免疫调节和免疫现象的基本思想。此后,Farmer、Perelson、Bersini、Varela等学者也分别在免疫系统的实际工程应用方面作出了突出贡献,他们的研究工作为建立有效的基于免疫原理的计算系统和智能系统开创了道路。1990年,Bersini首次使用免疫算法来解决问题。20世纪末,Forrest等开始将免疫算法应用于计算机安全领域。

1996年12月,在日本首次举行的基于免疫性系统的国际专题讨论会,首次提出了“人工免疫系统”的概念。1997年和1998年,IEEE Systems, Man and Cybernetics国际会议组织了相关专题讨论,并成立了“人工免疫系统及应用分会”。从生物信息处理的角度出发,人工免疫系统可归为信息科学范畴,是与人工神经网络、进化计算等计算智能技术和方法并列的一个分支。近年来,免疫理论和算法已经得到了许多研究人员的极大关注与兴趣,相关的研究成果和应用实例不断地出现,人工免疫系统进入了快速发展阶段。

如今,受生物免疫系统启发而产生的人工免疫系统和算法已经获得了长足的发展,并且已经成为计算智能研究的新领域,为信息处理技术和方法提供了一种强大的选择。

目前,AIS的研究结果已涉及智能控制、模式识别、机器学习、故障诊断、图像识别、知识发现、优化设计、联想记忆、异常检测以及计算机网络安全等众多领域。有学者将AIS与进化计算、神经网络和分类器系统进行了比较,指出了它们之间的相似性和差异性,而那些差异性都可使AIS用于进化计算、神经网络和分类器系统无法适用的场合。因认识到AIS在信息安全、机器学习与数据挖掘等领域中潜在的应用前景,AIS的研究得到了许多大学、研究机构和工业界的支持与重视。美国新墨西哥大学是最先开展了基于AIS的信息安全方面的研究的机构之一,并且提出了计算免疫学的概念,致力于构建计算机免疫系统。英国Kent大学的Timmis对基于AIS的机器学习和数据挖掘技术进行了系统性的理论研究,开展了基于AIS的大规模数据挖掘的应用研究。

作为计算智能的一个崭新的分支,AIS受到了许多国际期刊的重视,如Evolutionary Computation、IEEE Transaction on Evolutionary Computation等,后者在2001年和2002年还相继出版了AIS专辑。国际会议方面也给予了支持,每年均组织专门的AIS研讨会。尽管人工免疫系统和算法在许多实际应用领域的研究取得了一定的成果,但是相对来说大多还处于初始阶段,如所借鉴的生物免疫机理大多还是低层次的,许多免疫机理和机制还需要深入研究和挖掘。实际上人们对生物免疫系统的认识和研究还不是十分充分,就现有的免疫理论和学说而言为学术界所接受,同时也被在工程实践中广泛应用的主要是Burnet的克隆选择学说以及Jerne的免疫网络学说。而当前所提出的多数免疫算法或者计算模型只是模拟和借鉴了免疫系统的部分功能,且多为形式上的,还有不少研究成果体现的是将免疫原理嵌入已有的算法中,实现算法的改进和提高性能的目的。实际上当前所提出的许多人工免疫系统的技术和方法也可以和其他计算智能方法进行集成和融合,它们之间可以取长补短、相互促进、补充和完善,目前已经有许多新的混合方法如免疫进化计算、免疫神经网络等在实际中得到成功的应用。另外还有许多领域人工免疫系统和算法并未涉及,从拓宽人工免疫系统的实际应用范围出发,人工免疫系统和算法在众多实际领域的应用还具有十分广阔的发展前景。

二、人工免疫系统的研究范畴

免疫系统的最大特点是免疫记忆特性、抗体的自我识别能力以及免疫的多样性等。AIS研究的主要内容是根据生物免疫系统的一些重要机理和原理,获得人工免疫网络模型和免疫学习算法,并将这些计算模型用于工程和计算机网络等各个方面。

基于免疫系统机理开发的人工免疫网络模型,主要是基于各种免疫网络学说,如独特型网络、互联耦合免疫网络、免疫反应网络、对称网络和多值免疫网络等来发展的。

Jerne首先提出了免疫网络模型的工作,基于细胞选择学说开创了独特型网络的理论,给出了免疫系统的数学框架,并采用微分方程建模来仿真淋巴细胞的动态性。独特型网络学说以淋巴细胞之间并非孤立,而是通过抗体相互反应和在不同种类的淋巴细胞之间相互通信为基础的。相应地抗原的识别是由抗原—抗体之间相互反应形成的网络来完成的。在Jerne的研究工作的基础上,Perelson提出了独特型网络的概率描述方法,讨论了独特型网络中的相传输问题。Jerne提出的免疫网络理论使得许多研究学者发生兴趣,基于该模型的计算方法开始用于自适应控制和故障诊断等实际应用。

而因为目前抗体之间大规模的连接还没有用实验论证,且免疫系统是通过抗体之间4～5个链来成功地维持着生物组织,所以Ishiguro等人提出了一种互联耦合免疫网络模型,即免疫系统是通过多个完成某一特定任务的局部免疫网络相互通信来形成大规模免疫网络的。这种模型已被用于六足步行机器人的速度控制。

Tang等提出了一种与免疫系统中B细胞和T细胞之间相互反应相类似的多值免疫网络模型,它具有较少分类、改进的记忆模式和良好的记忆容量等优点。多值网络的免疫性在字符识别方面得到了验证,并与二值网络进行了比较,表明其具有更强的噪声免疫性。

目前,已有多种基于免疫系统的学习算法。基于免疫系统的自己——非己识别原理,免疫系统通过从不同种类的抗体中构造的自己——非己的非线性自适应网络,能够在处理动态变化环境中起到主要作用。基于免疫机理发展的AIS提供了噪声忍耐、自学习、自组织、不需要反面例子,能够清晰地表达学习的知识,结合了分类器、神经网络和机器推理等学习系统的一些优点,是一种突现计算。Forrest等开发了一种用于检测数据改变的阴性选择算法。受生物免疫系统的启发,Hunt和Cooke开发了一种AIS及其免疫学习算法。将进化与免疫结合起来考虑,利用抗体多样性保持机制改进传统的进化算法,可发展免疫遗传算法与免疫规划来有效地抑制早熟现象。基于克隆选择理论和亲和力成熟过程提出的克隆选择算法也可用于解决优化问题。Ishida等基于免疫系统的局部记忆学说和免疫网络学说提出了基于Agent结构的AIS,将B细胞可看作Agent,从而借助于Agent技术来设计AIS及其免疫A-gent算法。

从工程角度上说,AIS具有许多有意义的特性,免疫计算系统结合先验知识和免疫系统的适应能力,给当前智能控制提供了一种强大的选择,因此具有提供新颖的解决复杂问题方法的潜力。从信息科学角度来讲,由于AIS的强大和鲁棒的信息处理能力，研究者意识到是一个非常重要且很有意义的研究方向。而从生物角度去看，开发基于免疫系统的计算机模型有助于人们进一步认识和发展生物免疫学，从而为人类社会带来更大的进步。

三、人工免疫系统的模型及算法

关于人工免疫系统，目前的定义是：所有借鉴生物免疫系统的结构特征和工作机理，用于解决实际技术问题的系统或者算法，可统称为人工免疫系统。有一些是人工免疫系统的同义词，如免疫学计算（immunological computation）、免疫计算（immunocomputing）、计算免疫学（computational immunology）以及基于免疫的系统（immune-based systems）等，但使用最多的是“人工免疫系统”。

从系统和计算的角度看，生物免疫系统是一个高度并行、分布、自适应和自组织的系统，具有很强的学习、识别、记忆和特征提取能力。人们希望从生物免疫系统的运行机制中获得益处，开发面向应用的免疫系统计算模型——人工免疫系统，可以解决更复杂的工程实际问题。目前，人工免疫系统已发展成为计算智能研究的重要分支之一。

人工免疫系统的设计方法和步骤可借鉴其他计算智能方法，如人工神经网络和进化计算方法，因为它们都属于仿生计算方法。人工免疫系统的模型中包括建立免疫细胞和免疫分子的抽象模型，定义度量这些免疫细胞和分子之间相互作用的函数，最后利用各种免疫算法来描述系统的动态行为和具体实施步骤。De Castro 等给出了一种人工免疫系统实现的基本步骤，如图 6－1 所示。他指出了设计一个人工免疫系统，至少应考虑以下问题：①人工免疫系统中组成元素的表示。提出采用合适的形式对人工免疫系统中的组成元素，如免疫细胞和免疫分子等进行描述和表示。②定义亲和度和其他评价函数。这些用于度量人工免疫系统中抗体和抗原、抗体和抗体之间的相互作用联系。③涉及免疫算法。因免疫算法可用于描述人工免疫系统的组成元素和整个系统的动态、自适应行为，既可采用已有的典型算法，也可根据需要解决问题的特征基于免疫机理重新设计新的算法。

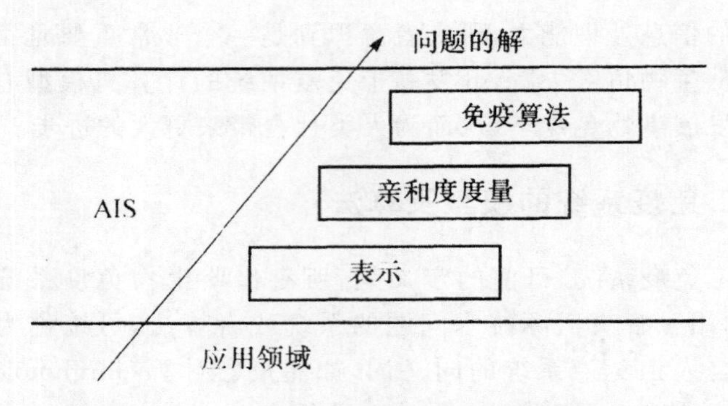

图 6-1　人工免疫系统实现的基本步骤

(一)人工免疫网络模型

近年来,基于免疫网络学说发展了多种人工免疫网络模型,在一些实际问题得到了较好的体现。根据 Jerne 所提出的免疫网络学说和独特网络模型,免疫应答是由各个淋巴细胞克隆之间的相互激发和相互制约所构成的统一体,不是彼此孤立的。实际提出的人工免疫网络模型是对生物学中免疫网络模型一定程度的简化,而大多只是在功能上的模拟。

Jerne 的网络学说奠定了用整体的、联系的观点解释免疫调节和免疫现象的基本思想。以此免疫学说为基础,Richter 等又加以修改补充提出了新的网络模型,如图 6-2 所示。

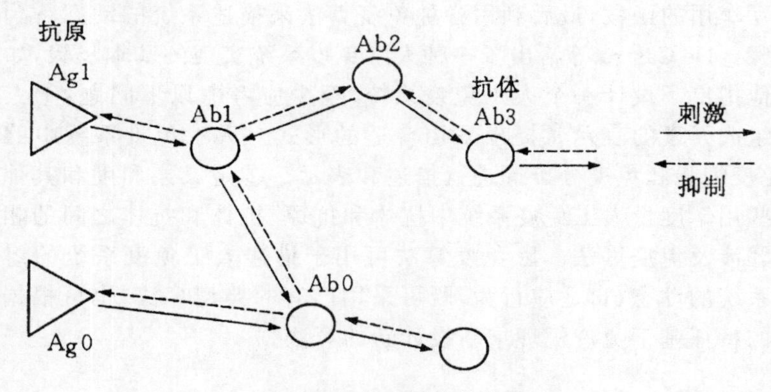

图 6-2　免疫网络的结构

Richter 把不同的克隆称为功能单位,以 Ab0、Ab1、Ab2、Ab3、…这种方式表示,每一个克隆包括 T 细胞、B 细胞、抗体分子及 T 细胞因子。

Timmis 等提出的资源有限的人工免疫系统(RLAIS)和 Leandro 等提出的演化人工免疫网络(aiNet)是目前相对比较有影响的人工免疫网络模型。RLAIS 提出了人工识别球(ARB)的概念,认为 ARB 的作用类似于 B 细胞的功能，ARB会受到抗原的激励、邻近抗体的激励以及邻近抗体的抑制等，会根据激励的强度来确定抗体的克隆数目。该模型认为系统范围内B细胞的数目是有限的，由此可以控制种群的增长和算法的终止。aiNet的提出源于模拟免疫网络针对抗原刺激的应答过程，包含抗体-抗原识别、免疫克隆增殖、亲和度成熟以及网络抑制等免疫原理和机制。aiNet在数据压缩、聚类分析以及函数优化等领域得到了成功的应用，它的特色便是能够动态地调整种群的规模、保持种群中个体的多样性以及抑制冗余的个体。

其他的人工免疫网络模型还包括Ishiguro等提出的互联耦合免疫网络模型，用于六足步行机器人步法的协调控制。Tang等人提出的可应用于字符的辨识问题，与免疫系统中B细胞和T细胞之间相互作用类似的多值免疫网络模型，Herzenberg等提出的一种更适合于分布式问题的松耦合网络结构等。另外，Tarakanov等人在形式蛋白模型的基础上，建立了一种较为系统的人工免疫系统模型，称为形式免疫系统模。下面是Hoffmann基于免疫网络学说提出的对称网络模型介绍。

免疫系统对外来抗原的应答是建立在识别自身抗原基础上的反应。当我们考虑系统对特定抗原的响应时，不仅要考虑相应的抗体，还要考虑抗抗体等。为了使问题容易处理，一般将淋巴细胞响应特异性抗原的攻击分为两类。第一类为正集合或称结合抗原的抗体集合，用T_+和B_+分别表示T细胞和B细胞。这类细胞具有独特型，能够识别抗原，与抗原结合并反应。第二类为负集合或称抗独特型集合，以T_-和B_-分别表示抗独特型的T细胞和B细胞。这类细胞可以识别独特型。抗独特型集合中的受体与抗体集合中的V区受体相对应，两个集合之间有三种相互作用形式：刺激、抑制和杀伤。当两类淋巴细胞相遇时，会发生刺激行为，且受体交叉连接。如果一类淋巴细胞（“＋”）的受体能与另一类淋巴细胞（“－”）的受体交叉连接，那反之也可以。因此，在两个集合间会发生双向对称的刺激行为，细胞间的抑制行为由于特异T细胞因子的受体阻止产生，T细胞因子的分子与受体一致，只有一个V区，它们可以抑制受体但不可以交叉连接受体。正因子可以阻止负集合的受体，负因子可以阻止正集合的受体，因而抑制行为也有对称关系。最后，如果有特异性A的抗体能杀伤特异性B的细胞，则有特异性B的抗体也会杀死有特异性A的细胞。也就是说，免疫系统具有对称的特性。

从对称网络可得出包括有T_+、T_-、B_+和B_-细胞的系统有4种稳定的状态，分别为初始状态、抑制状态、免疫状态及抗免疫状态，如图6－3所示。

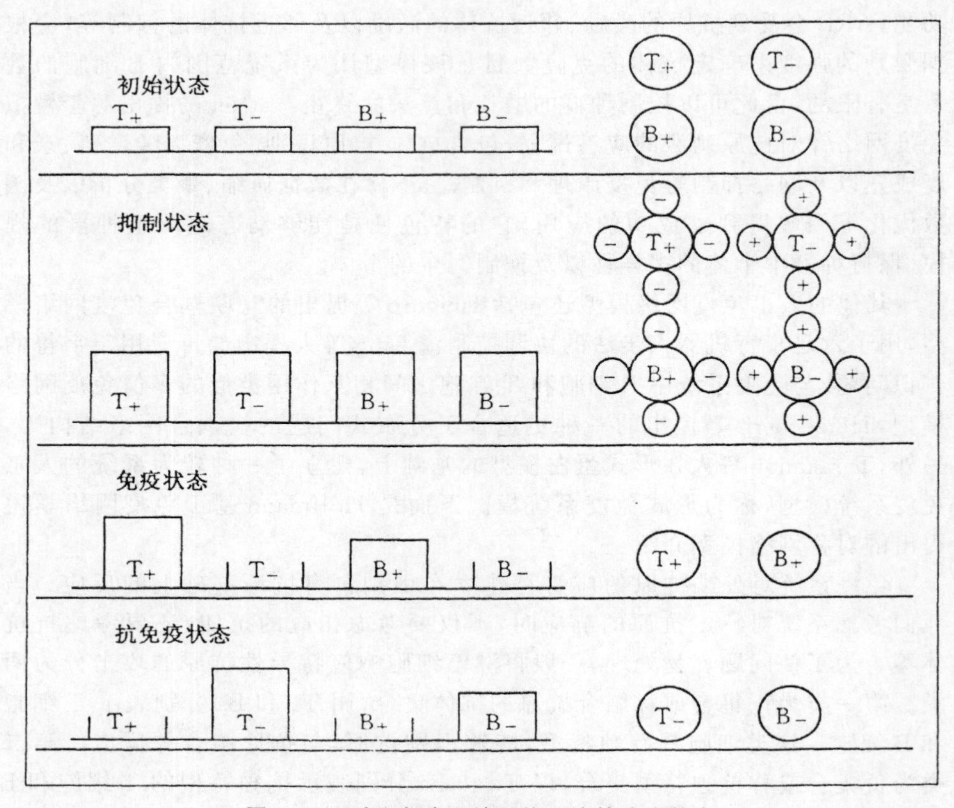

图 6－3　对称免疫系统网络理论的稳定状态

(二)免疫学习算法

1.克隆选择算法

克隆选择算法是免疫优化的重要方式,在人工免疫系统中被广为运用。2000 年 de Castro 等人基于自适应免疫响应中的克隆选择原理和抗体亲和度成熟过程,提出了一种称为 clonalg 的克隆选择算法,用来解决机器学习、优化以及模式识别等问题,其流程图如图 6－4 所示。

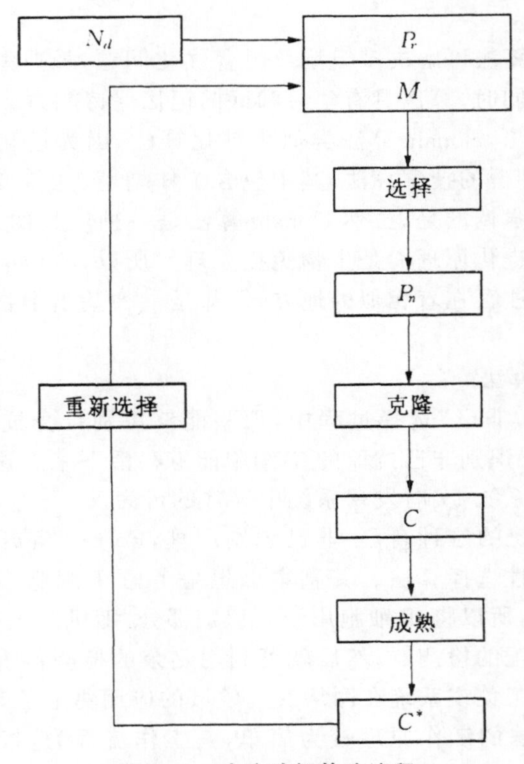

图 6-4　克隆选择算法流程

(1)随机产生一个包含 N 个免疫细胞的候选解集 P，P 由记忆细胞子集 M 和保持数量集 P_r 组成，即 $P=P_r+M$。

(2)计算种群中每个个体针对抗原的亲和度，并选择 n 个最好的个体 P_n。

(3)针对这 P_n 个被选中的个体进行克隆操作，即对自身进行复制操作，产生 C 个个体，其中每个个体进行复制的数目与其亲和度呈正比：克隆数量是抗原亲和力的递增函数，个体的亲和度越高，则其进行克隆的数目(产生后代个体的数目)也越高。

(4)对克隆生成的个体实施变异操作，由于变异的概率较高因而称为超变异。克隆的数量与超变异有关，每个个体实施变异概率与该个体的亲和度呈反比：个体的亲和度越高，则其进行变异的概率则越低产生的成熟抗体数量为 C^*。

(5)如果算法的终结条件不满足，则转到步骤(2)，否则算法结束。为了组成记忆集 M，从 C^* 中再次选择改进的个体，P 的一些元素将被改进的 C^* 中的一些元素所代替。

(6)为了产生多样性，用新的抗体取代 d 个抗体，低亲和力的细胞将被取代。

用克隆选择算法可解决多模型及组合优化问题，最典型的应用实例是解决旅行商问题。同时，算法具有学习和好的记忆保持能力。

de Castro 指出，clonalg 算法类似于进化算法，因为进化算法具有的一些特征，也是基于种群的搜索算法，其中包含个体增殖、遗传变异和个体的选择操作。但是需要强调的是，虽然 clonalg 算法是一种广义的进化算法，但是其借鉴的原理不是进化原理而是生物免疫原理。所以，clonalg 算法虽然实施步骤与进化计算方法存在着相似的地方，但却是一种基于生物免疫原理的广义上的进化算法。

2.阴性选择算法

在 T 细胞的“非己”选择过程中，那些能够识别自身抗原的 T 细胞被移除，即只有那些仅识别非己抗原的 T 细胞能够存活下来。这种选择机制特别适合于设计监视系统，实时发现系统中异常的行为。

基于免疫系统的这种自己-非己识别原理，Forrest 等开发了一种用于异常数据检测的阴性选择算法。其基本思想是考虑 T 细胞表面有能检测异物(抗原)的接收器，所以将 T 细胞用于其识别部分：随机产生检测器，并删除那些和“自己”相匹配的检测器，然后就可利用剩余的检测器进行异常检测。阴性选择算法为人工免疫系统在网络安全领域的应用奠定了基础。

阴性选择算法的工作原理较为简单，其工作流程为：根据给出的自我模式集合 S，产生一个模式识别器的集合 A，被称为检测器，然后利用得到的检测器 A 对未知模式进行检测。阴性选择算法的步骤可概括如下。

(1)随机产生模式识别器，定义一组长度为 l 的有限字符串 S 表示“自己”，用集合 P 表示当前生成的模式识别器集合。

(2)计算集合 P 中每个识别器与自我模式集合 S 中所有模式之间的亲和度，表示它们之间匹配的程度。

(3)如果集合 P 中某个识别器与集合 S 中至少一个模式的亲和度高于设定阈值，则表示能够识别自我模式，将该识别器从 P 中删除；否则将识别器放入检测器集合 A 中。通过不断地将 P 中的识别器与 S 进行比较来监控 S 的改变。

阴性选择算法目前被广泛应用于模式识别、计算机病毒检测、网络入侵检测、系统异常检测等领域。该算法由于并没有直接利用自我信息，而是由自我集合通过阴性选择生成检测子集，因而具备了并行性、鲁棒性以及分布式检测等特点。

四、用于人工主动免疫的生物制品

(一)疫苗

疫苗(vaccine)是指由病毒制备的生物制品。由细菌菌体、螺旋体等成分制备的生物制品称为菌苗。从广义上来说,菌苗也包括在疫苗之内。按制备和使用的特点,可以将疫苗分为以下几种类型。

1.活疫苗

用无毒的或充分减毒的病原微生物制备的制剂称为活疫苗。传统的制备方法是将病原微生物在培养基或动物细胞中反复传代,使其减少毒性,并最终失去毒力,但时期免疫原性保留。例如,用脊髓灰质炎病毒在猴肾细胞中反复传代后制备成活疫苗。活疫苗接种与隐性感染或轻症感染类似,疫苗在机体内可生长繁殖,并对机体进行刺激产生相应抗体。该种疫苗无毒或减毒,具有良好的抗原性。例如,麻疹疫苗、牛痘苗等。活疫苗一般只需接种一次,而且用量小,免疫效果良好,并且持久,可长达3～5年。但其也有一定的不足之处,即活疫苗的对制备与鉴定的要求非常严格,很难在使用过程中保存,因此,活疫苗一般都被制备成冻干制剂,冷藏保存,以使其保存期限延长。活疫苗有一定的危险性,可能会在体内回复突变,但一般在实践中很罕见。对于孕妇和免疫缺陷者来说,是不适宜接种该种疫苗的。

2.死疫苗

通过选用病原微生物,并在人工培养后,收集病原微生物并用理化方法灭活制备而成的制剂是死疫苗。死疫苗具有以下优点:比较稳定、容易保存,易于制备,而且使用安全。其不足是无法在体内繁殖,因此接种的剂量大、次数多,容易引起比较大的不良反应。由于灭活的死疫苗不能进入宿主细胞,难以通过内源性抗原加工递呈诱导出$CD8^+$的CTL,因此细胞免疫能力较弱,没有活疫苗的免疫效果好。死疫苗一般有伤寒、百日咳、流行性乙型脑炎、霍乱、副伤寒、钩端螺旋体、狂犬病疫苗和斑疹伤寒等。

3.自身菌苗

自身菌苗是从患者自身病灶中分离的病原菌制成的死菌苗,可以对有些反复发作并久经抗生素治疗无效的慢性细菌性感染进行治疗。例如,大肠杆菌引起的慢性肾炎,葡萄球菌引起的慢性化脓性感染等。

(二)新型疫苗

1.DNA疫苗

DNA疫苗最先是在1990年被Wolff等发现,它是一种能诱导机体产生高水平免疫应答的新型疫苗。它有许多优点是传统疫苗所没有的，它能激发机体产生高效持久的体液和细胞免疫，制备过程简单，纯度高，而且由于进入机体后，既不会插入染色体，也不会复制DNA，安全性比较高。在许多感染性疾病的防治和肿瘤治疗的研究中已经广泛应用到DNA疫苗，目前进入临床实验的有人类免疫缺陷病毒（HIV）、乙型肝炎病毒（HBV）、轮状病毒及疟疾等。

2.基因工程疫苗

基因工程疫苗按制备方法的不同大致可以分为四种类型。

（1）重组载体疫苗。它是将编码病原体的有效抗原的基因插入载体（减毒的病毒或细菌疫苗株）基因组中，接种后随着疫苗株在体内增殖，表达出大量所需的抗原。如果载体被插入多种病原体的有关基因，则多种保护性抗原得以表达，成为多价疫苗。痘病毒是目前使用最广的载体，将流感病毒血凝素、乙型肝炎表面抗原、单纯疱疹病毒的基因插入痘病毒基因组中，使它们在痘病毒中得以表达，进而获得相应的多价基因工程疫苗。

（2）重组抗原疫苗。它是利用DNA重组技术制备的只含有保护性抗原的纯化疫苗。首先，要将病原体编码有效抗原的基因片段选定，其次，选定的基因片段引入能连续传代的哺乳动物细胞或细菌、酵母菌基因组内，使这些细菌或细胞大量繁殖，增加目的基因的产物。最后，将所需的抗原从细菌或细胞培养物中收集、提取、纯化。

（3）转基因植物疫苗。采用转基因的方法，在可食用植物细胞的基因组中导入编码有效抗原的基因，在可食用植物中可使有效抗原得以表达和积累，人和动物通过摄食达到免疫接种的目的。常用的转基因植物有马铃薯、番茄、香蕉等。在动物试验中用马铃薯表达乙型肝炎病毒表面抗原已获得成功。转基因植物疫苗的优点有：易被儿童接受、口服、价格低廉等。但目前尚处于初期研制阶段，不稳定。

（4）亚单位疫苗。它是指将病原微生物某种抗原成分提取出来制成疫苗，可特异性地防治某种疾病。目前成功研制出的亚单位疫苗有流感亚单位疫苗，它是用化学试剂裂解流感病毒，提取其有效抗原成分（血凝素与神经氨酸酶）制成的，它既不含与免疫无关的蛋白质，也不含病毒核酸。

（三）类毒素

细菌在经过0.3%～0.4%甲醛处理后，会使其外毒素失去毒性，使其保留其免疫原性而制成的生物制品称为类毒素。类毒素接种后能诱导机体产生抗毒素。将氢氧化铝加入经过纯化的类毒素中，可以制成精制类毒素。其中吸附剂氢氧化铝可使体内吸收毒素的速率延缓。能较长时间刺激机体产生相应的抗体(抗毒素),使免疫效果增强。白喉类毒素和破伤风类毒素都是常用的类毒素。类毒素还能与死疫苗制成混合制剂,如白、百、破三联疫苗即由白喉类毒素、百日咳菌苗、破伤风类毒素混合制成。

五、人工免疫系统的应用

人工免疫系统的应用目前已涉及自动控制、模式识别、故障诊断、图像识别与处理、优化设计、机器学习、数据库中的知识发现以及计算机和网络安全等。

(一)免疫自适应控制

人工免疫系统具有强大的信息处理能力,以及自学习、自适应和鲁棒性强等特点,因而可用于解决工程领域的复杂问题。其中,自动控制是一个具有很大发展前景的应用领域,它为当前的智能控制方法提供了一种新的思路和选择。生物免疫系统中可被借鉴用于智能控制的机理主要包括免疫反馈机理以及自适应、自组织的非线性免疫网络理论,相对于传统的智能控制方法,基于免疫原理和机制的自动控制方法的主要特点有抗干扰能力强、动态性能好、对控制对象不要求严格的数学模型等。

Sasaki 等人基于免疫系统的反馈机理,提出了神经网络控制器,具有自适应学习功能的算法,能够自适应地调整神经网络的学习率并保持学习的稳定性,避免了典型的学习算法在极值附近的摆动。丁永生等人在基于免疫系统的反馈机理上,提出了一种新颖的通用控制器结构。李海峰等人在模拟细胞免疫应答机制的基础上,提出了一种用于电力系统电压调节的细胞免疫型电压控制器,并应用于多机电力系统的电压控制。王海风等则模拟体液免疫应答过程,提出了一种体液免疫电压控制器。KrishnaKumar 等人结合免疫系统的自适应特性和在前人研究积累的基础上,提出了一种免疫化的计算系统(immunized computational system),用于复杂系统的自适应控制。

实际的工业控制对象具有非线性、不确定性、参数分布性以及时变性等复杂特征,传统的控制方法无法获得更好的控制效果。而将免疫机制引入控制领域,为解决复杂的动态自适应控制难题提供了崭新的思路。

在现代控制工程中,为设计各种鲁棒控制算法以满足不断增长的高性能要求做了许多努力。免疫系统的学习机制(如克隆选择算法和它的网络动态特性)为鲁棒控制提供了可借鉴的思想。结合免疫学领域中的概念,Krishna-Kumar 等提出了一种免疫计算系统,使用免疫系统模拟计算技术来重构生物免疫系统的鲁棒性和自适应性。免疫自适应控制系统结构如图 6－5 所示。

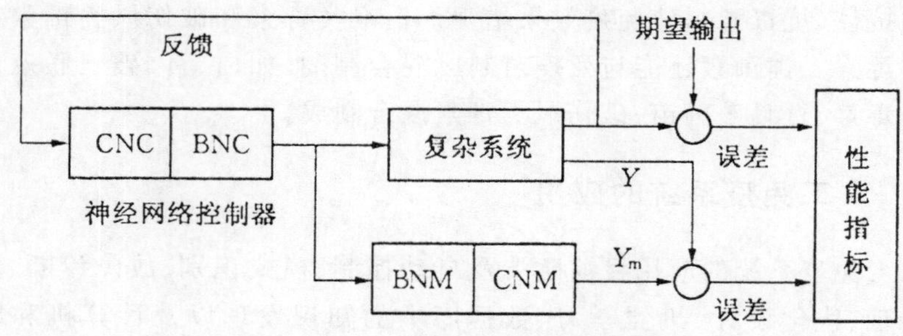

图 6-5　免疫自适应控制系统结构

在图 6-5 的神经控制器和神经系统模型中，神经网络都是由可组态的积木块（build blocks）组成，确定性部分 BNC（base-line neurocontrol）和 BNM（base-line neruomodel）采用 BP 算法离线识别，可变部分 CNC（changeable neurocontrol）和 CNM（changeable neruomodel）采用改进型遗传算法进行在线处理。该系统的主要特点为：借鉴免疫系统具有双时间尺度进化结构。双时间尺度进化是指包括 DNA 分子生物进化的慢速学习模式和用于免疫系统进化的快速学习模式。

（二）优化设计

人工免疫算法在优化领域也得到了广泛的应用。人工免疫优化算法本质上是一种新型的基于免疫机制的随机优化算法和全局优化方法，一般通过抗体种群的演化过程实施群体搜索策略。本质上具有优化的并行性和搜索变化的随机性，并且在搜索的过程中相对于其他随机优化方法不易陷入局部最优解。

de Castro 等人提出的克隆选择算法被成功地应用于机器学习、模式识别和优化设计，其中包括多模态函数优化和组合优化等问题。Walker 等人针对动态函数的优化问题，将克隆选择算法和进化策略进行了性能比较与分析。结果表明，对于维数较低的动态函数优化，克隆选择算法在性能上明显优于进化策略。

Fukuda 等人提出了一种具有个体多样性保持机制和学习能力的免疫算法，用于多模态函数优化。刘克胜等人在借鉴免疫系统中的抗原学习和记忆机制、浓度调节机制以及多样性抗体保持策略的基础上，提出了一种免疫算法，并应用于旅行商这类组合优化问题的求解。罗小平等则将免疫遗传学的基本思想引入多峰值函数优化中，提出了融合免疫记忆、基因重组、浓度控制和小生境思想的一种免疫遗传算法。

组合优化常见的问题是随着问题规模的扩大，相应的问题空间会呈现组合爆炸特性，因而难以利用常规的优化方法进行求解，而基于免疫原理的人工免疫算法却存在着其更广泛的意义。在多数情况下,人工免疫算法能够获得比常规优化方法更佳的性能,如收敛性、搜索时间等,显示出人工免疫算法在各种科学优化问题以及工程优化设计领域广阔的应用前景。

第三节 疫苗免疫接种

传统的疫苗免疫接种①方式是注射,随着免疫学技术的进步和疫苗类型的不断改进,如今的疫苗免疫接种形式已经不再局限于注射接种。

一、免疫接种形式

疫苗是用于免疫预防的生物制品。疫苗的预防接种形式可以分为以下几种情况。

1.定期预防接种

有组织的定期预防接种是将疫苗强制地或有计划地反复投给,是以易感动物全群为目标。此种接种形式多为全国性的,如我国的猪瘟疫苗和鸡新城疫疫苗接种,法国及德国的口蹄疫疫苗接种,日本的猪瘟疫苗接种均属此类。

2.环状预防接种(包围预防接种)

环状预防接种(包围预防接种)是以疾病发生地点为中心,划定一个范围,对范围内所有易感性动物全部免疫。

3.屏障(国境)预防接种

屏障(国境)预防接种是以防止病原体从污染地区向非污染地区侵入为目的而进行的,对接触污染地区境界的非污染地区的易感性动物进行免疫。如土耳其在其国境的东部及南部沿着国境进行口蹄疫预防接种。南非共和国的Kruger国家公园是口蹄疫常发地,所以在公园周围约30km以内给所有易感性动物投给疫苗以形成屏障,控制疾病避免扩散。

4.紧急接种

紧急接种是在发生传染病时,为了迅速控制和扑灭疫病的流行,面对疫区和受威胁地区尚未发病的动物进行的应急性接种,与环状接种近似,只要受到威胁的地区均应接种,接种地区不一定呈环状。

---

①疫苗免疫接种,是将疫苗制剂接种到人或动物体内的技术,使接受方获得抵抗某一特定或与疫苗相似病原的免疫力,借由免疫系统对外来物的辨认,进行抗体的筛选和制造,以产生对抗该病原或相似病原的抗体,进而使被接种者对该疾病具有较强的抵抗能力

二、免疫接种途径

疫苗的接种途径对免疫的效果有着显著的影响，例如黏膜途径或注射途径接种所引起的免疫系统反应就有很大的区别。同样属于黏膜途径或同样属于注射途径的不同途径接种，其免疫后抗体反应分布及幅度也有所不同，因此在疫苗的开发过程中必须考虑到此变量。此外疫苗接种途径的选择尚需考虑到疫苗的安全性、疫苗的价格和使用的方便性。

在各种接种途径中，皮下或肌内注射途径可能是最简单、确实的疫苗接种方式，尤其是对相对数量较少的动物可以提供对全身性免疫重要疾病的保护，因此，人和宠物的疫苗大多数经注射途径给予。但在许多情况下，全身性免疫的重要性可能不如局部免疫，因为大部分的感染都是经由黏膜感染（如呼吸系统），在这些情况下，针对病原体可能侵入部位接种疫苗可能较为恰当。例如为了获得呼吸道的局部免疫（黏膜免疫），接种方法不用皮下或肌内注射，而用点眼、滴鼻、喷雾等黏膜途径接种法。可以使接种动物的呼吸道黏膜比血中抗体能较早形成稳固的局部免疫，以对抗从鼻腔、口、眼睛侵入的野外毒素。由于鸡有哈德腺的构造，因此亦可经由点眼接种的方式来提供局部免疫保护。

免疫接种途径的选择，尚需考虑到疫苗接种的人工成本，对大规模饲养的动物很难实施针对每一个动物个体分别进行接种。因此，出现了气雾化疫苗的开发和使用，经喷雾免疫的方式使多数动物个体同时吸入疫苗，例如鸡的新城疫疫苗、传染性支气管炎疫苗，貂的犬瘟热疫苗、貂肠炎疫苗等。另外的群体免疫方式则是将疫苗加在饲料或饮水中的口服疫苗，例如猪的猪丹毒疫苗、传染性胃肠炎疫苗、鸡的新城疫疫苗、家禽脑脊髓炎疫苗等。此外由于生物技术的进步，基因重组疫苗可包裹在可降解的聚合物中，甚至在农作物食物中，经由口服的途径直接投于人或其他动物。口服疫苗除了投予方便外，由于可激起较强的肠道免疫反应，因此是针对一些肠道疾病免疫的良好选择。此外口服免疫途径除了会激起肠道免疫反应，在其他黏膜部位例如呼吸道黏膜与生殖道黏膜也会产生局部免疫反应，因此一些由呼吸道或生殖道侵入的疾病疫苗也可选择口服的途径给予。口服途径免疫的另外一个优点是不会受到母源抗体的干扰。对于鱼及虾等水产动物亦有将疫苗加在其生活水域的浸泡接种方式。

免疫接种途径的选择主要考虑两个方面：一是病原体的侵入门户及定位，这种途径符合自然情况，不仅全身的体液免疫系统和细胞免疫系统可以发挥防病作用，同时局部免疫也可尽早地发挥免疫效应；二是要考虑制品的种类与特点，如新城疫Ⅰ系弱毒苗多用注射途径，人的痘苗只能皮肤划痕，虽然天花是呼吸道传染病，但痘苗却不能用气雾法免疫。因为这种疫苗病毒可以通过黏膜感染，进入眼内可以造成角膜感染，甚至失明，故只能皮肤划痕。在各种动物的疫苗免疫接种途径中，以家禽的免疫途径最为多元化，常用的免疫接种途径主要有以下几种。

（一）注射免疫法

1.注射免疫的方式

注射免疫的方式，主要包括皮下注射、肌内注射和皮内注射三种方式。三种方式的免疫效果因疫苗而异，如狂犬病疫苗肌内注射的免疫效果远比皮内注射免疫效果好，而犬瘟热疫苗皮下注射和肌内注射免疫的效果相差不多。皮内接种由于接种量较少，因此成本较低，但所引起的免疫反应一般也较肌内注射与皮下注射方式为差，但对细胞免疫重要的疾病可能具有较好的免疫保护力，如人的卡介苗、B型肝炎疫苗、狂犬病疫苗等。灭活疫苗必须以注射的方式免疫，活疫苗有些亦以注射的方式免疫。

2.注射免疫的特点

以注射的方式免疫，疫苗接种剂量最准确，免疫反应最为一致，也最为持久，但这些方法都须捕捉动物，最耗费人工成本，同时对动物的应激也大，影响生产力。

皮下接种的优点是免疫确实，效果好，吸收较皮内快，缺点是用药量较大，副作用也较皮内法稍大。肌内注射的优点是操作简便，吸收快；缺点是有些疫苗会损伤肌肉组织。如果注射部位不当，可能引起跛行。皮内接种的优点是使用药液少，注射局部副作用小，产生的免疫力比相同剂量的皮下接种为高；缺点是操作需要一定的技术与经验。皮内接种目前只适用于羊痘苗和某些诊断液等。

3.注射免疫的注意事项

一般而言，灭活疫苗的效果较差，为了提高效力，常常添加免疫佐剂，最好以肌内注射方式给予。肌内注射应避开韧带、肌腱与骨骼。但对食用动物尚需考虑到胴体的健全性，肌肉如有吸收不完全的佐剂存在，将会在屠宰检查时被判定为应废弃，因此肉鸡接种灭活疫苗时推荐在颈部皮下注射。疫苗在实际使用时，应依照疫苗说明书上所规定的接种途径进行免疫，不要随便更改。

操作者应该注意自我保护，最好选择戴手套操作；注意定期校正注射器的刻度，以确保注射剂量；疫苗使用前应回温至室温（21～25℃），以免温度过低刺激接种部位组织，影响吸收与免疫效果；注射时应随时摇动疫苗，以保持均质性；应避免因赶时间、“打飞针”而接种不确实；群体免疫时，应注意更换针头，以减少可能的污染；针头的大小应选用适宜，针头太大容易引起疫苗的回流，而无法达到良好的免疫。

（二）滴鼻、点眼接种

1.滴鼻、点眼的特点

滴鼻、点眼可能是活疫苗的各种接种方法中效果最好的，但却相对费时，此法适用于须个体投予的特定疫苗，如牛传染性鼻气管炎、马腺疫、猫鼻气管炎、猫杯状病毒感染、鸡新城疫、鸡传染性喉气管炎等疫苗。在牛、马等较大型动物的鼻腔内接种疫苗，通常是以鼻腔内喷雾的方式给予，因为鼻腔黏膜下有丰富的淋巴样组织，能产生良好的局部免疫。点眼与滴鼻的免疫效果相同，比较方便、快速，眼部的哈德腺呈现局部应答效应，不受血清抗体的干扰，因而抗体产生迅速。

2.滴鼻、点眼接种注意事项

疫苗必须以灭菌的稀释液、生理盐水或蒸馏水来稀释配制，疫苗一次只可配制足够30min的使用量。夏天应注意避免手持操作增温因而影响疫苗的效力。所有的容器及器具都应进行煮沸消毒，不能使用消毒剂消毒，以防消毒剂破坏疫苗。接种时应确认疫苗是否完全吸入，以免影响疫苗接种的免疫效果。

（三）气雾免疫

1.气雾免疫的特点

通过气雾发生器，用压缩空气将稀释的疫苗喷射出，使之形成雾化粒子浮游在空气中，通过口腔、呼吸道黏膜等部位以达到免疫作用。此种群体免疫的方式可以省时、省力、成本低，但是疫苗必须确实散布于整个群体才能达到免疫的效果，且由于疫苗接种反应，应只针对健康群体实施。气雾免疫的缺点是容易激发潜在的慢性呼吸道疫病，这种激发作用与粒子大小呈负相关，粒子越小，激发的危险性越大。

2.气雾免疫的形式

气雾免疫包括气溶胶和喷雾两种形式，但最主要的是气溶胶免疫。气溶胶根据粒子大小及运动性质可分为三种。

（1）高分散度气溶胶。高分散度气溶胶又称蒸发性气溶胶，雾粒直径在0.01 μm，粒子随空气布朗运动而上升。

（2）中分散度气溶胶。中分散度气溶胶又称浮游性气溶胶，粒子直径为0.01～10 μm，粒子的布朗运动和重力下降作用相平衡，在大气中较稳定漂浮。

(3)低分散度气溶胶。低分散度气溶胶粒子直径在10～100 μm，粒子大，易下沉。气雾发生器喷出的疫苗雾粒多为高分散度和中分散度气溶胶，90%以上小于5 μm。动物吸入后产生免疫应答。气雾免疫不受或少受母源抗体的干扰。气雾免疫的效果与粒子大小直接有关。一般4～5 μm以下的气雾粒子容易通过上呼吸道屏障进入肺泡，有利于吞噬细胞的吞噬，产生良好的免疫力。但对具有急慢性呼吸道病潜在危险的鸡群，不应采用气雾免疫法，也可用粗分散度气溶胶(雾粒直径60 μm左右)法以减少激发病的发生。气雾化疫苗可个别直接喷到动物的鼻腔内，对家禽亦可将气雾化疫苗以喷雾的方式使多数鸡个体同时吸入疫苗。

(四)经口免疫

有些病原体常在入侵部位造成损害，免疫机制以局部抗体为主，如呼吸道病常以呼吸道局部免疫为主，而消化道传染病可用经口免疫模拟病原微生物的侵入途径进行免疫。过去曾认为经口免疫抗原在消化道会遭到破坏而使免疫失败。近几年的研究表明，皮下、黏膜下众多淋巴样组织形成免疫力的2/3。胃肠道黏膜下淋巴样组织丰富，可以接受抗原刺激而形成局部免疫。

1.经口免疫的特点

经口免疫方法省时省力，简单方便，反应也最小，适用于一些活毒疫苗的群体免疫用，饮水或拌料口服均可，但饮水比拌料效果好，因为饮水并非只进入消化道，还要与口腔黏膜、扁桃体等接触，而这些部位有较丰富的淋巴样组织。由于个体饮水和采食量的差异，每头动物所获得的疫苗量不同，因而免疫程度不同、疫苗用量大、抗原易受外界环境因素的影响等是经口免疫的缺点。

2.经口免疫的方式

(1)饮水免疫。饮水免疫是将疫苗混入动物的饮用水中，通过动物饮水进行免疫。在饮水疫苗中常添加干燥脱脂乳粉，因为乳蛋白可中和少量可能存在于水中的清洁剂(如氯离子)和金属离子等的干扰，并且可保护抗原。本法适用于肠道疾病的免疫，但本法常因饮水量不均而影响疫苗免疫抗体的整齐度，甚至有高达12%的鸡未曾饮水的观察报道，而饮水中的杂质或残留物亦会严重地影响免疫效果。饮水接种前的断水期可能对鸡造成应激。因此只有在良好的管理与监控之下才会有好的免疫效果。

(2)拌饲免疫。目前有供喷洒在饲料上的鸡球虫疫苗。此外在马来西亚、印度等国家有在饲料中投予预防鸡新城疫疫苗的方法，但免疫效果并不一致。另外，在欧美为了控制狂犬病，在食饵中加入疫苗后，将食饵撒布在狐狸、郊狼等野生动物的行经路径以进行免疫。在水产动物方面，亦将疫苗加在颗粒状饲料中对鱼进行免疫的研究。

(3)可食痘苗免疫。利用基因工程技术将病原体的部分抗原基因植入农作物食品中,人或动物食入后产生免疫反应。例如,美国德州的 ProdiGene 公司已成功地开发出了可经玉米表达的猪传染性胃肠炎病毒口服疫苗。第一个人体试验的可食疫苗是在 1997 年美国马里兰大学进行,志愿者食入含有大肠菌部分毒素基因的马铃薯,结果有 91%受试者血中抗体上升 4 倍,有 55%受试者肠道抗体上升 4 倍。可食疫苗研制成功后将成为一种方便、易被接受、易储存及使用,并且成本低的疫苗。

3.经口免疫的注意事项

经口免疫的疫苗必须是活苗,且要加大疫苗的用量,一般认为口服苗的用量应为注射量的 10 倍以上。灭活苗免疫力差,不适于口服。经口免疫前,一般应停饮或停饲适当时间,以保证每个动物能在规定时间内尽可能食入足够的剂量。饮水免疫前的停水时间应根据外界温度与湿度决定,天热时,一般在疫苗投予前应停止供水 1~2 h,天冷时则停水 2~4 h,而且最好在清晨进行为宜。

对喂饲的饲料品质及水质要选择,过酸的饲料、过高的温度均影响抗原的活力。饮水器必须清洁,饮水不可含消毒剂、清洁剂等,以免破坏疫苗抗原。疫苗使用前 3 d 至使用后 1 d,应停止在饮水或饲料中添加任何消毒剂、药品等。同时保证足够的饮水、采食空间,防止动物争食饮水。同是饮水免疫,不同的饮水习性免疫效果也不相同,鸭饮水免疫的效果比鸡好,因为鸭饮水常将整个鼻部浸在水中,增加了鼻咽黏膜接触疫苗的机会。

疫苗应避免高温及阳光的直接照射,投放疫苗不可使用金属或石棉、水泥制的水(饲)槽,以防降低免疫效果。疫苗应混合均匀,最好在饮水中加入脱脂奶粉,以保护抗原。

(五)其他疫苗接种途径

1.皮肤刺种

主要用于预防禽痘,此外一些家禽脑脊髓炎或家禽霍乱的疫苗亦可使用本法,甚至有二者混合的商品。可以使用双管刺种针或蘸水笔先浸入疫苗中,然后进行皮肤刺种。刺种时应注意避开血管。接种针要干净、锐利且注意消毒,以防病原(如葡萄球菌性关节炎)的传播。操作者在接种之前和开始接种后每隔 30 min 都应该清洁及消毒双手。接种疫苗后 7~14 d 之内,应观察接种部位有无疫苗反应(稍突起的肿胀,俗称“发”),以确保鸡群得到理想的保护力。

2.卵内接种法

1992年，美国Embrex公司开发出一种针对18d龄鸡胚胎接种马立克病疫苗的系统，每小时可接种20000～30000个蛋。目前在美国已有马立克病、鸡传染性法氏囊病等疫苗经核准使用此方法，使用此法的工作人员必须先接受训练来操作设备，而且孵化场的卫生亦须达到高标准，以获得满意的存活率。

3.浸泡免疫法

对养殖鱼虾类水产动物疫苗接种的方法有浸泡、口服、注射、喷雾等方法，但以浸泡法最为常用，疫苗可由鳃和皮肤吸收。浸泡法免疫成功的关键在于鱼的大小(>4g)与水温(>6℃)，每只鱼应至少浸泡20s。

第四节　免疫失败

免疫失败包括免疫无效与严重反应两种类型①。

一、免疫失败的原因

(一)疫苗种类和质量的影响

1.疫苗种类

同种传染病可用多种不同毒株的疫苗预防，而产生的免疫应答也各不相同②。在生产中若选择不当，常会导致免疫无效或严重反应，甚至诱发其他疾病。

2.疫苗本身的质量问题

诸如免疫原性差、灭活方法不当、污染了强毒、疫苗效力较差、疫苗过期等，都会引起免疫有效期内的畜(禽)群免疫无效或产生严重反应。如果用于制造疫苗的种蛋带有蛋源性疾病病原，如禽白血病和霉形体病等。则除了影响疫苗的质量和免疫效果外，还有可能传播疫病。

①免疫无效是指畜(禽)群经免疫接种某种疫苗后，在其有效免疫期内，不能抵挡相应传染病的流行或效力检查不合格；严重反应是指免疫接种后的一定时间内(一般为24～48h)全群普遍出现严重的全身反应，甚至大批死亡

②如鸡新城疫常用疫苗有低毒型Ⅱ系(B1株)、Ⅲ系(F株)、Ⅳ系(La Sota株)、N79、NGM88、克隆30、克隆70和中毒型Ⅰ系(Muktesmr)株、Roakin系、Komarov系等。鸡传染性支气管炎疫苗有荷兰型H52、H120及美国型M41等

（二）免疫机体的影响

1.畜禽感染某些疫病

畜禽感染某些疫病对免疫机体的影响可能有以下几种情况。

2.遗传素质的影响

某些疫病与遗传素质有关，这些畜禽群即使免疫接种后，仍保持敏感性或免疫力产生很慢，如马立克病就与遗传素质有关，具有基因易感性，个别机体先天免疫缺陷，也常常导致免疫无效或效力低微。

3.继发性免疫缺陷

除原发性免疫缺陷外，免疫球蛋白合成和细胞介导免疫还可因淋巴组织遭到肿瘤细胞侵害或被传染因子破坏，或因用免疫抑制剂而被抑制，引起继发性免疫缺陷。免疫缺陷增加了畜禽群对疫病的易感性，并常导致死亡。

4.早期感染的影响

在进行疫苗预防时，往往有一部分畜禽已感染疫原而处于潜伏期，此期间接种常常可使畜禽群在短期内发病。

（三）免疫接种技术的影响

1.免疫接种途径错误

没有按照说明书要求使用疫苗，随意更改免疫接种途径、部位。

2.疫苗选择贪求多样

不了解当地疫病流行情况及疫病种类，盲目引用疫苗，尤其引入该地没有相应传染病的毒力较强的活疫苗，导致该病过早暴露，扩散疫情。

3.免疫程序不合理

不同畜禽群免疫前的抗体水平是不一致的，因而免疫的时间、方法是有差别的。对幼畜、雏禽过早接种疫苗，常由于母源抗体存在而影响免疫效果；鸡传染性支气管炎疫苗H52、H120和新城疫各系苗使用间隔不到10 d的，则影响新城疫的免疫效果；在接种传染性法氏囊疫苗之后，常有轻微肿胀现象，此时接种其他疫苗，可能会影响免疫效果；产蛋高峰期的家禽接种疫苗，既影响产蛋量，又能引起严重反应。

（四）饲养管理因素的影响

1.营养缺乏

畜禽机体内营养缺乏能直接影响免疫效果，严重时亦会引起继发性免疫缺陷。体内红细胞除具有携带氧气、调节体内酸碱平衡等功能外，还具有识别抗原，减少免疫复合物对机体的危害的免疫调节功能。

机体缺乏营养时有如下表现：

在矿物质营养方面，一些微量元素，如锌、铁、硒、铜等在免疫方面具有重要的地位。

2.环境卫生差

畜禽群的密度过大，通风不良，氨气浓度过高，卫生状况差，对免疫效果也有着很大的影响。

（五）其他因素的影响

长途运输、寒冷、炎热、饥饿、干渴和啄斗等应激因素都会使畜禽免疫能力下降，且对抗体免疫反应抑制的长短与这些因素的强弱、持续时间及次数均有一定关系。

二、免疫失败的控制措施

1.加强综合卫生措施

疫病预防是一个综合防治过程，免疫接种工作只是控制疫病的开始而不是结束。必须理解除进行免疫接种外，良好的饲养管理和有效的卫生环境也是非常重要的。要强化“生物安全”体系的卫生观念和措施，确保畜禽体质健康。

2.掌握疫情和接种时机

在疫苗接种前，应当了解当地疫病发生情况，有针对性地做好疫苗和血清的准备工作。注意接种时机，应在疫病流行季节之前1～2个月进行预防接种，如夏初流行的疫病，应在春季注苗。①

3.注意防疫密度

预防接种首先是保护被接种动物，即个体免疫。传染病的流行过程，就是传染源（患畜或带菌动物）向易感动物传播的过程。当对禽群进行预防接种，使之对某一传染病产生了免疫，当免疫的动物数达到75％～80％时。免疫动物群即形成了一个免疫屏障，从而可以保护一些未免疫的动物不受感染，这就是群体免疫。如果预防接种既达到个体免疫又达到群体免疫的目的，就能收到最好的预防效果。为了达到群体免疫，既要注意整个地区的接种率，也要注意基层单位的接种率，如果某个具体单位接种率低，易感动物比较集中，一旦传染源传入，便可引起局部流行。

①也不能过早，否则免疫力降低以致消失，到了流行季节得不到相应的保护。最好在疫病的流行高峰期以前完成全程免疫，当流行高峰时节，畜群免疫力达最高水平

4.加强疫苗的保管、运输、发放和使用

各种疫苗的最佳保存温度，应参照厂家说明书，但有些疫苗不可冻结保存，如活菌苗、类毒素、油乳剂苗及稀释液等，以2～8℃保存为宜。

5.加强动物生物制品市场管理

动物生物制品是一种特殊的商品，应实行专营，以确保质量和安全。禁止生产劣质低效疫苗及以假乱真、胡乱销售。坚决取缔无证经营，整顿经营秩序。有关部门应加强疫苗的研制、生产管理，以保证疫苗本身的质量。

第七章　免疫营养学研究技术

动物体免疫系统功能主要包括免疫防御、免疫自稳和免疫监视。营养在很大程度上影响这动物体免疫应答反应的发生和强度。因此，营养在维持动物免疫能力方面起着重要的作用。任何一种营养素的缺乏都会对动物免疫造成不利的影响。免疫缺陷或易感染状态往往与营养不良相关，许多感染性疾病的发病率上升多与蛋白质能量营养不良、营养素缺乏有关。总之，对营养免疫相互作用的研究需要考虑动物体营养素背景环境，并且需要一个包含多水平免疫反应检测的相互补充的试验设计。本部分内容将集中讨论适合于研究免疫营养互作关系的试验方法。

第一节　动物免疫反应评估

到目前为止，评价畜禽免疫功能的方法大部分源自于实验室方法。随着分子生物学研究方法的出现，免疫功能被更直接地研究，并出现了特定代谢途径的研究。由于畜禽疫病频发，对疫苗和病毒传播流行病学的研究迅速发展，从而需要出现评价免疫反应的新的合理方法。①

广泛应用于评价畜禽免疫系统功能的方法主要包括特异性免疫功能（细胞免疫和体液免疫）和非特异性免疫功能（细胞免疫和体液免疫）两大类检测体系。

细胞活化的方法为T细胞、B细胞增殖试验，通常采用外周血淋巴细胞，由密度梯度离心法获得，经植物凝集素、细菌或病毒作为细胞分裂原激活T细胞、B细胞，引发免疫反应，用刺激指数来反映细胞分裂增殖情况。典型的单细胞培育包含T细胞、B细胞和单核细胞，细胞培养体系加入细胞融合放射性标记物（通常为腺苷标记），在培育几天后，通过检测融合DNA放射性标记物来反映细胞分裂增殖情况。此方法对外周血单核细胞免疫功能的评价仅是一个参考指标，与动物在体免疫功能有本质区别，因为细胞收集方法没有统一标准，对于细胞体外培养浓度，各实验室也依据自己的试验条件给予确定，并不尽相同。但这种半在体的检测方法也有其独特优点，因为此培养

① 目前，畜禽免疫营养的研究思路已经逐渐拓展到营养素的免疫调控机制方面，对细胞免疫反应的评价需要大量地研究尝试，因此，本领域的研究方法也需要不断更新

体系的血浆蛋白和血液可溶性营养物质没有被去除，兼顾到了不同类型细胞与血液营养素的互作关系。

细胞因子生物学功能的研究可帮助我们明确营养素对免疫反应的调控作用。营养素不平衡会严重损伤免疫反应。一方面，营养不良将增加动物体病原易感性；另一方面，临床感染会直接影响营养素的摄入和代谢。急性反应期细胞因子的合成将导致肌肉和体脂合成的减少。

第二节　动物免疫营养研究总体设计

免疫营养学方法提供了一个全新的方式来研究畜禽免疫系统功能。生长期畜禽营养素缺乏的动物模型免疫功能研究表明，营养素对畜禽免疫防御有直接影响。这些调查结果通常由于动物生存环境因素、毒素、致癌物质、病原体或地方病感染的影响而变得复杂。

准确研究对象的建立直接关系到试验对照选择的合理与否，因此，免疫营养互作关系探讨的基础性工作就是准确选择研究对象。当试验条件控制和研究对象相结合时，对研究手段的选择具有高度信息提示性。平行试验应考虑试验动物的年龄、性别、临床状态和饲养环境等。纵向研究的关键就在于它可以运用自身作为对照，消除不同动物个体产生的实验误差。

作为观察性试验研究，某一营养素或免疫异常是已知的，这就要求对其他潜在的相关免疫功能进行重点研究。在营养免疫互作研究试验中应采用不同的试验设计来获取全面、可靠的数据。由于免疫系统功能通常有瞬间反弹现象，并在以后的时间点内不被察觉，因此有必要用几个渐变剂量跟踪观察免疫功能的时空变化。

第三节　动物免疫营养研究试验方法

一、免疫方法的选择

一个好的试验设计的基础是能够解决关键问题。对营养素如何影响免疫功能的研究日益引起人们的注意，蛋白质能量营养不良会导致畜禽免疫功能下降，并增大畜禽的感染概率。

表 7－1 解释了如何整合不同的试验设计和好的试验方法来实现在该研究领域中得到具有说服力的结果。

表 7－1　畜禽免疫营养互作试验方法

研究项目	试验设计	试验方法	研究结果	参考文献
Gln 对黏膜免疫功能的影响	随机试验设计；TPN、TPN＋2％ Gln、正常饲喂组	取肠道、呼吸道组织样，测定 IgA 和 Th2 型细胞因子	添加 2％Gln 日粮能提高大鼠肠道和呼吸道 IgA 和 Th2 型细胞因子水平	Kudsk 等（2000）
血色素沉积症基因对铁代谢和免疫功能的影响	敲除血色素沉积症基因 α1 和 α2	血色素沉积症基因敲除，动物营养代谢指标和免疫指标分析（疾病模型建立）	血浆铁、转铁蛋白和肝脏铁水平都上升，主要是因为十二指肠铁吸收能力上升；对免疫功能未产生显著调控作用	Bahram 等（1999）
日粮脂类和免疫反应	小鼠采食高脂（饱和、*n*-3 或 *n*-6 油脂）、低脂日粮	脂肪酸组成；脾脏淋巴细胞增殖；Th1、Th2 型细胞因子检测（细胞培养分析）	PUFA 降低 Th1 型细胞因子合成，主要是在 mRNA 水平	Wallace 等（2000）
出生后针对细菌的先天免疫反应	乳蛋白的细菌识别模式	乳源多肽分离，经质谱研究结构并测序（构效结构分析）	研究证实乳中一种可溶性蛋白是细菌 CD14 受体的可溶形式	Labeta 等（2000）
n-3 PUFA 调控脾脏淋巴细胞信号通路	LPS 刺激动物模型，不同类型油脂调控作用	脾脏淋巴细胞膜脂肪酸组成、细胞膜结合酶、第二信使、核转录因子（信号通路研究）	*n*-3 PUFA 主要是影响膜结合 PLC、第二信使 IP3 和 NF-κB，降低促炎性细胞因子表达	Yang 等（2008）
高免卵黄抗体 IgY 对球虫感染的影响	不同种属球虫感染肉鸡模型，不同水平高免卵黄抗体 IgY	高免卵黄抗体制备、体增重、肠道病变积分、肠道球虫数量	高免卵黄抗体被动免疫可明显提高肉鸡对柔嫩艾美耳球虫（*E. tenella*）和巨型艾美耳球虫（*E. maxima*）球虫感染的抗病力	Lee 等（2009）

二、免疫评估

新研究方法的出现，已经能够通过不同的试验设计来研究免疫细胞激活过程的不同阶段对免疫分化及其代谢途径的影响。表 7－2 列举出了当前正在使用的几种方法。

表 7－2 畜禽免疫功能的评价方法

分析项目	反应功能	检测决定因素	分析原理	分析方法
免疫细胞活化	对刺激源的反应	刺激源 待测反应细胞特异性	待测反应细胞基因表达 单克隆抗体 生化反应	ATP 合成量 流式细胞术分析 CD69、mRNA 水平
免疫细胞增殖反应（信号扩大）	细胞分裂	刺激源 细胞数量 细胞培养条件	检测放射性同位素在 DNA 复制过程的融合量 检测 DNA 结合染料	微量全血培养 密度梯度法单核细胞分离 淋巴细胞纯化
细胞因子反应 细胞因子类型	特异细胞因子 Th1/Th2 型免疫反应	刺激源特异性生产型细胞单一性	ELISA（酶联免疫吸附法） ELISPOT（酶联免疫斑点法） 单克隆抗体检测胞内细胞因子	分光光度法 荧光分光光度法
免疫细胞亚群	细胞亚群分析	单克隆抗体 筛分准确性	利用荧光标记单克隆抗体	流式细胞术
抗原特异性细胞	细胞免疫功能	抗原特异性 检测体系	IFN 分泌检测 特异激活	ELISPOT 流式细胞术检测活化细胞
抗体分泌	抗体分泌细胞	抗原/抗体 抗原刺激	重组抗原 单克隆抗体 有限稀释技术	ELISA RIA（放射免疫分析法） ELISPOT

续表

分析项目	反应功能	检测决定因素	分析原理	分析方法
细胞毒性	特异性或非特异性细胞杀伤作用	依赖靶细胞、补体或效应细胞	靶细胞杀伤特异性 补体 相对强弱检测	铬释放量 ELISPOT 流式细胞术
免疫细胞凋亡	凋亡小体 膜磷脂酰丝氨酸	荧光染色时间控制 电镜操作 流式细胞术	细胞形态改变 免疫杂交 细胞膜磷脂膜内外改变	普通光镜观察法 透射电镜观察法 荧光显微镜观察法 流式细胞术
非特异性免疫检测	巨噬细胞吞噬活性 溶菌酶活性	无菌操作 敏感菌株选择	巨噬细胞吞噬异源物质 溶菌酶的细菌杀伤特性	光镜法 分光光度法 平板法
免疫细胞信号通路和代谢机制	对关键营养素	RNA 提取 基因芯片制备	基因序列杂交	高通量微阵列分析 基因测序
动物免疫模型	免疫抑制模型 免疫促进模型 肠道疾病模型	抑制剂选择 促进剂选择 选择代表性肠道致病菌	淋巴细胞敏感药物（环磷酰胺、皮质醇） 淋巴细胞敏感物质(LPS) 特征性定殖于畜禽肠道	分析淋巴细胞功能(流式细胞术) 分析颗粒细胞功能(血细胞分型) 特征性细胞因子 特征性免疫效应分子 上述相关免疫指标检测 检测肠道定殖特性、致病机理

目前,畜禽免疫功能研究通常开始于单核细胞对促细胞分裂剂、非特异性激活剂或抗原的反应。这些方法通常以微孔细胞培养板上培养的细胞分

裂反应试验为基础。细胞培养方法直接影响测定结果，因此要根据反应动力学对淋巴细胞培养条件进行优化。

最后的数据统计分析对所有的研究都至关重要，包括组间和组内的数据分析。在分析上清液细胞因子水平前，必须对样本收集和数据整理进行正确的处理。正确的样本收集和整理对获取低变异系数的同类数据收集至关重要。好的设计必须结合研究假设经过反复核查和综合全面处理因素进行考虑，方可通过收集到的数据得到正确结论。

第四节　免疫学关键技术

随着免疫学学科的不断发展，免疫学实验技术不断得到发展和完善，为免疫学学科的发展做出极大的贡献。在微生物学、免疫学研究和临床的检验工作中，免疫学技术已经成为一种重要的手段，尤其是在一些微量的、特异性要求高的测定中更显示出了其特有的优越性。

一、免疫标记技术

(一)荧光抗体技术

在一定条件下，某些荧光物质既可以与抗原或抗体结合，又对抗原与抗体的特异性结合不造成影响。用荧光抗原或荧光抗体对待检标本染色后，通过荧光显微镜下观察可以发现发出荧光的抗原抗体复合物。荧光物质作为蛋白质标记使用物必须具备以下几个条件。

(1)荧光效率高，与蛋白质结合的需要量少。

(2)可以与蛋白质分子形成稳定共价键的化学基团，但不会产生有害物。

(3)结合物的荧光作为组织学标记，必须与组织的自发荧光有良好的反衬。

(4)在一般条件下结合物是稳定的，但在结合后又不会对免疫活性造成影响。

(5)能制成直接应用的商品。

四乙基罗丹明(RB200)、其中硫氰酸荧光素(FITC)、四异甲基罗丹明(TMRITC)等都是具备这些条件的荧光物质。其中异硫氰酸荧光素是应用最广的荧光物质。荧光抗体(抗原)染色法可以分为以下几种。

①直接法。直接在标本区滴加 2～4 个单位的标记抗体，并将其放于试盒内，在 37℃的条件下染色 30 min，然后将其置于 pH 值为 7.0～7.2 的大量磷酸缓冲液(PBS)中漂洗 15 min，干燥，封载后即可镜检。

②双层法。先将未标记的抗血清滴加到标本上，并在 37℃的条件下将其放于湿盒内 30 min。漂洗后，再用标记的抗体在 37℃的条件下染色 30 min，

漂洗、干燥、封载。

③夹层法。该种方法主要被用于检测组织中的1 g。先用相应的可溶性抗原将标本处理好，漂洗后再用与该检Ig有共同特异性标记抗体染色。

④抗补体染色法。用荧光标记抗补体抗体，即可用以示踪能进行补体结合的任何抗原抗体系统。在标本上滴加已灭活的抗血清与1∶10稀释血清的混合物，37℃ 30～60 min，漂洗后，再在37℃条件下染色30 min，漂洗、干燥、封载、镜检。

（二）放射免疫技术

放射免疫技术又可以被称为同位素免疫技术、放射免疫分析或放射免疫测定法。这种技术是一种将放射性同位素测量的高度精确性、灵敏性和抗原抗体反应的特异性相结合的体外测定超微量（10^{-9}～10^{-15} g）物质的新技术。从广义上来说，只要是应用放射性同位素标记的抗原或抗体，通过免疫反应测定的技术，都能被称作放射免疫技术。标记抗原与未标记抗原竞争有限量的抗体，并通过测定标记抗原抗体复合物中放射性强度的变化，测定出未标记抗原量的技术是经典的放射免疫技术。该种技术操作方法迅速、简便而且准确可靠，可被广泛应用于各个领域。目前常用的放射免疫技术有两种，即放射免疫饱和分析法和放射免疫沉淀自显影法。

（三）酶联免疫吸附测定技术

把抗原、抗体的免疫反应和酶的高效催化反应有机结合而发展起来的一种综合性技术即为酶联免疫吸附测定技术（enzyme-linked immunosorbent assay，ELISA）。它是以化学的方法将酶与抗体或抗原结合起来形成酶标抗体（抗原）。酶标抗体（抗原）的免疫活性仍然存在，为形成酶标记的免疫复合物，可以将它与相应抗原（抗体）起反应。结合在免疫复合物上的酶，在与其底物相遇后，会对无色的底物进行催化，并生成有色产物。可通过比色等方法对该种产物进行分析测定，从而可定性、定量分析抗原或抗体。为酶联免疫吸附测定技术的方法有很多，包括有间接法、双抗体法以及双夹心法等。

二、血清学反应

凝集反应（agglutination）是指在有电解质存在的条件下，细菌、红细胞等颗粒性抗原与其特异性抗体结合后，互相凝聚成肉眼可见的凝集小块的过程。参与凝集反应的抗体称为凝集素（agglutinin），抗原称为凝集原（agglutinogen）。在凝集反应中，抗原虽然总面积较小，但是每个抗原的体积都很大。常通过稀释抗体（抗血清）的方法，来保证抗原和抗体间能充分结合。

颗粒性抗原与相应抗体直接结合所出现的凝集现象即为直接凝集反应。

玻片法是一种定性试验方法。在玻片上各一滴含有已知抗体的诊断血清和待检菌液，并将其混合。当过了几分钟后，如出现肉眼可见的细菌凝集现象，即为反应阳性。这种方法快速、简便，对菌种的鉴定和血型的测定非常适用。

试管法是一种定量试验。将不同稀释度的等量待检血清（用生理盐水稀释）和等量的抗原加入一系列的试管内，再将其放入 37 ℃或是 56 ℃的水浴内 4 h，时间到以后观察结果，并将其放入冰箱过夜，然后再观察一次。血清的最高稀释度仍可发现明显的凝集现象，这就是血清的凝集效价（titer）。抗体含量随效价的增高而变多。通过这种方法，可对血清中抗体的相对含量进行法测定，一般通过它来测定患传染病的患者血清中抗体的效价，以对临床诊断进行协助。例如，测定伤寒及副伤寒患者血清中抗体的肥达氏反应。

间接凝集反应（indirect agglutination）是将可溶性抗原（或抗体）吸附于一种载体颗粒表面，然后与抗体（或抗原）结合，在适宜条件下，即有电解质存在，发生的凝集反应。由于这种凝集是借助于载体颗粒，使本来不会发生凝集反应的抗原抗体发生结合，出现肉眼可见的凝集现象，因此被称为是间接凝集反应。载体颗粒使抗原的反应面积增大，因而能使诸多的复合物聚集成团，被肉眼所见。间接凝集反应的灵敏度要高于直接凝集反应 10～400 倍。

细菌之间如果含有共同抗原的，是可以相互发生交叉凝集的。例如，甲、乙二细菌，甲细菌含有 A、B 两种抗原，乙细菌含有 A、C 两种抗原，A 是两种细菌的共同抗原，因此，抗甲细菌血清与乙细菌，抗乙细菌血清与甲细菌之间均会发生交叉凝集反应（图 7－1）。

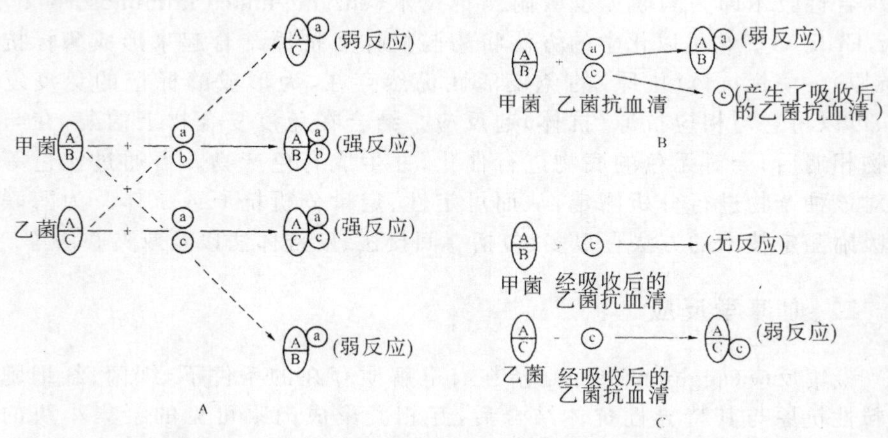

A.交叉反应　B.凝集吸收反应　C.单价特异抗血清的诊断试验

图 7－1　交叉反应、凝集吸收反应和单价特异抗血清的诊断试验

假若乙细菌悬液被加入抗甲细菌的抗血清中，则血清中 A 凝集素被吸收，吸收后的血清只含B凝集素，被称为单因子血清，虽然不会再与乙细菌凝集，但还能与甲细菌凝集。因此，用这种方法既可以鉴别特异凝集和类属凝集，也可以提取含有单一凝集素的血清。

沉淀反应（precipitation reaction）是指在适量电解质存在的条件下，细菌的外毒素、内毒素、血清、病毒等的可溶性抗原和组织浸出液等与相应抗体结合，并聚合而成肉眼可见的白色沉淀反应过程。其抗体称为沉淀素（precipitin），抗原称为沉淀原（precipitonogen）。在沉淀反应中，虽然抗原分子比较小，但每个抗原分子体积内所含的量多，与抗体结合的总面积大，因此，常通过稀释抗原，来保证抗原与抗体能够按照比例相结合。

①环状沉淀反应。将已知抗血清加入内径为2.5 mm的小试管内，然后在血清上表面小心加入待检抗原，使之成为分界清晰的两层，一定时间后，凡两层液面交界处呈现白色环状沉淀者即为阳性反应。该种方法敏感、简单，只需较少的被检材料，可用作抗原的定性试验。例如，血迹鉴定、炭疽病的诊断（Ascoli's试验）以及沉淀素的效价滴定等。

②絮状沉淀反应。在有电解质存在时，将抗原与抗血清在试管内混合后，抗原抗体复合物可形成混浊沉淀或絮状凝聚物。该种反应常被用作螺旋体引起的梅毒病（Kahn试验）的诊断以及用以滴定毒素、类毒素和抗毒素的效价。

③琼脂扩散反应。琼脂扩散反应是指可溶性抗原和抗体在半固体琼脂内扩散，进行的沉淀反应。琼脂扩散可分为两种类型：其一是单向琼脂扩散，将一定浓度的抗体与半固体琼脂混合，并倾注于玻片或平皿上。凝固后，将抗原加入在琼脂层上打的孔中，使其扩散到四周，过段时间，在比例适当处可形成肉眼可见的环状沉淀线。这种反应同样也可以在试管中进行。

另一种是双向琼脂扩散，将半固体琼脂倾注于玻片或平皿上。凝固后，按一定距离在琼脂上打数个孔，并将抗原与抗体分别注入孔内，两者互相呈现放射式的扩散状态。过段时间后，在浓度最适当的地方相应的抗原抗体呈现白色沉淀线。这种反应同样也可以在试管中进行。但值得注意的是，半固体琼脂必须置于抗体与抗原之间。

④免疫电泳。琼脂扩散反应和电泳技术结合起来，发展为免疫电泳（immunoelectrophoresis）技术。待检样品（含复合抗原）先在琼脂凝胶板上电泳，然后将抗原的各个组分在板上分开，并在点样孔一侧或两侧打槽，将抗血清加入其中，进行双向双扩散。与电泳迁移率相近，并且无法分开的抗原物质，还可因扩散系数的不同而形成不同的沉淀带，从而使对复合抗原组分的分辨能力进一步加强（图7-2）。免疫电泳具有特异性强、敏感性高的特点，目前已被广泛应用于生物学、微生物学、生物化学、免疫学与临床医学等领域中。

而由于免疫电泳技术具体操作的不同,又可将其分为流免疫电泳、火箭免疫电泳等。

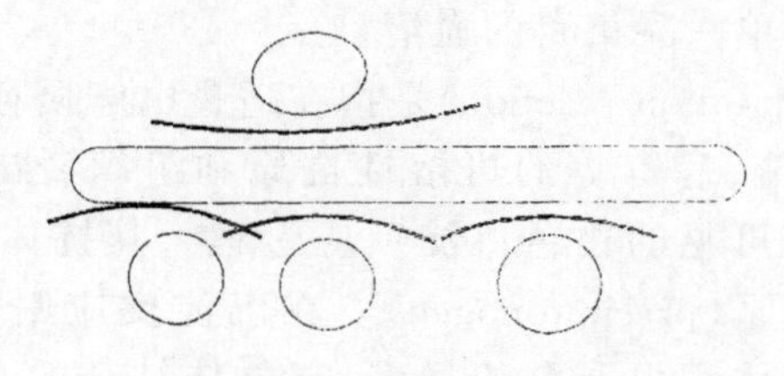

图 7-2　免疫电泳

三、补体结合反应

有补体参加的抗原抗体反应即为补体结合反应(complement fixation reaction)。补体结合反应的原理在于补体的作用没有特异性,能与任何一种抗原抗体复合物发生反应,而且一旦发生结合就不会再游离。因此,假如抗原为已知的,就能通过观察补体是否被结合,而对血清中是否有与抗原相应的抗体存在进行测定。但这 3 种成分全在液体中,无法用肉眼判定补体是否结合。因此常采用指示剂即溶血反应,通过有无溶血现象来判定补体是否被抗原抗体复合物所结合。补体结合反应(图 7-3)分为以下两个系统进行。

1.反应系统

反应系统是进行补体结合反应的主要部分,又称结合系统。先后在试管中加入抗原、抗体,再加入补体混合,作用一段时间后,若是抗原与抗体是相应的,那么补体就被结合,反之则处于游离状态。

2.指示系统

指示系统又被称为溶血系统,是指在反应系统完毕后,将抗原——绵羊红细胞和抗体——溶血素加入试管中。假如发生溶血,表明液体中的抗原与抗体不是相应的,不会发生结合,补体依然游离存在;假如不发生溶血,抗原与抗体是相应的,补体已被抗原抗体复合物结合,即为阳性反应。在碰到溶血素和红细胞的复合物时,出现溶血现象,发生结合,即为反应阴性。

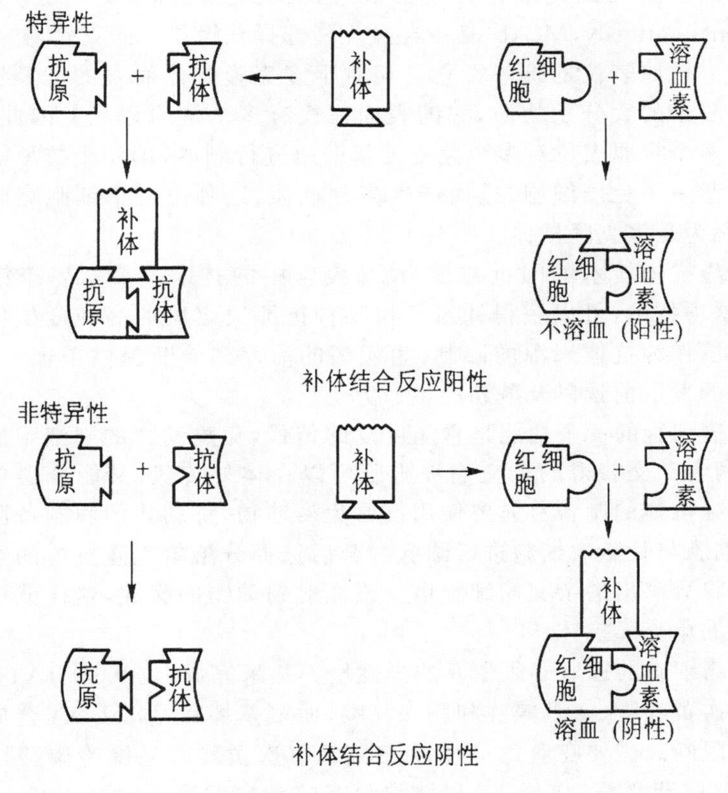

图 7－3　补体结合反应

四、单克隆抗体技术

Kohler 和 Milstein 于 1975 年证明出骨髓瘤细胞与免疫动物的脾细胞融合形成的杂交瘤细胞，可以分泌针对免疫抗原中的一种抗体，且杂交瘤细胞一经建立即具有肿瘤细胞在体外无限繁殖和脾细胞产生抗体的双重功能，具有两种亲本细胞的特性。

单克隆抗体技术是细胞融合和细胞杂交技术发展的产物。人体和其他哺乳动物内主要有 T 细胞和 B 细胞着两类淋巴细胞。其中 T 细胞能分泌淋巴因子，起到细胞免疫的作用；B 细胞能分泌抗体，发挥体液免疫的功能。当外界抗原进入人体或者动物体内后，会刺激机体产生相应的抗体。由于抗体表面存在着各式抗原决定簇，因此能诱发 B 淋巴细胞产生各式各样且数量繁多的抗体。而由于每个 B 淋巴细胞只能专一地产生、分泌一种针对某种抗原决定簇的特异性抗体的特点，所以，要想获得某种大量专一的抗体，就必须对某种特定的B淋巴细胞进行大量繁殖，也就是克隆(clone)。而单克隆抗体(monoelonal antibody，McAb)是指经过克隆选择获得单一的克隆，并只产生一种针对单一抗原表位的抗体。它是相对于多克隆抗体而言的。天然抗原物质是一种复杂的大分子物质，它的表面往往有多个抗原表位。因此，一种抗原物质的多个抗原表位对多个免疫细胞增殖进行刺激，即每个抗原表位都相对应的刺激一个免疫细胞，进而产生多种抗体，这种由多个细胞克隆产生的抗体，被称为是多克隆抗体。

单克隆抗体技术的问世被誉为“免疫学中的技术革命”，属于第二代抗体，利用这项技术，可以获得针对任何某种抗原决定簇的高纯度抗体。它突破了抗血清作为抗体来源的限制，为疾病的治疗和诊断提供了极大的方便，有着广阔的发展前景以及蓬勃的生命力。

骨髓瘤细胞的一个功能是它能反复的传代，免疫动物的脾细胞能够分泌抗体，而两者杂交获得的杂交瘤细胞既可以在体外传代，又能分泌单克隆抗体。单克隆抗体的制备首先要使用抗原免疫动物，将动物的脾制备脾细胞取出，将脾细胞与骨髓瘤细胞进行细胞融合后选择分泌单克隆抗体的杂交瘤细胞。进而将分泌出的杂交瘤细胞培养或注射到动物的腹腔，这样就可以制备大量所需的单克隆抗体。

杂交瘤细胞的选取必须依靠选择性培养基来完成，也就是HAT培养基，其中含有次黄嘌呤、氨基蝶呤和胸腺嘧啶，而氨基蝶呤可对DNA合成的主要途径进行阻断。需要在应急途径即HGPRT(次黄嘌呤鸟嘌呤磷酸核糖转移酶)和TK(胸苷激酶)作用下，利用胸腺嘧啶和次黄嘌呤合成DNA，DNA合成只要缺少其中一种，就不能发生。用于杂交的骨髓瘤细胞是一种代谢缺陷型细胞，它是通过有毒药物诱导而选择产生的，而单个或融合骨髓瘤细胞在HAT选择培养液中将死亡，这是由于骨髓瘤细胞中不含有TK或HGPRT。但一般在体外培养，特别是单个细胞环境的条件下，很难增殖传代和长期存活。因此，只有杂交瘤细胞才能在HAT培养液中生长繁殖，并凭借敏感检测技术，从众多杂交瘤细胞中选择出能够产生特异性抗体的杂交瘤细胞。

单克隆抗体已被各个领域广泛应用，并取得了显著的成果。它被经常性的应用于种传染病的临床诊断，对疾病的临床诊断来说，是一种非常灵敏的鉴定方法，如乙型肝炎、衣原体疾病等的诊断；在科研和药学研究领域，它又可以用来识别、检测和分离外来的抗原，是重要的研究试剂；它还是疾病治疗的有力的治疗武器，已被制成“药物导弹”，成功应用于某些肿瘤疾病的治疗，使毒素对正常细胞的伤害大大降低。目前已经有10余种癌症，如淋巴瘤、肝癌、结肠癌、乳腺癌和骨癌等制成了针对性的单克隆抗体。

第八章　畜禽疫苗设计与抗体工程

本章从大肠杆菌研究现状和外膜蛋白研究进展出发，介绍了大肠杆菌疫苗及抗体研究；大肠杆菌单链可变区抗体获取、构建及表达；抗体工程研究进展。

第一节　大肠杆菌研究现状

大肠杆菌(*Eschera coli*，*E. coli*)，又称大肠埃希氏菌，于1885年由Theodore Escherich从肠炎婴儿患者粪便中发现。大肠杆菌可以在土壤及水源中检测到，同时又广泛存在于生物体内，包括植物、人及其他温血动物体内，在动物出生后很短的时间内，甚至在母体内就已经通过母婴传播传给婴儿(Hayashi and Makino等，2001)。大多数大肠杆菌在正常栖居条件下不致病，但若进入胆囊、膀胱等处可引起炎症。在肠道内大量繁殖，常随粪便散布在周围环境中。同时，一些携带致病性因子(如肠毒素)的大肠杆菌能引起健康动物发病，如肠道腹泻型，尿路感染型，败血症及脑膜炎等疾病(Torres and Kanack等，2004；Servin，2005，2004；Servin，2005)。

一、生物学特性

大肠杆菌属于肠杆菌科埃希菌属成员，为革兰氏阴性细菌，无芽孢，菌体大小通常为(0.74～0.7)μm×(2～3)μm，两端钝圆。散在或成对存在，约50%的大肠杆菌具有周身鞭毛，能运动，部分菌株有荚膜及鞭毛。大肠杆菌为需氧或兼性厌氧，最适生长温度为37℃，但在18～44℃或更低温度都能生长。大肠杆菌抗热性较强，55℃ 60min或者60℃ 15min一般不能将大肠杆菌完全杀死，但60℃ 30min能将其完全杀死(Juneja and Marks，2005)。最适生长pH值为7.2～7.4，对营养要求不高，在普通培养基及人工合成培养基上均能较好的生长。在普通的琼脂LB平板上37℃培养24h，能形成光滑，湿润的乳白色菌落；能发酵多种糖类产酸和产气。

二、大肠杆菌分类

从致病型方面，大肠杆菌分为致病性大肠杆菌与非致病性大肠杆菌。根据其毒力因子、致病机理、致病性、临床特征及流行病特征，将致病性大肠杆菌分为以下几类，包括肠致病性大肠杆菌（Enteropathogenic *E.coli*，EPEC）（Kenny and DeVinney 等，1997）、肠产毒性大肠杆菌（Enterotoxigenic *E.coli*，ETEC）（Chauviere and Coconnier 等，1992；Walker and Steele 等，2007）、肠侵袭性大肠杆菌（Enteroinvasive *E.coli*，EIEC）（Fagan and Hornitzky 等，1999）、肠出血性大肠杆菌（Enterohemorrhagic *E.coli*，EHEC）（Fagan and Hornitzky 等，1999）、产志贺毒素大肠杆菌（Shiga toxin-producing *E. coli*，STEC）（Paton and Paton，1998）、肠黏附性大肠杆菌（Enteroaggregative *E. coli*，EAEC）（Mathewson and Oberhelman 等，1987）及弥散黏附性大肠杆菌（Diffuse adhering *E. coli*，DAEC）（Giron and Jones 等，1991）等。这些致病性大肠杆菌是引起人及大多数动物患大肠杆菌疾病的主要病原菌群。

三、抗原性

大肠杆菌抗原结构比较复杂，由菌体抗原（O）、鞭毛抗原（H）和表面抗原（K）组成及菌毛抗原（F）组成（DebRoy and Roberts 等，2011；Holmgren and Bourgeois 等，2013；Phan and Peters 等，2013）。O 抗原是大肠杆菌分群的基础，由脂多糖、核多糖与 O 抗原多糖侧链三部分组成，多糖的种类及排列方式的差异是大肠杆菌 O 抗原种类繁多的原因。目前已鉴定的 O 抗原有 173 种；H 抗原是一种具有良好抗原性的蛋白质类抗原，与大肠杆菌的致病性有关。目前已发现的 H 抗原有 64 种。K 抗原能抵御活细菌或未加热菌液在 O 抗原血清中看凝集性，目前已发现的 K 抗原有 103 种。F 抗原是一种热不稳定蛋白抗原，可以特异性黏附于上皮细胞或者其他细胞，是某些致病性大肠杆菌的重要致病因子。大肠杆菌的血清型分型主要以 O 抗原，H 抗原及 K 抗原进行分型，可用 O：K：H 排列表示其血清型。三种抗原相互组合，可构成几千种大肠杆菌血清型。需要指出的是，以这种抗原组合得到的大肠杆菌的血清型与其致病性没有直接关系。

四、致病机理

致病性大肠杆菌的毒力因子主要有黏附素、毒素、外膜蛋白及铁运转系统等。在大肠杆菌侵袭宿主并引起发病的过程中，这些毒力因子相互配合，发挥作用。

(1)黏附素。黏附素是一类表达于细胞膜表面，长为 0.5～3μm，在电镜下呈丝状的蛋白质结构，通常多达 100 个相同的结构亚单位和各种不同的微小辅助蛋白构成。一些大肠杆菌菌毛蛋白及菌体表面分布有黏附素（Nesta and Spraggon 等，2012）。致病性大肠杆菌能与上皮细胞膜上特异性碳水化合物受体相结合。ETEC 侵入宿主后，依靠菌毛黏附于小肠黏膜上皮细胞绒毛边沿的受体上，经黏附定殖后，发挥空间阻遏作用，避免因肠道蠕动或分泌物的清洗而被排出体外。黏附后的大肠杆菌大量繁殖，并分泌肠毒素，导致细胞吸收障碍，引起动物腹泻甚至死亡（Dreux and Denizot 等，2013）。目前已经鉴定出多种动物 ETEC 菌毛，包括 K88、987P、K99 和 F41 等都是动物 ETEC 重要的黏附性毒力因子。在腹泻动物的临床分离株中发现，大多数菌毛基因[包括 K88ab，ac，ad(F4）、F17a(F[Y]，Att25 ）、F41、K99(F5)、987P (F6)、F18ac(2134P，8813)、F18ac(2134P，8813)]都与肠毒素基因联系在一起（Nagy and Fekete，2005；Nagy and Tóth 等，2005；Cox and Melkebeek 等，2014）。通常同一个分离株携带有表达两种或者多种菌毛的基因，每种类型的菌毛至少携带一个黏附性区域部位，可以专一性地识别宿主受体。宿主的种类、年龄和组织特异性对菌毛的类型都起着决定性作用。不同的黏附素具有一定的种属特异性，F4 与 F 多见于猪源分离株，F5 常见于牛、绵羊和猪源分离株，F14 常见于牛源分离株等。

(2)肠毒素。肠毒素包括耐热性肠毒素（heat-stable enterotoxin，ST）（Konno and Yatsuyanagi 等，2012；Shabana and Mohamed Algammal 等，2013)，霍乱毒素(cholera toxin，CT)（Guimaraes and Carette 等，2011；Norton and Lawson 等，2011）和非耐热性肠毒素（heat-labile enterotoxin，LT）（Donaldson and Apostolaki 等，2013）。其中 ST 有几个变种，其中 STa 是可以在人或动物中分离到的，STb 只在人类中才能分离到。产生的这些肠毒素中，LT 可以激活细胞的腺苷酸环化酶，STa 则激活鸟苷酸环化酶导致腺苷-3’，5’-环化一磷酸和环磷酸鸟苷积聚，进而引起肠液过度的分泌，引起水样腹泻。而 STb 并非是通过激活腺苷酸和鸟氨酸酶系统，就可引起肠液分泌增加产生腹泻现象。

五、流行病学

(1)猪大肠杆菌病。致病性大肠杆菌主要存在于母猪的肠道、产道及周围环境中，因此带菌母猪是此病的主要传染源。猪的各种大肠杆菌病主要通过消化道感染。猪感染致病性大肠杆菌时，根据发病日龄及临床表现的差异又可以分为仔猪黄痢(1～3 日)、仔猪白痢(2～3 周龄)及猪水肿病(6～15 周龄)。仔猪黄痢又称新生仔猪大肠杆菌病或早发型大肠杆菌病，往往同窝仔猪的发病率高达 80％以上，病死率较高(何乃得与张庆权，2012)。仔猪白痢又称迟发型仔猪大肠杆菌病，一窝仔猪中发病常有先后，前后持续 10d 左右(李志贵，2013)。发病率可达 30％～50％，死病率较低。猪水肿病(Oanh and

Nguyen 等，2012）又称溶血性大肠杆菌病，尤其是生长发育较快的肥壮猪更容易发病，发病率在20%左右，病死率高达80%，对养猪业危害很大，特别对规模化高密度养殖的猪场危害尤为严重。

（2）禽大肠杆菌病。致病性大肠杆菌可以引起禽类多种急性或慢性的细菌性传染病，包括急性败血症、气囊炎、肝周炎、心包炎、卵黄性腹膜炎、输卵管炎、滑膜炎、眼炎、关节炎等，在临床上可以单独发生或与其他疾病复合发病（Dheilly and Le Devendec 等，2012；Lynne and Kariyawasam 等，2012）。易感禽群可经污染的饲料饮水通过消化道感染，此外呼吸道、人工授精或自然交配、种蛋等也具有重要的传播作用。

（3）牛大肠杆菌病。致病性大肠杆菌（Cheng and Zhu 等，2012）主要侵害10龄以内的犊牛，常表现为败血症、肠毒血症或白痢，发病急，病程短，死亡率高，主要通过消化道传染，也可通过子宫感染或脐带感染。母牛在分娩前后营养不足、饲料中缺乏足够的维生素或蛋白组、乳房部污秽不洁等因素都可促进本病的发生及流行。

（4）羊大肠杆菌病。羊大肠杆菌病（Du Preez，2007）主要以败血症或剧烈腹泻为特征，一般发病于出生数日至6周龄的羔羊，发病率和死亡率高，多于发病后4～12h死亡。兔大肠杆菌的传染源主要是病兔，通过消化道传播。

此外，幼驹、水貂、狐等动物也是大肠杆杆菌病的常见病发动物。

六、大肠杆菌抗生素耐药性

目前，针对革兰氏阴性细菌的防治手段是利用抗生素和疫苗接种。抗生素是目前常规的革兰氏阴性细菌感染治疗手段。人类发现抗生素距今已有超过80年的时间，在人和动物健康及农业方面掀起一个药物革新及开发的时代。然而着抗生素的长期大量使用，大大加速了致病菌耐抗药性的进化。随着抗菌药物在兽医临床和畜牧养殖业中的广泛应用，及耐药性质粒在肠杆菌之间的转移，致病性大肠杆菌对许多抗菌药物的敏感性逐渐降低，耐药性菌株越来越多。各地和不同动物的分离株对抗菌药物的耐药性差别很大，因此很难确定一个能够普遍适用的药物敏感谱。根据监测的情况，对庆大霉素（Magiorakos and Srinivasan 等，2012）、丁胺卡那霉素（Gupta and Dwivedi 等，2012）及痢特灵（Sadeghabadi and Ajami 等，2014）的抗生素敏感的菌株比例较高。越来越多的耐药性菌株不断出现。研究表明，环境及动物肠道微生物菌群基因组中抗药性基因的比重现在已大量增加（Durant and Metais 等，2007）。革兰氏阴性细菌由于具有双层膜及胞质空间结构，成为耐药性菌株的主力军（Nikaido，2003）。大肠杆菌 ST131 凭借具有丰富的β-酰胺酶具有较高的头孢菌素抗药性（Ewers and Bethe 等，2012），加上其特有的毒力因子，引发社区及医院大规模的尿路感染（Rogers and Sidjabat 等，2010），且在全球许多国家的饲养动物体内也分离到该菌（Johnson and Urban 等，2012；Colpan and Johnston 等，2013）。碳青霉素抗性肠杆菌可以产碳青霉烯酶水解该抗生素，其机理按照 Ambler 分类系统科分为 A 型（KPC-K. pneumoniae Carbapenemase）（Tumbarello and Viale 等，2012；Mathers and Carroll 等，2013），B 型（Cornaglia andgiamarellou 等，2011；giske andgezelius 等，2011）及 D 型（Ergin and Hascelik 等，2013），且扩增速度十分迅速。以 B 型抗药性基因为例，该基因最早于 2008 年在一个旅行印度的瑞士人体内发现，目前在世界范围内都已发现该基因（Nordmann and Dortet 等，2012）。抗生素滥用引起的耐药性问题及抗生素残留问题已经是一个全球性亟须解决的问题，减少抗生素的使用是一个艰难但必须实施的方案。改善动物养殖条件，接种疫苗预防病原菌是减少抗生素使用的有效途径。

第二节　外膜蛋白研究进展

像其他革兰氏阴性细菌一样，大肠杆菌具有两层细胞膜，两层膜之间为胞质空间。两层细胞膜组成及功能都不相同。内膜主要有磷脂双分子层构成，两层磷脂分子是均等分布的。外膜内层结构与内膜类似，由磷脂分子层构成，外膜主要有脂多糖构成。外膜蛋白（outer membrane protein，OMP）是镶嵌在革兰氏阴性菌外膜层中多种蛋白质的统称，是一系列由 8～24 个偶数反向平行的 β-折叠（β-strands）通过相邻的氢键形成的 β-桶状结构蛋白（Dirienzo and Nakamura 等，1978；Osborn and Wu，1980）。N 端含有信号肽，引导外膜蛋白穿越内膜并跨外膜，并在跨膜后被切除。外膜蛋白种类繁多，按表达丰度分为主要蛋白和微量蛋白。本节主要以 OmpA、BamA 及 TolC 三种外膜蛋白为例，对这三种蛋白进行简要介绍。

一、OmpA

OmpA 蛋白是大肠杆菌的和其他革兰氏阴性菌主要的热修饰外膜蛋白之一，该蛋白含有 346 个氨基酸残基，第 1～21 氨基酸为信号肽。N 端形成 8 条反向平行跨膜的 β-桶状蛋白链，与脂多糖非共价连接，具有孔蛋白的活性。在膜外形成 4 个长环，在胞质空间形成 3 个较短的转角（Smith and Mahon 等，2007）。C 端位于胞质空间，呈球形，与肽聚糖相互作用。在功能上，OmpA 蛋白发挥着离子通道蛋白的作用，该作用通过一个盐诱导的静电开关机制打开，从而使大肠杆菌能在高渗溶液中存活。平均每个细胞有 10^6 个拷贝（Koebnik and Locher 等，2000），且在逆境条件下表达量会升高（Zhang and

Li 等，2011）。OmpA 的表达与 1 型鞭毛的表达紧密相关，后者是重要的黏附因子（Teng and Xie 等，2006），在细菌的黏附和侵袭的起始过程中起关键作用。OmpA 作为抗原对应产生的抗体具有很好的免疫效果，接种 OmpA 蛋白能够降低肠出血性大肠杆菌 O157：H7 菌株在体内的黏附（Kudva and Krastins 等，2015）。因此 OmpA 蛋白具有开发成大肠杆菌亚单位疫苗的潜力。

二、BamA

BamA 蛋白属于 Omp85 蛋白家族，由 810 个氨基酸残基组成，前 1～20 个氨基酸为信号肽。N 端位于周质空间，为周质多肽转运相关（periplasmic polypeptide transport-associated，POTRA）区域，C 端为跨膜区，包含 16 条不连续的 β-桶状跨膜链（Bennion and Charlson 等，2010）。作为外膜组装复合物的一部分，BamA 主要参与外膜蛋白的正确组装。敲除 BamA 蛋白对大肠杆菌是致命的，因为会导致一系列的外膜蛋白，包括 TolC、OmpF、OmpC 及 OmpA 等蛋白无法在外膜蛋白上正确组装（Wu and Malinverni 等，2005）。减少 BamA 表达会引起对接触依赖性生长抑制剂的敏感性降低，及外膜蛋白合成的下调。该蛋白也与细胞的黏附性有关（Aoki and Malinverni 等，2008）。

三、TolC

TolC 蛋白含有 493 个氨基酸残基，第 1～22 位氨基酸为信号肽。主要以同三聚体的形式存在，分为内膜转运体，周质膜融合区及外膜区三部分。TolC 三聚体复合物形成一个巨大的蛋白管路，可以将物质从胞内直接运送到胞外。TolC 也与一些蛋白相结合，形成诸如 AcrAB-TolC、AcrEF-TolC、EmrAB-TolC 及 MacAB-TolC 的外排系统。这些外排系统主要参与抗生素及其它有毒成分的外排（Zakharov and Sharma 等，2012）。TolC 蛋白也参与大肠菌素 E1 进入细胞的转运（Jakes and Zakharov 等，2015）。

第三节　大肠杆菌疫苗及抗体研究

一、灭活疫苗与减毒疫苗

灭活疫苗是使用灭活的菌体或病毒接种动物，具有免疫效果好、免疫持续期长及生产成本较低等特点。早期的灭活疫苗一般是从感染动物体内分离致病菌，经血清型、药敏试验及致病性实验验证后，将筛选的病原菌通过甲醛等溶液灭活。确定病原菌完全灭活后，加入佐剂接种动物(Cai and Liu 等，2013)。这种灭活疫苗可以应用于不同地域的小范围病原菌感染，比如一个农场，或者一个养殖场，简单有效，但是缺点也是很明显的，即抑菌谱较窄，仅仅针对特定的血清型。一旦暴发多个血清型的大肠杆菌病，这种灭活疫苗的免疫保护作用非常弱，甚至无保护作用。为了扩大疫苗的应用范围，后来又出现多联疫苗，即把多种经无菌检验和灭活检验合格的病原菌，按一定比例混合，乳化后制备成多联(价)疫苗(Taylor and Treanor 等，2012；Hur and Lee，2013)。孙刚将从猪群中分离获得的O8、O9、O149和O157血清型菌株混合，经甲醛灭活后按一定比例配制成含10^{10} CFU/mL的大肠杆菌多价灭活苗，在暴发过CECT感染猪场的母猪产前接种该疫苗，接种后对仔猪的保护率达到95.03%，显著减少仔猪的发病及死亡(孙刚与贲百灵等，2005)。多联疫苗进一步扩大灭活疫苗的应用范围，减少接种次数及成本，减少动物对接种的应激反应，但依然无法从根本上突破血清型对疫苗的限制。且多价灭活疫苗对不同菌株的混合比例需要进行恰当调配，相同菌株不同比例混合取得的免疫效果也会有所不同。

由于病原菌具有许多毒力因子，因此即使菌体被灭活，菌体存在的毒力因子仍有可能对接种动物产生毒害作用。因此，在保留菌体抗原性的同时，减少病原菌的毒性是减毒疫苗的研究方向。减毒疫苗通过诱变减毒或者通过基因工程减毒的方式，中断毒力因子的合成途径，起到抑制毒力因子表达的作用。相比较灭活疫苗表面很多成分已经变性，减毒疫苗更加真实地反应了病原菌的感染免疫，免疫效果要强于灭活疫苗。需要强调的是，制备减毒疫苗，需要首先对病原菌背景具有较强的认识，有效敲除毒力因子。如果毒力因子敲除不彻底，可能造成毒力返强的风险。

二、亚单位疫苗

由于灭活疫苗的免疫原主要是菌体表面的抗原成分，因此提取菌体的抗原成分进行免疫，理论上也能取得很好的免疫效果。亚单位疫苗是指利用微生物的表面抗原成分，制成能诱发机体产生抗体的疫苗(Pallister and Middleton 等，2011)。亚单位疫苗具有明确的生物化学性质、免疫活性和无遗传物质，具有较高的免疫效果，且消除了疫苗灭活不彻底的风险；由于亚单位疫苗不含有病原的其他遗传信息，具有安全性好、副作用小等优点。同时由于表面抗原可以在多种血清型大肠杆菌中存在，因此通用型远远大于灭活疫苗，是未来疫苗发展的一个重要方向。亚单位疫苗可以单独使用，也可以与灭活疫苗共同使用。

亚单位疫苗有两种来源，一种是直接提取病原菌体抗原成分进行免疫，主要有菌毛(戴鼎震与李复中,2000),鞭毛(袁万哲,2004),多糖(黄淑坚与林维庆,1996)及外膜蛋白等。这些天然提取的抗原对动物可以起到一定的免疫保护作用,不同的天然抗原对机体的免疫保护作用也不相同。多糖疫苗主要起免疫保护作用的是O-特异性多糖(O-specific polysaccharide,O-SP)(O Ryan and Vidal 等,2015)。由于O-SP分子量小,且结构简单,因而免疫原性较弱,单独刺激机体时,产生的血清抗体滴度较低,且主要以IgM为主,无记忆性,因此不适合单独用作抗原进行免疫,目前主要将其与载体蛋白结合,制备成大分子的多糖结合疫苗,或者作为佐剂增强机体免疫应答。美国NIH的科学家研制的大肠杆菌O157:H7多糖结合疫苗是以重组的绿脓杆菌外毒A作为载体,免疫结果显示,81%志愿者抗体的含量明显升高。将O157多糖与志贺氏毒素1和2的B亚单位偶联,可诱导机体产生中和毒素的抗体,从而对出血性结肠炎及溶血性尿毒症均产生一定的免疫保护作用(Konadu and Parke 等,1998)。菌毛、鞭毛及外膜蛋白等抗原本质上都是蛋白,结构较为复杂,可以产生较强的免疫反应,是制备亚单位疫苗的理想材料。鞭毛和菌毛在大肠杆菌中没有广泛存在,因此无法对不具有相同菌毛或鞭毛的病原菌进行有效的防护。外膜蛋白广泛存在于革兰氏阴性细菌中,且具有较高的保守性,具有较高的疫苗开发潜力。但是由于这些成分在菌体含量较少,大规模提取高纯度的抗原成分比较困难,限制了这些抗原的应用。

另一种来源是通过基因工程,即运用DNA重组技术在原核或真核细胞中高效表达病原菌的表面抗原,纯化后加入适当佐剂即制成重组亚单位疫苗(Zlatkovic and Stiasny 等,2011)。相比较天然的亚单位疫苗,重组亚单位疫苗可以大规模获取,产量较高;纯化后的重组抗原纯度高,稳定性好;且可用于难于培养或有潜在致癌性病原体的疫苗研发,或有免疫病理作用的疫苗研究。

三、表位疫苗

表位疫苗是近年来发展起来的一种新型疫苗,它是指通过基因工程手段,人工合成或体外表达抗原表位作为一种疫苗使用。表位(epitope),是抗原分子中决定抗原特异性的基团,它能够与T细胞受体(T cell receptor,TCR)或B细胞受体(B cell receptor,BCR)特异性结合,刺激机体产生免疫反应,形成对病原菌的免疫力(Cho 等 2015; Zhang 等 2015)。相比较于传统疫苗,表位疫苗靶向性强,抗体定位准确,免疫机理明确(Yi and Cheng,2014; Zheng and Chai 等,2014; Amini and Bayat 等,2015),但对抗原表位的分析及设计要求较高(Guo and Carta,2014; Roberts and Keeling 等,2014)。因此要想成功开发表位疫苗首先要筛选出合适的抗原表位。抗原表位包括T细胞表位

(Desai and Kulkarni-Kale，2014)和B细胞表位。T细胞表位由T细胞受体(TCR)识别，B细胞表位由BCR识别。T细胞表位由细胞内的主要组织相容性复合物(major histocompatibility complex，MHC)I或II分子识别，并递呈到细胞表面，然后分别被CD8$^+$细胞毒性T细胞(cytotoxic T cells，CTL)及辅助性CD4$^+$T细胞(helper T cell，Th)的TCR识别。(cytotoxic T leukocyge，CTL)表位(Nogueira and Nogueira等，2011；Black and Trent等，2012；Hansen and Sacha等，2013)。CTL表位刺激机体产生细胞免疫，主要应用于病毒及胞内寄生菌的防治。B细胞表位被BCR识别，也能被MHC II类分子递呈，其与MHC II分子结合后的复合物在细胞表面被BCR识别，属于可溶性的蛋白抗原构象决定簇。B细胞表位刺激机体产生抗体，主要在体液中发挥免疫功能(Blythe and Flower，2005；greenbaum and Andersen等，2007)。大肠杆菌属于胞外寄生菌，属于体液免疫，因此本实验预测的表位基于B细胞表位。抗原表位分为构象表位及线性表位(Yao and Zheng等，2013；Assis and Sousa等，2014)。构象表位具有空间结构，能够与抗原进行高亲和力结合。一般认为相比较线性表位，构想表位具有更高的免疫原性，产生更强的免疫反应(Bonsignori and Hwang等，2011；McLellan and Yang等，2011；Lo and Pai等，2013)。但是由于蛋白空间结构的形成依赖于完整精氨酸之间的相互作用，而不仅仅是十几个相互连接的氨基酸残基(Zhang and Li等，2011；Werkhoven and Liskamp，2013)，因此空间表位疫苗的制备较线性表位疫苗难度更大。目前的表位疫苗大多仍以表位疫苗为主(Kam and Lum等，2012；Olal and Kuehne等，2012；Singh and Ansari等，2013)。表位的预测需综合抗原蛋白理化性质、结构特点、统计显著性度量等指标进行表位预测，如一级序列中的氨基酸柔性(Flexibility)(Reimer，2009)、表面易近性(Surface accessibility)(Wagner and Adamczak等，2005)、局部亲水性(Local hydrophilicity)(Gomase and Chitlange等，2013)、抗原性(Kiener and Jia等，2012)、突出指数(Protrusion index)以及二级结构的转角(Turn)与环(Loop)结构(Olal and Kuehne等，2012)等，且预测的结果无法保证100%准确，需要在实验中进行进一步验证。

四、DNA疫苗

DNA疫苗，又称核酸疫苗或基因疫苗，本质是将编码免疫原的基因，或与免疫原相关的真核表达质粒DNA转入机体内，使编码基因借助宿主的表达系统表达目标抗原，被提呈的表达产物与MHC结合，刺激机体产生相应的浆细胞和CTL，分别介导体液免疫和细胞免疫应答(Mehr等，2012)。相比较其他疫苗，DNA疫苗具有一些独特的优点：在个体内存在时间较长，且持续表达抗原蛋白，能够在较长时间里持续诱导机体产生免疫效应（Costa and Paes 等，2006；Kharfan-Dabaja and Boeckh 等，2012）；相对于其他的免疫方式，DNA 疫苗的纯化主要涉及 DNA 载体的构建及提取，操作相对简单，同时核酸水平的操作更有利于对目标抗原进行有目的的修改（Ferraro 等，2011）；生产成本低廉且易于保存。

核酸疫苗由抗原基因和载体两部分组成。抗原基因可以是单个基因，也可以是多个具有协同保护作用的基因。载体一般选用真核表达质粒。选择合适的启动子及增强子对介导免疫蛋白的表达水平至关重要。目前较常用的有启动子有 RSV（Barnum and Subbarayan 等，2012）、CMV（Wloch and Smith 等，2008）及 SV40（Hirvonen and Mattson 等，1999）等，其中以 CMV 启动效果最强。不同质粒表达的抗原蛋白在细胞的定位不同（Garmory and Brown 等，2003），而抗原在细胞内的不同定位对免疫应答起着重要作用（Saade and Petrovsky，2012；ghanem and Healey 等，2013）。此外，不同质粒表达的抗原蛋白介导的主要免疫反应类型（体液免疫或细胞免疫）也有可能不一样（Schmitz and Roehrig 等，2011；Li and Saade 等，2012）。因此，要根据抗原的拟表达部位及产生的免疫类型选取合适的表达载体。

目前疫苗主要为单一血清型或单一致病型，虽然部分疫苗对本血清型或本致病型菌株具有较好的免疫保护作用，但对其他菌株的交叉免疫保护作用较弱或者没有。由于大肠杆菌种类繁多，这种疫苗的开发远远满足不了免疫防控的要求。同时，对同一种动物接种多种疫苗工作繁重，且过多接种疫苗对动物的生产性能产生影响。因此，尽可能扩大疫苗的通用性，减少接种次数及种类，是今后疫苗研究的一个重要方向。

第四节　抗体工程研究进展

抗体在生物医学领域中的应用非常广泛，其制备技术先后经历了从多克隆抗血清到单克隆抗体（monoclonal antibody，MAb），再到基因工程抗体 3 个阶段。1975 年，Kohler 与 mLstein 已将免疫后的小鼠脾细胞与骨髓瘤细胞融合，制备出针对某一抗原决定簇的特异性单克隆抗体（Köhler and Milstein，1975）。由于单克隆抗体具有高度特异性，且理化性质均一，重复性强，不存在多克隆抗体亲和力不稳定的问题，使其在生物医学领域得到广泛的应用。但同时单克隆抗体也存在一些不足，比如完整的抗体分子量比较大，且目前大部分抗体是鼠源性的抗体，应用于人体治疗会产生人抗鼠抗体反应（human anti-mouse antibody reaction，HAMA）（Abe and Hyoki 等，2012）等，应用于其他动物也会产生类似的情况。这妨碍了其在临床治疗及畜牧业上的应用。

为了克服单克隆抗体鼠源性的缺点，人们利用基因工程手段对抗体进行一系列改进，开发出人源化抗体。抗体人源化的方法很多，主要包括重构抗体(reshaping antibody)和表面重塑抗体。重构抗体就是将鼠抗体的互补决定区(complementary determining region，CDR)移植到人抗体的相应部位，移植后人源化程度可达90%以上(Wang and Ekiert等，2013；Ekiert and Wang等，2014)。目前该方法是人源化单抗最常用、最基本的方法。表面重塑技术是指将鼠抗体恒定区表面的氨基酸残基(surface amino acid residues，SAR)进行人源化改造(Zhang and Feng等，2005)。这种方法仅替换小鼠抗体中与人抗体SAR差别明显的区域，在维持抗体亲和力，并兼顾减少鼠源性的基础上，选用与人抗体表面残基相似的氨基酸替换。

大多数MAb不同批次之间变异比较大，生产费用高、需时长。常规的IgG为重链和轻链的异型四聚体，分子量约150 kDa。这种大型的抗体分子渗透细胞及血脑屏障时常常受阻；在不同pH环境下不稳定，也无法口服，因此限制了其在诊断及治疗领域的应用。为了改善抗体的功能性(比如稳定性、亲和性、特异性和大小等)，并大量获得有活性的抗体，在尽量保持抗体亲和力的情况下减小抗体分子的大小。哺乳动物的抗体基本结构包括两条重链(H-chain，分子量约50 kDa)，两条轻链(L-chain，分子量约25 kDa)，肽链之间通过二硫键结合。两条H和两条L链组合在一起，形成可变区(V_H-V_L，V-region)和恒定区(C-region)。可变区决定了抗体的特异性，可分为超变区(hypervariable region，HVR，)又称互补决定区(complementary determining region，CDR)，和骨架区(framework region，FR)两部分。HVR有三个氨基酸序列高变区域，分别称为CDR1，CDR2，CDR3，这些氨基酸序列和空间的改变决定了抗体识别抗原的特异性和多样性。

研究人员改变研发策略，利用成对的抗体可变区的抗原识别或结合亲和性，开发出分子量更小的抗体片段，如每条链仅含1个恒定区的抗原结合片段(antigen binding fragment，Fab，分子量约55 kDa)，或仅含可变区不含恒定区的可变结构域片段的单链可变区抗体(single-chain variable fragment，scFv，分子量约30 kDa)。scFV最早由Huston等(Huston and Levinson等，1988)于1988年利用基因工程技术制备，即首先在DNA水平上将抗体分子的V_H与V_L之间用一段适当的寡核苷酸，拼接起来，使之在合适的表达体系中表达。scFv大幅度减少了抗体的鼠源成分，不会引起HAMA，且其相对分子质量约为28 kDa，仅为原抗体的1/6，且无多糖修饰，却也能较好地保留抗原结合位点。由于scFV没有Fc片段，不与细胞表面的Fc受体结合，故可以较容易地穿过血管壁或组织屏障。由于scFV在体内的半寿期短(0.5～21h)，与抗原形成的复合物更易被清除，因此很适合用作为中和抗体，阻断病毒或其他胞内毒性损伤机体(Zhao and Wang 等,2014)。目前 scFV 已在多种表达系统内成功表达。scFv 的原核表达存在表达产物为包涵体,V_H 折叠占位影响 V_L 及二硫键的折叠等问题,导致表达活性弱,因而应用受到一定的限制(Verma and Boleti 等,1998;Arbabi-Ghahroudi and Tanha 等,2005)。其真核表达系统,包括酵母、哺乳动物细胞、植物细胞及昆虫细胞表达系统及噬菌体、核糖体展示系统,获得了一批有潜在临床应用前景的产品(Peipp and Saul 等,2004;Macauley Patrick and Fazenda 等,2005)。

第五节　存在的问题,解决方案与技术路线

一、存在的问题

畜禽大肠杆菌病原菌的血清型很多,不同地区可能存在不同的优势血清群:据文献报道,大肠杆菌菌体 O 抗原 171 种,荚膜 K 抗原 103 种,鞭毛 H 抗原 56 种,这些抗原可组合成大量抗原性不同的血清型(罗盘棋等,2007)。但是,研究发现不同血清型之间抗原交叉保护力非常弱,目前尚不可能制备一种覆盖所有血清型的超广谱疫苗。此外,我国不同地区优势血清群差异的存在导致未能像国外那样通过开发包括优势血清群抗原的疫苗就可达到理想的免疫效果。因此,畜禽大肠杆菌疫苗在我国应用存在较大的局限性。目前疫苗主要为单一血清型或单一致病型,虽然部分疫苗对本血清型或本致病型菌株具有较好的免疫保护作用,但对其他菌株的交叉免疫保护作用较弱或者没有。由于大肠杆菌血清型种类繁多,这种疫苗的开发远远满足不了免疫防控的要求。目前针对大肠杆菌的通用型疫苗研究较少。且用于治疗大肠杆菌病的抗体及抗体药物普遍缺乏。

畜禽大肠杆菌耐药性严重且普遍:目前我国畜禽大肠杆菌耐药性问题严重而复杂,几乎所有的抗菌药物都已产生耐药性。在短短 3 年时间里,盐酸环丙沙星治疗大肠杆菌病的有效率从 100%下降到 33.3%,耐药性从 10%上升到 100%(刘巨宏,2007)。致使耐药性产生很快的原因主要有不同血清型耐药性差别较大、不同耐药性的菌株间可能发生耐药基因传导及细菌自身耐药性产生速度快。

二、解决方案及整体思路

(1)对大肠杆菌外膜蛋白 OmpA,BamA 及 TolC 进行理化性质,结构性质及抗原性分析,探究其作为通用型疫苗的潜力。

(2)利用大肠杆菌重组表达外膜蛋白 OmpA,BamA 及 TolC,并将其免疫 BABL/c 小鼠;通过一系列免疫指标检测其对小鼠的免疫保护作用,评价其作为大肠杆菌亚单位疫苗的作用效果。

(3)利用免疫信息学设计大肠杆菌外膜蛋白 OmpA 的抗原表位,制备针对大肠杆菌的单克隆抗体;并通过基因工程技术重组表达大肠杆菌单链抗体。

三、技术路线

(1)大肠杆菌外膜蛋白生物信息学分析(图 8-1)。

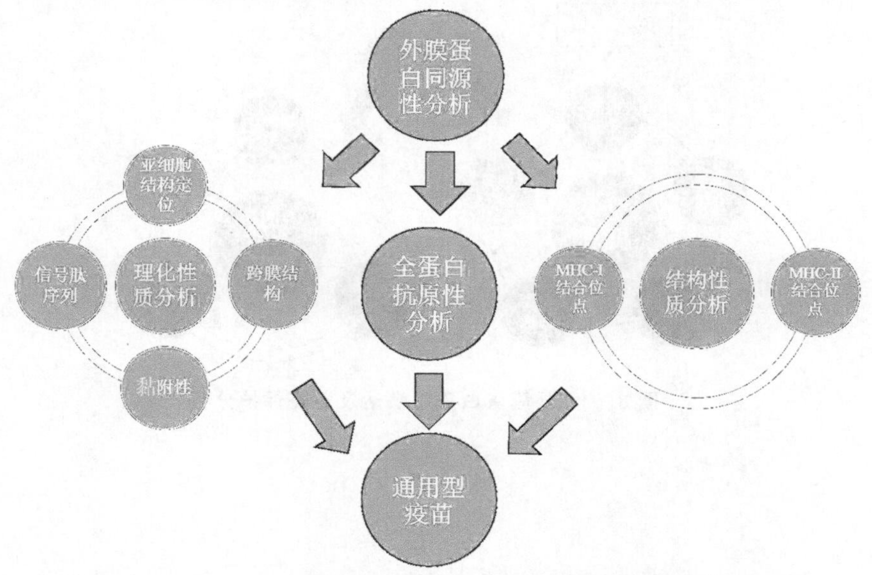

图 8-1　大肠杆菌外膜蛋白生物信息学分析路线

(2)外膜蛋白重组表达纯化及免疫保护分析(图 8-2)。

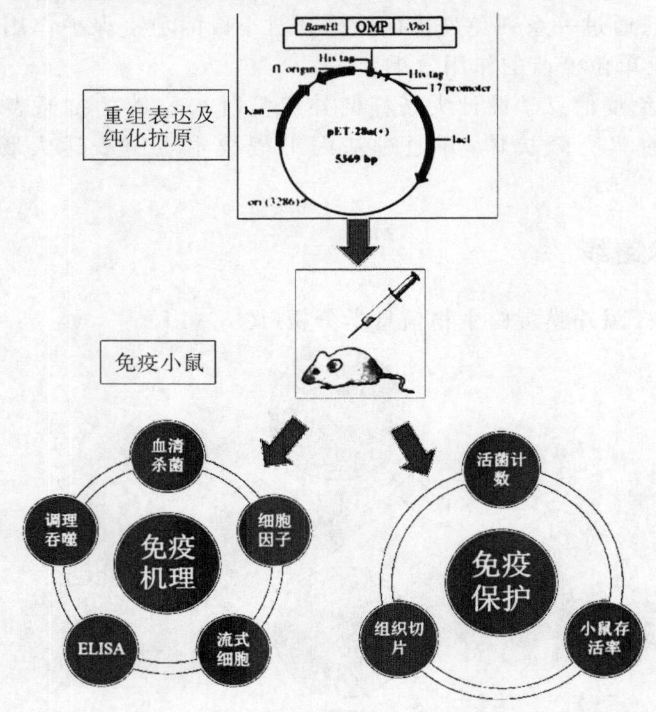

图 8-2　外膜蛋白重组表达及免疫保护分析

(3)外膜蛋白亚单位疫苗设计及抗体制备(图 8-3)。

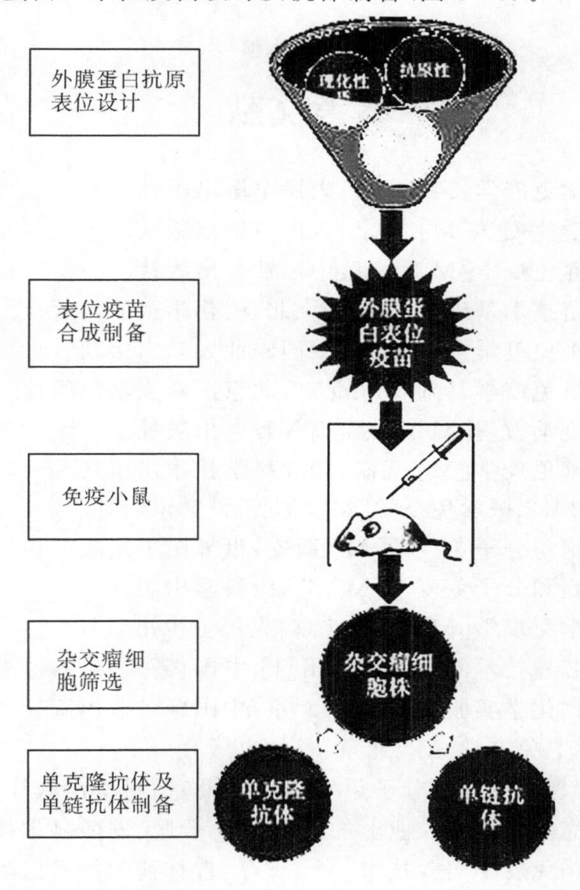

图 8-3　外膜蛋白亚单位疫苗设计及抗体制备路线

参考文献

毕爱华.2002.医学免疫学[M].北京:人民军医出版社.
陈慰峰.2002.医学免疫学[M].北京:人民卫生出版社.
陈昭妃.2004.营养免疫学[M].北京:中国社会出版社.
董德祥.2003.疫苗技术基础与应用[M].北京:化学工业出版社.
杜念兴.1997.兽医免疫学[M].北京:中国农业大学出版社.
高晓明.2001.医学免疫学基础[M].北京:北京医科大学出版社.
高晓明.2006.免疫学教程[M].北京:高等教育出版社.
龚非力.1998.基础免疫学[M].武汉:湖北科学技术出版社.
胡圣尧,孟凡云.2012.医学免疫学[M].北京:科学出版社.
金伯泉.1995.细胞与分子免疫学[M].西安:世界图书出版公司.
金伯泉.2001.细胞和分子免疫学[M].北京:科学出版社.
金伯泉.2008.医学免疫学[M].5版.北京:人民卫生出版社.
李瑾.2007.基因芯片技术的发展与应用[J].中国兽医杂志,43(8):87-89.
李巧枝.2010.生物化学实验技术[M].北京:中国轻工业出版社.
林慰慈,等译.2001.免疫学[M].北京:科学出版社.
林学颜,等.2000.现代细胞与分子免疫学[M].北京:科学出版社.
刘秀梵.1994.单克隆抗体在农业上的应用[M].合肥:安徽科学技术出版社.
刘玉斌.1989.动物免疫学实验技术[M].长春:吉林科学技术出版社.
陆承平.2001.兽医微生物学[M].北京:中国农业大学出版社.
裘法祖,等.2002.现代免疫学实验技术[M].武汉:湖北科学技术出版社.
任秀宝.2012.T细胞过继免疫治疗技术的研究进展[J].中国肿瘤临床,39(9):481-485.
生物谷.2016.最新资讯[EB/OL].http://www.bioon.tom,2015-01-01/2016-03-01.
王明俊.1997.兽医生物制品学[M].北京:中国农业出版社.
王世若,等.2001.现代动物免疫学[M].2版.长春:吉林科学技术出版社.
王永芬,乔宏兴.2011.动物生物制品技术[M].北京:中国农业大学出版社.
吴敏毓,刘綦植.2002.医学免疫学[M].合肥:中国科学技术出版社.
杨汉春.1996.动物免疫学[M].北京:中国农业大学出版社.
杨汉春.2003.动物免疫学[M].北京:中国农业大学出版社.

于善谦.1999.免疫学导论[M].北京:高等教育出版社.
于善谦.2004.免疫学导论[M].北京:高等教育出版社.
张毅,Michael Nishimura.2011.肿瘤的细胞免疫治疗[J].郑州大学学报(医学版),46(2):165-169.
张志伟,宋鑫.2011.DC-CIK 细胞临床制备规范化研究[J].中国肿瘤,20(2):85-88.
赵修竹.1995.补体学[M].武汉:湖北科学技术出版社.
L.松佩拉克.2005.免疫学概览[M].2 版.李琦涵,译.北京:化学工业出版社.